高等学校规划教材

冶金企业环境保护

马红周　张朝晖　主编

北　京
冶 金 工 业 出 版 社
2021

内 容 提 要

本书主要内容包括环境保护概论、冶金大气污染控制、冶金水污染控制、冶金固体废物处理、噪声及其他污染控制、清洁生产与循环经济等，基本涵盖了有色金属和黑色金属生产过程中污染物的治理措施和方法，并对清洁生产和循环经济作了简略的介绍。

本书为高等院校冶金工程专业的教学用书，也可供有关工程技术人员参考。

图书在版编目(CIP)数据

冶金企业环境保护/马红周，张朝晖主编．—北京：冶金工业出版社，2010.8（2021.6 重印）
高等学校规划教材
ISBN 978-7-5024-5312-1

Ⅰ．①冶…　Ⅱ．①马…　②张…　Ⅲ．①冶金工业—工业企业—环境保护—高等学校—教材　Ⅳ．①X756

中国版本图书馆 CIP 数据核字（2010）第 130723 号

出　版　人　苏长永
地　　　址　北京市东城区嵩祝院北巷 39 号　邮编　100009　电话　(010)64027926
网　　　址　www.cnmip.com.cn　电子信箱　yjcbs@cnmip.com.cn
责任编辑　郭冬艳　马文欢　美术编辑　李　新　版式设计　葛新霞
责任校对　卿文春　责任印制　禹　蕊
ISBN 978-7-5024-5312-1
冶金工业出版社出版发行；各地新华书店经销；北京虎彩文化传播有限公司印刷
2010 年 8 月第 1 版，2021 年 6 月第 5 次印刷
787mm×1092mm　1/16；10.5 印张；281 千字；159 页
23.00 元
冶金工业出版社　投稿电话　(010)64027932　投稿信箱　tougao@cnmip.com.cn
冶金工业出版社营销中心　电话　(010)64044283　传真　(010)64027893
冶金工业出版社天猫旗舰店　yjgycbs.tmall.com
（本书如有印装质量问题，本社营销中心负责退换）

前　言

环境是人类生存和发展的基本前提，为人类的生存和发展提供了必需的资源和条件。随着社会经济的发展，环境问题已经成为一个不可回避的重要问题。保护环境、减轻环境污染、修复生态环境已成为各国政府的一项重要任务。保护环境是我国的一项基本国策，解决环境问题，促进经济、社会与环境协调发展和实施可持续发展战略，是政府面临的重要而艰巨的任务。

冶金工业是一个以开发金属矿产资源、生产各类金属产品的原材料工业，与国计民生息息相关。冶金企业在生产过程中，需要处理大量的物料，这些物料在整个流程中具有不同的物理、化学状态，在冶炼提取主金属的同时，产生大量的"三废"（废水、废气、废渣）。这些废水、废气、废渣的排放将会造成严重的环境污染，如何将这些污染物实现减量化、资源化、无害化是当前冶金工作者的主要任务之一。

本书内容主要包括环境保护概论、冶金大气污染控制、冶金水污染控制、冶金固体废物处理、噪声及其他污染控制、清洁生产与循环经济等，基本涵盖了有色金属和黑色金属生产过程中污染物的治理措施和方法，并对清洁生产和循环经济进行了简略的介绍。冶金企业生产的金属种类多，生产工艺各异，产生的"三废"具有种类多、成分复杂、性质各异的特点，所以对废料的处理方式方法差别较大。本书主要侧重于对环境污染的基本概念的介绍和冶金过程污染物治理的基本原理和技术的介绍，目的是增强冶金工作者对冶金生产过程中污染物的来源、特点以及处理措施等的认识，增强环保和资源综合利用意识。

本书由西安建筑科技大学马红周、张朝晖主编，其中第1章、第3章第2节由马红周编写，第4章、第6章由张朝晖编写，第2章由西安建筑科技大学王耀宁编写，第3章第1节、第3～5节和第5章由西安建筑科技大学刘世锋编写，马红周、张朝晖负责全书的统稿和整理。研究生李菲、曾媛参与了书稿的校对工作，在此表示感谢。另外，本书参考和引用了大量的文献成果，在此对参考和引用的文献成果的作者表示诚挚的谢意。

由于水平所限，书中不当或疏漏之处，欢迎批评指正。

编　者

2010 年 4 月

目　　录

1 环境保护概论

1.1 环境与环境问题

1.1.1 环境

《中华人民共和国环境保护法》指出，环境是指大气、水、土地、矿藏、森林、草原、野生动物、野生植物、水生生物、名胜古迹、风景游览区、温泉、疗养区、自然保护区、生活居住区等。对人类来说，环境是人类进行生产和生活的场所，是人类生存和发展的物质基础。这里所说的环境是指人类的生存环境。人类的生存环境不同于生物的生存环境，也不同于自然环境。

人类与环境之间呈对立统一关系，人类与环境之间不只是以自身的存在影响环境，以自身来适应环境，而是以人类的活动来影响和改造环境，把自然环境转变为新的生存环境，新的生存环境再反作用于人类，给人类带来物质财富和精神享受，或者给人类无情的报复。在这一反复曲折的过程中，人类在改造自然环境的同时也在改造自己。人类对自然界的利用和改造也是随着人类社会的发展而发展的。随着人类对环境的认识和改造能力的增强，向自然界的索取能力也在增加，使得人类对环境的影响也更大，这种影响也导致环境的改变，致使环境对人类的影响也在发生改变。

1.1.2 环境要素和环境系统

环境要素通常是指水、大气、阳光、土壤、岩石和生物等这些构成人类生存环境的各自相对独立的、性质不同的而又服从整体演化规律的基本物质。环境要素具有十分重要的特点。它们不仅制约着各环境要素间互相联系、互相作用的基本关系，而且是认识环境、评价环境、改造环境的基本依据。

环境系统是指地球表面一定范围内各种环境要素及其相互关系的总和。环境系统的范围可以是全球的，也可以是局部的（如一座城市）。系统内各种要素之间的相互关系和相互作用决定着系统的本质。因此，在研究环境系统时，必须将它作为一个整体来对待。

环境要素与环境系统的关系是：环境要素组成环境结构单元，环境结构单元再组成环境系统。如水组成水体，全部水体总称为水圈；大气组成大气层，全部大气层总称为大气圈；土壤构成农田、草地和林地；岩石构成岩体，全部土壤和岩体构成的壳层称作岩石圈；生物体组成生物群落，全部生物群落的集合体称为生物圈。这些圈层的交界面上，各种物质相互渗透、相互依赖和相互作用，在长期演化过程中逐渐建立起自我调节系统，维持它的相对稳定性。

1.1.3 环境的分类

环境是一个很复杂的系统，按环境要素划分，可分为大气环境、水环境、土壤环境、社会文化环境等。大气环境是指生物赖以生存的空气的物理、化学和生物学特性。大气的物理特性主要包括空气的温度、湿度、风速、气压和降水，这一切均由太阳辐射这一原动力引起。化学特性则主要为空气的化学组成。大气环境和人类生存密切相关，大气环境的每一个因素几乎都可影响到人类。水环境是指自然界中水的形成、分布和转化所处空间的环境，是指围绕人群空间及可直接或间接影响人类生活和发展的水体，其正常功能的各种自然因素和有关的社会因素的总体；也有的指相对稳定的、以陆地为边界的天然水域所处空间的环境。水环境主要由地表水环境和地下水环境两部分组成。地表水环境包括河流、湖泊、水库、海洋、池塘、沼泽、冰川等，地下水环境包括泉水、浅层地下水、深层地下水等。水环境是构成环境的基本要素之一，是人类社会赖以生存和发展的重要场所，也是受人类干扰和破坏最严重的领域。土壤环境是指岩石经过物理、化学、生物的侵蚀和风化作用，以及地貌、气候等诸多因素长期作用下形成的土壤的生态环境。土壤形成的环境决定于母岩的自然环境，由于风化的岩石发生元素和化合物的淋滤作用，并在生物的作用下，产生积累或溶解于土壤水中，形成多种植被营养元素的土壤环境。社会文化环境主要是指一个国家或地区的社会组织、社会结构、宗教信仰、社会风俗、历史传统、生活方式、教育水平等。

环境按性质可分为物理环境、化学环境和生物环境等。物理环境是指研究对象周围的设施、建筑物等物质系统；化学环境指由土壤、水体、空气等的组成因素所产生的化学性质，给生物的生活以一定作用的环境；生物环境是指环境因素中其他的活着的生物，是相对于由物理化学的环境因素所构成的非生物环境。

按环境与人类生活的密切关系，环境又可分为聚落环境、地理环境、地质环境和星际环境。聚落环境是指人类聚居场所的环境，它不是自然形成的环境，它是人类为了保护自己，有计划、有目的地利用和改造自然环境而创造的产物。地理环境是指与人类生产生活密切相关的，直接影响到人类生活的水、土壤、大气、生物等组成的自然系统。地理环境是能量的交错带，位于地球表层，即岩石圈、水圈、土壤圈、大气圈和生物圈相互作用的交错带上，其厚度约 $10 \sim 30 km$。地质环境是指由岩石圈、水圈和大气圈组成的环境系统。在长期的地质历史演化的过程中，岩石圈和水圈之间、岩石圈和大气圈之间、大气圈和水圈之间进行物质迁移和能量转换，组成了一个相对平衡的开放系统。人类和其他生物依赖地质环境生存发展，同时，人类和其他生物又不断改变着地质环境。

1.1.4　环境的自净及自净机理

环境的自净，是指在物理、化学和生物等各种因素作用下，环境对进入其中的污染物进行分离、分解和转化，使污染物的浓度、毒性降低，从而使环境本身逐步恢复到洁净状态。环境自净作用的强弱则称为环境的自净能力。不过这种能力是有限度的，这个限度称为环境容量。它的定义是：在保证人类的生存和生态平衡不受到危害的前提下，某一环境能够容纳的某种污染物的最大负荷量。

环境自净作用的机理主要有三种：

（1）物理净化。物理净化主要是污染物在环境介质中的稀释、扩散、沉降、挥发、淋洗和物理吸附等。物理自净能力的强弱，不仅受环境介质的温度、数量、流速以及环境的地形、地貌、水文条件等的影响，而且与污染物的形态、密度、粒度等物理性质有关。

（2）化学净化。化学净化包括氧化还原、沉淀、化合、分解、絮凝、化学吸附、离子交换和络合等化学反应。化学净化的效果受环境介质的温度、酸碱度、物质的化学组成等的影响。

（3）生物净化。生物净化指微生物、植物、低等动物对污染物的降解、吞食和吸收。生物净化能力的效果受生物的种类、污染物的性质和温度、养料和供氧状况等环境条件的制约。

1.1.5 环境问题

环境问题是指人类活动作用于周围环境所引起的环境质量变化，以及这种变化对人类的生产、生活和健康造成的影响。人类在改造自然环境和创建社会环境的过程中，自然环境仍以其固有的自然规律变化着。社会环境一方面受自然环境的制约，也以其固有的规律运动着。人类与环境不断地相互影响和作用，并由此产生环境问题。

环境问题多种多样，归纳起来有两大类：一类是自然演变和自然灾害引起的原生环境问题，也称第一环境问题，如地震、洪涝、干旱、台风、崩塌、滑坡、泥石流等；另一类是人类活动引起的次生环境问题，也称第二环境问题和"公害"。次生环境问题一般又分为环境污染和环境破坏两大类。如乱砍滥伐引起的森林植被的破坏，过度放牧引起的草原退化，大面积开垦草原引起的沙漠化和土地沙化，工业生产造成的大气、水环境恶化等。

环境问题是随着人口的增长和生产的发展而出现和发展的。人类社会早期的环境问题主要是因乱采、乱捕破坏人类聚居的局部地区的生物资源而引起生活资源缺乏甚至饥荒。在以农业为主的奴隶社会和封建社会的环境问题主要是在人口集中的城市，各种手工业作坊和居民抛弃生活垃圾等造成环境污染。在产业革命以后到20世纪50年代的环境问题主要表现是出现了大规模环境污染，局部地区的严重环境污染导致"公害"病和重大公害事件的出现，另外是自然环境的破坏，造成资源稀缺甚至枯竭，开始出现区域性生态平衡失调现象。当前世界的环境问题主要表现是环境污染范围扩大、难以防范、危害严重。自然环境和自然资源难以承受高速工业化、人口剧增和城市化的巨大压力，世界自然灾害显著增加。到目前为止已经威胁人类生存并已被人类认识到的环境问题主要有全球变暖、臭氧层破坏、酸雨、淡水资源危机、能源短缺、森林资源锐减、土地荒漠化、物种加速灭绝、垃圾成灾、有毒化学品污染等众多方面。

随着人口的增长，由环境向人类社会输入的总资源必然增加，这些资源中的一部分在生产过程中变为"三废"排入环境。转化为产品的部分，有的经人体新陈代谢变为废物，有的经过使用后降低了质量，最终也变为废物排入环境。如果不考虑环境的制约，只注意经济的发展而不顾环境保护，就必然导致环境的污染和资源的破坏。环境是人类生存和发展的物质基础和制约因素，造成环境问题的根本原因是对环境的价值认识不足，缺乏妥善的经济发展规划和环境规划，所以只能在发展中解决环境问题。

1.2 环境污染

环境污染会给生态系统造成直接的破坏和影响，如沙漠化、森林破坏，也会给生态系统和人类社会造成间接的危害。有时这种间接的环境效应的危害比当时造成的直接危害更大，也更难消除。例如，温室效应、酸雨和臭氧层破坏就是由大气污染衍生出的环境效应。这种由环境污染衍生的环境效应具有滞后性，往往在污染发生的当时不易被察觉或预料到，然而一旦发生就表示环境污染已经发展到相当严重的地步。当然，环境污染的最直接、最容易被人所感受的后果是使人类环境的质量下降，影响人类的生活质量、身体健康和生产活动。例如城市的空气污染造成空气污浊，人们的发病率上升等等；水污染使水环境质量恶化，饮用水源的质量普遍下降，威胁人的身体健康，引起胎儿早产或畸形等等。严重的污染事件不仅带来健康问题，也造成社会问题。随着污染的加剧和人们环境意识的提高，由污染引起的人群纠纷和冲突逐年增加。

目前在全球范围内都不同程度地出现了环境污染问题，具有全球影响的方面有大气环境污染、海洋污染、城市环境问题等。随着经济和贸易的全球化，环境污染也日益呈现国际化趋势，近年来出现的危险废物越境转移问题就是这方面的突出表现。

1.2.1　环境污染及其特点

环境污染是指人类直接或间接地向环境排放超过其自净能力的物质或能量，从而使环境的质量降低，对人类的生存与发展、生态系统和财产造成不利影响的现象。环境污染具体包括水污染、大气污染、噪声污染、放射性污染等。随着科学技术水平的发展和人民生活水平的提高，环境污染日益严重，特别是在发展中国家。环境污染问题越来越成为世界各个国家的共同课题之一。

环境污染是各种污染因素本身及其相互作用的结果。同时，环境污染还受社会评价的影响而具有社会性。它的特点主要有：

（1）时间分布性。污染物的排放量和污染因素的强度随时间而变化。例如，工厂排放污染物的种类和浓度往往随时间而变化。河流的潮汐和丰水期、枯水期的交替，都会使污染物浓度随时间而变化。气象条件的改变会造成同一污染物在同一地点的污染浓度相差高达数十倍。交通噪声的强度随不同的时间内车流量的变化而变化。

（2）空间分布性。污染物和污染因素进入环境后，随着水和空气的流动而被稀释扩散。不同污染物的稳定性和扩散速度与污染性质有关，因此，不同空间位置上污染物的浓度和强度分布是不同的。

（3）污染因素的综合效应。环境是一个复杂体系，必须考虑各种因素的综合效应。从传统毒理学观点来看，多种污染物同时存在对人或生物体的影响有以下几种情况：

1）单独作用。当机体中某些器官只是由于混合物中某一组分发生危害，没有因污染物的共同作用而加深危害的，称为污染物的单独作用。

2）相加作用。混合污染物各组分对机体的同一器官的毒害作用彼此相似，且偏向同一方向，这种作用在等于各污染物毒害作用的总和时，称为污染的相加作用。如大气中的二氧化硫和硫酸气溶胶之间、氯和氯化氢之间，当它们在低浓度时，其联合毒害作用即为相加作用，而在高浓度时则不具备相加作用。

3）相乘作用。混合污染物各组分对机体的毒害作用在超过个别毒害作用的总和时，称为相乘作用。如二氧化硫和颗粒物之间、氮氧化物和一氧化碳之间，就存在相乘作用。

4）拮抗作用。两种或两种以上污染物对机体的毒害作用能彼此抵消一部分或大部分时，称为拮抗作用。动物试验表明，当食物中含有 $30 \times 10^{-4}\%$ 甲基汞，同时又存在 $12.5 \times 10^{-4}\%$ 硒时，甲基汞的毒性就可能被抑制。

1.2.2　环境污染物和污染源

凡是以不适当的浓度、数量、速率、形态和途径进入环境，并对环境系统的结构和质量产生不良影响的物质、能量和生物统称为环境污染物。环境污染物按受污染物影响的环境要素可分为大气污染物、水体污染物、土壤污染物等；按污染物的形态，可分为气体污染物、液体污染物和固体污染物；按污染物的性质，可分为化学污染物（直接排放或在环境中生成的无机或有机化学毒物，如碳氧化物、氮氧化物、重金属以及酚类、氰化物等）、物理污染物（声、光、热、放射性以及电磁波等）和生物污染物（病菌、病毒和寄生虫卵等）；按污染物在环境中物理、化学性状的变化，可分为一次污染物和二次污染物。一次污染物是指由污染源直接排入环境的，其物理和化学性状未发生变化的污染物，又称原发性污染物。系相对于二次污染物而言，后者由前者转化而来。某些污染物既可能是由污染源直接排放的一次污染物，也可能是在排入环境后转化而成的二次污染物。如空气中的 SO_3 和 NO_2，可能是燃煤或汽车排气排放的一次污染物，也可能由排放的 SO_2 和 NO 在空气中经氧化而生成的二次污染物。常见的一次污染物有大气中的 SO_2、氟利昂、萜烯，火山灰，水体和土壤中的重金属、有机物等。由一次污染物造成的环境污染，称为一次污染。二次污染物是指排入环境中的一次污染物在物理、化学因素或生物的作用下发生变化，或与环境中的其他物质发生反应所形成的物理、化学性状与一次污染物不同的新污染物，又称继发性污染物。如一次污染物 SO_2 在空气中氧化成硫酸盐气溶胶，汽车排气中的氮氧化物、碳氢化合物在日光照射下发生光化学反应生成的臭氧、甲醛和酮类等二次污染物。二次污染物的形成机制复杂，其危害程度通常比一次污染物严重。例如甲基汞比汞或汞的无机化合物对人体健康的危害要大得多。

环境污染源，即造成环境污染的污染物发生源，通常指人类生产和生活活动中向环境排放有害物质或对环境产生有害影响的场所、设备和装置。污染源按排放污染物的种类，可分为有机污染源、无机污染源、热污染源、噪声污染源、放射性污染源、病原体污染源以及同时排放多种污染物的混合性污染源；按污染物所污染的主要对象，可分为大气污染源、水体污染源、土壤污染源等；按污染物排放的空间分布，可分为点污染源、线污染源、面污染源；按污染源是否移动，又分为固定污染源和流动污染源（如汽车、火车等）；按人类社会活动功能划分为工业污染源、农业污染源、交通运输污染源和生活污染源。

1.2.3 环境保护

环境保护是指人类为解决现实的或潜在的环境问题，协调人类与环境的关系，保障经济社会的持续发展而采取的各种行动的总称，包括采取行政的、法律的、经济的、科学技术的多方面的措施，合理地利用自然资源，防止环境的污染和破坏，以求保持和发展生态平衡，扩大有用自然资源的再生产，保证人类社会的发展。

《中华人民共和国环境保护法》中规定，环境保护的内容主要有两个方面：一是防治环境污染和其他公害，改善环境质量，保护人民身体健康；二是合理开发利用自然资源，防止环境污染和生态破坏，发展生产。环境保护的范围包括地球保护、太空宇宙的保护、生存环境的保持维护。如陆地（地形、地貌等）、大气、水、生物（人类自身，森林-植物，动物等）、阳光、自然、文化遗产等。我国环境保护法规定的环境保护的任务是："保证在社会主义现代化建设中，合理地利用自然环境，防止环境污染和生态破坏，为人民创造清洁适宜的生活和劳动环境，保护人民健康，促进经济发展。"也就是说，要运用现代环境科学的理论和方法，在更好地利用资源的同时深入认识、掌握污染和破坏环境的根源和危害，有计划地保护环境，恢复生态，预防环境质量的恶化，控制环境污染，促进人类与环境的协调发展。

随着人类对环境认识的深入，环境是资源的观点，越来越为人们所接受。空气、水、土壤、矿产资源等，都是社会的自然财富和发展生产的物质基础，构成了生产力的要素。由于空气污染严重，国外曾有空气罐头出售；由于水体污染、气候变化、地下水抽取过度，世界许多地方出现水荒；由于人口猛增、滥用耕地、土地沙漠化，出现土地匮乏等等。由此可以看到，不保护环境，不保护环境资源，就会威胁到人类社会的生存，也关系到国民经济能否持续发展下去。

工业发达国家在20世纪初，只注意发展经济，不顾环境保护，以牺牲环境为代价去谋求经济的发展。当污染形成公害，引起广大人民的强烈反对并影响到经济的顺利发展时，才被迫去治理，付出了昂贵的代价。这被后人称为走了一条"先污染后治理"的发展道路。这种发展方式，不但使国民经济发展缓慢，甚至会破坏国民经济发展的物质基础。另外，人类不按照环境科学规律办事，肆意破坏生态环境，也必然会遭到环境的报复。

1.2.4　环境保护的相关法律

1973 年，我国的第一个环境标准——《工业"三废"排放试行标准》诞生。1979 年，我国通过了第一部环境保护法律——《中华人民共和国环境保护法（试行）》。改革开放以来，我国逐步形成了环境保护法律体系。截至 1998 年底，中国共发布国家环境标准 412 项，现行的有 361 项，其中环境质量标准 10 项，污染物排放标准 80 项，环境监测方法标准 230 项，环境标准样品标准 29 项，环境基础标准 12 项。历年共发布国家环境保护总局标准（即环境行业标准）34 项。到 1998 年，中国共颁布了环境保护法律 6 部，与环境相关的资源法律 9 部，环境保护行政法规 34 件、环境保护部门规章 90 多件、环境保护地方性法规和地方政府规章 900余件、环境保护军事法规 6 件，缔结和参加了国际环境公约 37 项，初步形成了具有中国特色的环境保护法律体系，成为我国社会主义法律体系中的一个重要组成部分。尤其是，为适应经济发展和环境保护的客观需要，1995 年和 1996 年，全国人民代表大会常务委员会分别通过了关于修订《大气污染防治法》和《水污染防治法》的决定。1997 年 3 月，修订后的《中华人民共和国刑法》增加了有关"破坏环境资源保护罪"的条款。我国环境保护法的基本原则是：经济建设与环境保护协调发展；预防为主、防治结合；污染者付费；政府对环境质量负责；依靠群众保护环境。2002 年 10 月，《中华人民共和国环境影响评价法》颁布，为项目的决策和选址，产品方向，建设计划和规模，以及建成后的环境监测和管理，提供了科学依据。

我国目前建立了由法律、国务院行政法规、政府部门规章、地方性法规和地方政府规章、环境标准、环境保护国际条约组成的完整的环境保护法律法规体系。

1.2.4.1　环境保护法律法规体系

A　法律

a　宪法

《中华人民共和国宪法》中对环境保护作了相关规定，1982 年通过的《中华人民共和国宪法》在 2004 年修正案第九条第二款规定：国家保障资源的合理利用，保护珍贵的动物和植物。禁止任何组织或者个人用任何手段侵占或者破坏自然资源。

第二十六条第一款规定：国家保护和改善生活环境和生态环境，防治污染和其他公害。

《中华人民共和国宪法》中的这些规定是环境保护立法的依据和指导原则。

b　环境保护法律

环境保护法律包括环境保护综合法、环境保护单行法和环境保护相关法。

环境保护综合法是指 1989 年颁布的《中华人民共和国环境保护法》，该法共有六章四十七条，第一章"总则"规定了环境保护的任务、对象、适用领域、基本原则以及环境监督管理体制；第二章"环境监督管理"规定了环境标准制订的权限、程序和实施要求、环境监测的管理和状况公报的发布、环境保护规划的拟订及建设项目环境影响评价制度、现场检查制度及跨地区环境问题的解决原则；第三章"保护和改善环境"，对环境保护责任制、资源保护区、自然资源开发利用、农业环境保护、海洋环境保护作了规定；第四章"防治环境污染和其他公害"规定了排污单位防治污染的基本要求、"三同时"制度、排污申报制度、排污收费制度、限期治理制度以及禁止污染转嫁和环境应急的规定；第五章"法律责任"规定了违反本法有关规定的法律责任；第六章"附则"规定了国内法与国际法的关系。

环境保护单行法包括污染防治法（《中华人民共和国水污染防治法》、《中华人民共和国大气污染防治法》、《中华人民共和国固体废物污染环境防治法》、《中华人民共和国环境噪声污染防治法》、《中华人民共和国放射性污染防治法》等)、生态保护法（《中华人民共和国水土保持法》、《中华人民共和国野生动物保护法》、《中华人民共和国防沙治沙法》等)、《中华人民共和国海洋环境保护法》和《中华人民共和国环境影响评价法》。

环境保护相关法是指一些自然资源保护和其他有关部门法律，如《中华人民共和国森林法》、《中华人民共和国草原法》、《中华人民共和国渔业法》、《中华人民共和国矿产资源法》、《中华人民共和国水法》、《中华人民共和国清洁生产促进法》等都涉及环境保护的有关要求，也是环境保护法律法规体系的一部分。

B 环境保护行政法规

环境保护行政法规是由国务院制定并公布或经国务院批准有关主管部门公布的环境保护规范性文件。一是根据法律受权制定的环境保护法的实施细则或条例，如《中华人民共和国水污染防治法实施细则》；二是针对环境保护的某个领域而制定的条例、规定和办法，如《建设项目环境保护管理条例》。

C 政府部门规章

政府部门规章是指国务院环境保护行政主管部门单独发布或与国务院有关部门联合发布的环境保护规范性文件，以及政府其他有关行政主管部门依法制定的环境保护规范性文件。政府部门规章是以环境保护法律和行政法规为依据而制定的，或者是针对某些尚未有相应法律和行政法规调整的领域作出相应规定。

D 环境保护地方性法规和地方性规章

环境保护地方性法规和地方性规章是享有立法权的地方权力机关和地方政府机关依据《中华人民共和国宪法》和相关法律制定的环境保护规范性文件。这些规范性文件是根据本地实际情况和特定环境问题制定的，并在本地区实施，有较强的可操作性。环境保护地方性法规和地方性规章不能和法律、国务院行政规章相抵触。

E 环境标准

环境标准是环境保护法律法规体系的一个组成部分，是环境执法和环境管理工作的技术依据。我国的环境标准分为国家环境标准和地方环境标准。

F 环境保护国际公约

环境保护国际公约是指我国缔结和参加的环境保护国际公约、条约和议定书。国际公约与我国环境法有不同规定时，优先适用国际公约的规定，但我国声明保留的条款除外。

1.2.4.2 环境保护法律法规体系中各层次间的关系

《中华人民共和国宪法》是环境保护法律法规体系建立的依据和基础，法律层次不管是环境保护的综合法、单行法还是相关法，其中对环境保护的要求，法律效力是一样的。如果法律规定中有不一致的地方，应遵循后法大于先法。

国务院环境保护行政法规的法律地位仅次于法律。部门行政规章、地方环境法规和地方政府规章均不得违背法律和行政法规的规定。地方法规和地方政府规章只在制定法规、规章的辖区内有效。

2 大气污染控制

2.1 大气污染的基本概念

2.1.1 大气的组成

大气是由多种成分组成的混合气体。对于干燥清洁的空气，它的主要成分为氮、氧和氩，它们在空气的总容积中约占 99.96%。此外还有少量的其他成分，如二氧化碳、氖、氦、氪、氙、氢、臭氧等。干燥清洁空气中的各组分，其比例在地球的各个地方几乎是不变的，因此可看作大气中的不变组成。

大气中的水汽含量所占的百分比要比氮、氧等主要成分的含量低得多，它在大气中的含量随时间、地域、气象条件的不同而变化很大，在干旱地区可低到 0.02%，而在温湿地带可高达 6%。大气中的水汽含量虽然不大，但对天气变化却起着重要的作用，因而也是大气中主要组分之一。悬浮微粒是由于自然因素而生成的颗粒物，如岩石风化、火山爆发、宇宙落物以及海水溅沫等。无论是它的化学成分，还是含量、种类，都是变化着的。

以上所述为大气的自然组成，或称为大气的本底。有了这个组成，就可以很容易地判定大气中的外来污染物。若大气中某个组分的含量超过上述标准含量时，或自然大气中本来不存在的物质在大气中出现时，即可判定它们是大气的外来污染物。在上述各组分中，一般不把水分含量的变化视为外来污染物。

2.1.2 大气污染

在大气中，大气对外来污染物的存在并最终构成大气污染是有一定条件的，按照国际标准化组织（ISO）做出的定义：大气污染通常是指由于人类活动和自然过程引起某种物质进入大气中，呈现出足够的浓度，达到了足够的时间并因此而危害了人体的舒适、健康和福利或危害了环境的现象。造成大气污染的原因是人类活动和自然过程。人类活动包括人类的生活活动和生产活动两个方面，而生产活动又是造成大气污染的主要原因。自然过程则包括了火山活动、山林火灾、海啸、土壤和岩石的风化以及大气圈的空气运动等内容。上述所说的原因导致一些非自然大气组分如硫氧化物、氮氧化物等进入大气，或使一些组分的含量大大超过自然大气中该组分的含量，如碳氧化物、颗粒物等。

大气污染主要发生在离地面约 12km 的范围内，随大气环流和风向的移动而漂移，使大气污染成为一种流动性污染，具有扩散速度快、传播范围广、持续时间长、造成损失大等特点。

2.1.3 主要大气污染物

排入大气中的污染物种类很多，依据不同的原则，可将其进行分类。依据污染物存在的形态，可将其分为颗粒污染物与气态污染物。依据污染源的关系，可将其分为一次污染物与二次污染物。

（1）颗粒污染物。进入大气的固体粒子和液体粒子均属颗粒物，对颗粒污染物可做出如下的分类：

1）尘粒。尘粒一般指直径大于 75μm 的颗粒物。这类颗粒物由于粒径较大，在气体分散介质中具有一定的沉降速度，因而易于沉降到地面。

2）粉尘。在固体物料的输送、粉碎、分级、研磨、装卸等机械过程中产生的颗粒物，或在岩石、土壤的风化等自然过程中产生的颗粒物，悬浮于大气中，称为粉尘，其粒径一般小于75μm。在这类颗粒物中，粒径大于 10μm，靠重力作用能在短时间内沉降到地面者称为降尘；粒径小于 10μm，不易沉降，能长期在大气中飘浮者，称为飘尘。

3）烟尘。在燃料的燃烧、高温熔融和化学反应等过程中所形成的颗粒物，飘浮于大气中称为烟尘。烟尘的粒子粒径一般均小于 1μm。它包括了因升华、焙烧、氧化等过程形成的烟气，也包括了燃料不完全燃烧所造成的黑烟以及由于蒸汽的凝结所形成的烟雾。

4）雾尘。雾尘指小液体粒子悬浮于大气中的悬浮体总称。这种小液体粒子一般是由蒸汽的凝结、液体的喷雾、雾化以及化学反应过程中所形成，粒子粒径小于 100μm。水雾、酸雾、碱雾、油雾都属于雾尘。

5）煤尘。煤尘指燃烧过程中未被燃烧的煤粉尘，大、中型煤码头的煤扬尘以及露天煤矿的煤扬尘等。

（2）气态污染物。以气体形态进入大气的污染物称为气态污染物。气态污染物种类极多，按其对我国大气环境的危害大小，有 6 种类型的气态污染物是主要污染物，它们主要是硫化物、氮化物、卤化物、碳氧化物、碳氢化物和氧化剂等。气态污染物从污染源排入大气，可以直接对大气造成污染，同时还可以经过反应形成二次污染物。

2.1.4 主要大气污染源

大气污染物主要来源于自然过程和人类活动，大气污染物的排放源及排放量的情况如表2-1所示。

表 2-1 地球上自然过程及人类活动的大气污染物排放源及排放量

污染物名称	自然排放		人类活动排放		大气中背景浓度
	排放源	排放量/$t \cdot a^{-1}$	排放源	排放量/$t \cdot a^{-1}$	
SO_2	火山活动	未估计	煤和油的燃烧	146×10^6	0.2×10^{-9}
H_2S	火山活动、沼泽中的生物作用	100×10^6	化学过程、污水处理	3×10^6	0.2×10^{-9}
CO	森林火灾、海洋、萜烯反应	33×10^6	机动车和其他燃烧过程排气	304×10^6	0.1×10^{-6}
NO^-	土壤中的细菌作用	NO: 430×10^6 NO_2: 658×10^6	燃烧过程	53×10^6	NO: $(0.2 \sim 4) \times 10^{-9}$ NO_2: $(0.5 \sim 4) \times 10^{-9}$
NH_3	生物腐烂	1160×10^6	废物处理	4×10^6	$(6 \sim 20) \times 10^{-9}$
N_2O	土壤中的生物作用	590×10^6	无	无	0.25×10^{-6}
C_mH_n	生物作用	CH_4: 1.6×10^9 萜烯: 1.6×10^9	燃烧和化学过程	88×10^6	CH_4: 1.5×10^{-6} 非 CH_4: $< 1 \times 10^{-9}$
CO_2	生物腐烂、海洋释放	10^{12}	燃烧过程	1.4×10^{14}	320×10^{-9}

由自然过程排放污染物所造成的大气污染多为暂时的和局部的，人类活动排放污染物是造成大气污染的主要根源。因此，对大气污染的研究，主要是针对人为造成的大气污染问题。

大气污染源一般可理解为"污染物发生源"的意思，如火力发电厂排放 SO_2，为 SO_2 的发生源。因此就将发电厂称为污染源。它的另一个含义是"污染物来源"，如燃料燃烧对大气造成了污染，则表明污染物来源于燃料燃烧。一般情况下，我们所说的污染源是指前一种含义。

按污染物产生的类型，大气污染源可分为以下几种：

（1）工业污染源。工业用燃料燃烧可排放废气，工业生产过程中可排放气体等。工业企业是大气污染的主要来源，也是大气卫生防护工作的重点之一。随着工业的迅速发展，大气污染物的种类和数量日益增多。由于工业企业的性质、规模、工艺过程、原料和产品种类等不同，其对大气污染的程度也不同。

（2）农业污染源。农用燃料燃烧排放废气，某些有机氯农药对大气产生污染。施用的氮肥分解产生 NO_x 等。

（3）生活污染源。民用炉灶及取暖锅炉燃煤排放污染物，焚烧城市垃圾产生废气。城市垃圾在堆放过程中由于厌氧分解排出二次污染物。在居住区里，随着人口的集中，大量的民用生活炉灶和采暖锅炉也需要耗用大量的煤炭，特别在冬季采暖时间，往往使受污染地区烟雾弥漫，这也是一种不容忽视的大气污染源。

（4）交通污染源。交通运输工具的燃料燃烧排放污染物。近几十年来，由于交通运输事业的发展，城市行驶的汽车日益增多，火车、轮船、飞机等客货运输频繁，这些又给城市增加了新的大气污染源。其中具有重要意义的是汽车排出的废气。汽车污染大气的特点是排出的污染物距人们的呼吸带很近，能直接被人吸入。汽车内燃机排出的废气中主要含有一氧化碳、氮氧化物、烃类（碳氢化合物）、铅化合物等。

按照几何形状分类，大气污染源通常可分为点污染源、面污染源、线污染源。点污染源是指具有确定空间位置的、集中在一点或可当作一点的小范围内排放污染物的发生源，如高烟囱等。面污染源是指时空上无法定点监测的，以面状形式排放污染物的发生源，如低烟囱、民用煤炉等。线污染源是沿着一条线排放污染物的发生源，如汽车、火车等。

造成大气污染的污染物，从产生源来看，主要来自以下几方面：

（1）燃料燃烧。各国能源结构不同，则产生的污染物也不同。我国能源以煤为主，主要大气污染物是颗粒物和二氧化硫。发达国家能源以石油为主，大气污染物主要是一氧化碳、二氧化硫、氮氧化物和有机化合物。

（2）工业生产过程。化工生产、石油冶炼、钢铁生产、焦化厂、水泥厂等各种类型的工业企业，在原材料及产品的运输、粉碎以及由各种原料制成成品的过程中，都会有大量的污染物排入大气中，这类污染物主要有粉尘、碳氢化合物、硫氧化合物、氮氧化合物以及卤化物等多种污染物。

（3）农业生产过程。农业生产过程对大气的污染主要来自农药和化肥的使用。有些有机氯农药如 DDT，施用后在水中能悬浮在水面上，并同水分子一起蒸发而进入大气；氮肥在施用后，可直接从土壤表面挥发成气体进入大气；而以有机氮或无机氮进入土壤内的氮肥，在土壤微生物作用下可转化为氮氧化物进入大气，从而增加了大气中氮氧化物的含量。

（4）交通运输。各种机动车辆、飞机、轮船等均排放有害废物到大气中。由于交通工具主要以燃油为主，因此主要的污染物是碳氢化合物、碳氧化物、氮氧化物、铅污染物、苯并（a）芘等。这些污染物排到大气中，有些还可能形成二次污染物。

具体到不同国家,由于燃料结构不同,生产发展水平、生产规模及生产管理方法的不同,污染物来源也不同。

2.1.5 大气污染的危害

大气污染对于人体健康危害甚大,除此而外,对植物、天气和气候也有影响,同时还会对名胜古迹、建筑物、金属制品、油漆、涂料、橡胶制品等产生不同程度的沾染性污染和腐蚀性损害,由此而造成的经济损失,是非常巨大的。

2.1.5.1 对人体健康的影响

大气污染侵入人体的途径是多渠道的。一种是通过呼吸道直接进入体内,呼吸道黏膜对污染物特别敏感,同时又有很大的吸收能力;另一种是污染物落到水体、土壤和食物中,然后污染物随同饮用水和食物间接进入体内。

大气污染对人体健康危害主要表现在:一是会引起急性中毒。如果大气中飘尘和二氧化硫浓度突然升高,比平时高出许多倍,人们就会感觉胸闷、咳嗽和嗓子疼痛,以致出现呼吸困难和发烧。特别是在浓雾后期,死亡率急剧上升。其中以支气管炎的死亡率最高,其次是肺炎。二是会诱发疾患或引起慢性中毒。大量研究资料认为,一些慢性呼吸系统的疾病或病情加重的原因都与大气污染有密切关系,较低浓度的污染物也会刺激呼吸道引起支气管收缩,使呼吸道阻力增加并减弱呼吸功能,同时还会使呼吸道黏膜分泌增多,使呼吸道的纤毛运动受阻,从而导致呼吸道抵抗力减弱,诱发呼吸道的各种疾病。三是对妇女儿童的身体造成极大危害。如接触环境中的有害毒素,不仅危害妇女本身的健康,还会通过妊娠和哺乳过程影响第二代的身体发育和健康成长。儿童处在生长发育阶段,对环境中有害物质的敏感性比成年人高得多,受害程度及远期影响也深远得多。四是对人的身体有致癌作用。大气中的致癌物已发现200多种。由于呼吸到大气中的致癌物,以及在职业接触中,致癌物经呼吸道侵入肺部,而且由大气又降落到水体或食物中,会造成更广泛的污染。据计算,全世界每年死于肺癌的人数就有百万以上。五是对人的身体有很大的刺激作用。大气中硫化物、氮氧化物、氯气和光化学烟雾对眼、鼻、喉黏膜等有强烈的刺激作用,大气中灰尘的增多也会刺激眼结膜。大气污染对人体健康的影响主要是通过呼吸道侵入人体。

2.1.5.2 对植物的影响

植物容易受大气污染危害,首先是因为它们有庞大的叶面积同空气接触并进行活跃的气体交换。其次,植物不像高等动物那样具有循环系统,可以缓冲外界的影响,为细胞和组织提供比较稳定的内环境。此外,植物一般是固定不动的,不像动物可以避开污染。

大气污染对植物的影响大致分为两种情况:一是在高浓度下产生急性危害,使植物的叶面产生伤斑或直接枯萎脱落;二是在低浓度长期影响下产生慢性危害,生长受阻,发育不良,出现失绿、早衰等现象。

大气污染物中对植物影响较大的是二氧化硫、氟化物、氧化剂和乙烯。氮氧化物也会伤害植物,但毒性较小。氯、氨和氯化氢等虽然会对植物产生毒害,但一般是由事故性泄漏引起的,危害范围不大。

硫是植物必需的元素,在土壤缺硫的情况下,大气中少量的二氧化硫经叶片吸收进入植物的代谢系统中,对植物生长有利。但当二氧化硫浓度超过极限值时,就会引起伤害。一年中二氧化硫平均浓度在 $0.085\mathrm{mg/m^3}$ 时,就危害植物生长。大气氟污染物主要是氟化氢,它的排放量远比二氧化硫小,故影响范围也小些。但它对植物的毒性很强。植物通过土壤、水和空气吸收了过量的氟,严重时造成植物枯死,或使植物叶子变黄或生成坏死斑,影响农作物的生长。

2.1.5.3　对器物的影响

大气污染对金属制品、油漆涂料、皮革制品、纺织品、橡胶制品及建筑物的损害也是严重的，这种损害包括粘污性损害和化学性损害，且一般经过较长时间才能逐步显现出来。

大气污染物中的硫氧化物对金属有腐蚀作用，尤其当飘尘表面吸附腐蚀性物质时，对器物的损害更为严重。当硫氧化物最终以酸雨形式降落到地面时，就会腐蚀很多器物。

2.1.5.4　对天气和气候的影响

排入大气中的污染物粒子对太阳光具有一定的吸收和散射作用，因而减少了太阳直接辐射到地球表面的辐射强度。在大工业城市烟雾不散的日子里，太阳光辐射到地球表面的能量比没有烟雾的日子里减少40%以上。同时，由于烟雾弥漫，空气浑浊，大气能见度下降。

排入大气中的烟尘微粒，很多具有水汽凝结核或冻结核的作用，可促使云滴形成或者使温度在0℃以下的云滴加速变为冰晶。煤和燃料油燃烧所生成的微粒多数含有硫酸盐，它们是有效的凝结核，而由钢铁厂排放出来的大气微粒和汽车尾气中含有铅化合物的微粒也是很好的凝结核。

在大工业城市上空，由于大量废热排入大气，近地面空气的温度较四周郊区要高一些。其温差大小与城市的功能、规模、能源消耗情况等多种因素有关。通常，工业城市规模越大，能源消耗越多，市区人口密度越大，市区和郊区的温差越大，城市温度的分布是工商业和人口集中的市中心区域温度最高，随着与市中心距离的增加，温度不断下降，至城市郊区，温度则同周围农村相近。它的温度分布等温线图，如同平面图上表示海洋中岛屿的等高线一样，城市如同海洋中的孤岛，这一现象称为热岛现象。

热岛现象可以造成局部地区的气象异常。最明显的如城市大气温度高，空气上升，郊区农村的冷空气就会流入城市。城乡之间的这种热对流，在夜间极为明显，称为"城市风"。城市温度较高，还会造成城市上空的云量和降水量增加。如有的大城市的降水量平均较农村高5%~10%，个别情况下，甚至高出30%左右。

如果污染的大气中含有二氧化硫和氮氧化物、二氧化碳以及作为催化剂的颗粒物，遇到自然降水即可形成含有硫酸、硝酸和碳酸的酸雨，其中因二氧化硫污染产生的硫酸为酸雨的主要成分。酸雨是指pH值小于5.65的酸性降水，包括雨、雪、冰雹等。一些工业发达国家酸雨时有发生。近年来，我国南方燃烧高硫煤地区，如重庆、贵阳等城市都曾下过pH值为3~4.5的酸雨。在上海、南京以及我国北方某些污染严重的工业城市也相继下过酸雨。

大气污染不仅会造成对局部天气的影响，还由于潜在地干涉和扰乱着人们赖以生存的太阳和地球间的热平衡，而微妙地影响着全球性气候。有可能引起全球性气温变化的大气污染物中，首推二氧化碳和水蒸气等，它们都会使地球表面的大气层产生温室效应。

2.2　大气污染物的处理方法

大气污染的控制措施可以从两方面来考虑，一方面是进行全局性的规划和管理，另一方面是具体的工程技术措施。

全局性措施主要有：

(1) 严格环境管理。建立完整的环境立法体系和环境管理体系，制定和颁布防止大气污染的有关法律、法规，建立国家和地方各级环境管理机构，并要求严格执行国家有关环境保护的法律法规等。

(2) 全面规划，合理布局。对城市和区域进行全面规划、合理布局，既要考虑各功能区之间的联系、配合和协调，又要考虑各区内污染源对环境的复合影响，以便调控在一种良性循环的生态环境中。

（3）建立环境影响评价制度。在大型工程项目建设之前，对环境进行综合调查，对拟建项目区域内的自然环境和社会环境做详尽调查，进行环境模拟实验和污染物扩散计算，弄清该地区的环境容量，预测对人群、生态系统和环境的影响程度，确定保护、协调、改善环境的各种综合措施，最后提出"环境影响报告书"，为环境管理和环境规划提供依据。

（4）制定出控制大气污染的经济政策和能源政策。除法律上的强制措施外，还应依靠经济手段来促进治理。某些措施对全局和长远有影响的，则可给予财政补贴和支持。还必须研究能源构成，改变不合理的能源结构，解决在使用、分配和管理上存在的问题。

（5）制定控制大气污染的技术政策。鼓励和扶持老工艺的改革，采用先进的工艺和设备，加强企业管理，严格操作规程，实现资源的综合利用和"三废"资源化。

（6）加强环境科学研究和教育。积极发展环境教育，大力宣传、提高全民的环保意识。

（7）造林绿化。森林和绿地可看作天然的除尘器、消声器、消毒器、空调器、制氧厂、蓄水库，是个巨大的节能器。造林绿化在保护环境方面起到非常重要的作用。

工程技术措施主要有：

（1）扩散稀释。采用烟囱将污染物排向高空，利用大气的传输、扩散来稀释污染物。这种措施虽然能够减轻局部地区的大气污染，但向大气中排放的污染物绝对量并未减少，不能解决复杂污染源的集中排放问题，而且烟囱的造价随高度的增加成指数关系增长。

（2）局部控制。它是对污染源采取的工程治理技术。即在污染源处直接采取有效的净化措施来进行处理，控制污染物的排放浓度或回收利用，这是大气污染控制技术的主要内容。此方法的特点是效果好、能耗低，所以在大气污染中优先采用此方法。

2.2.1 冶金烟尘的处理方法

在冶金过程中，一般都产生烟气和烟尘。冶炼烟气的性质与冶炼工艺过程、设备及其操作条件有关，冶炼烟气的特点是烟气温度高，含尘量大，波动范围大，有些烟气还具有很高的湿度，并含有腐蚀性的气体（SO_2，SO_3）和有毒有害气体（As_2O_3，Pb 蒸气）。

冶炼过程中形成烟尘的主要原因有两类：

（1）机械作用。冶金炉料的细微颗粒被流动的烟气带走而形成烟尘，如在矿石、熔剂的破碎、筛分，粉煤的制备、输送和精矿的干燥、焙烧等过程中产生烟尘。此类烟尘的粒径一般大于 $10\mu m$，其成分与原料相近，易于被普通除尘器所收集。

（2）挥发作用。某些金属常以元素或化合物状态挥发逸出，遇冷而形成细微烟尘。此类烟尘的颗粒很细，其成分与物料发生化学变化时所生成的物质组成相同，仅能在滤袋除尘器、电除尘器或某些湿式除尘器中收集。如在矿物的熔炼、冰铜的吹炼、炉渣的烟化、金属的精炼等过程中产生的凝结性烟尘。

2.2.1.1 烟尘及其性质

烟尘是指分散于气体介质中的微小颗粒物质，此为悬浮物质。在烟尘处理过程中主要考虑的烟尘的性质有烟尘颗粒的大小、烟尘颗粒的形状、烟尘的密度、烟尘的比表面积、烟尘的导电性、烟尘的润湿性、烟尘离子的凝聚性、烟尘的化学活性、烟尘的水解性等。

（1）烟尘颗粒的大小。根据尘粒的大小，烟尘可分为三类，见表2-2。

表 2-2　烟尘分类

类　别	尘粒直径/μm	说　　明
粗　尘	10～100	如干燥、焙烧、烧结或熔炼过程中产生的机械尘
细　尘	0.1～10	能长久地悬浮在烟气中，在静止气体中下降很慢
尘　烟	10^{-5}～10^{-1}	由气相转为固相时的尘粒

冶炼厂烟尘一般都较细。尘粒的大小很不一致，粗尘、细尘、尘烟同时存在。烟尘的粒度一般按各种直径的颗粒质量或数量分数表示，也称为质量分散度或颗粒分散度。

（2）烟尘颗粒的形状。烟尘颗粒的形状很不规则，类似球状和立方体的颗粒为多，但也有条状、结晶状和其他不规则形状。不同外形的烟尘颗粒对设备的磨损程度不一，不规则和具有棱角的烟尘对金属的磨损程度比球状烟尘大数倍，烟尘形状对选择除尘设备产生一定的影响。表面光滑的球状烟尘不易放出电荷，在电除尘器中不易被捕集。球状颗粒的烟尘较易沉降，可在机械除尘器中捕集。不规则形状颗粒烟尘不易穿过滤布，故在滤袋除尘器中捕集比球状或粒状烟尘效果好。

（3）烟尘的密度。烟尘的密度一般分为真密度和假密度。烟尘微粒往往是海绵状的，颗粒内有孔隙、微细裂纹等，另外有杂质存在，使得烟尘的实际密度较无孔致密的理论密度值低，通常测得的烟尘实际密度称为真密度。

（4）烟尘的比表面积。冶金烟尘具有较大的比表面积。比表面积与颗粒直径成反比，即烟尘颗粒越细，其比表面积越大。因此，比表面积可作为衡量颗粒细微程度的标志。

（5）烟尘的导电性。烟尘的导电性是影响电除尘器效率的决定性因素之一，为了衡量烟尘导电性和在电除尘器中捕集的难易程度，一般按烟尘的电阻可将烟尘分为：低电阻烟尘，低于 10^3～10^4 Ω·cm 的烟尘，属于难于回收或不能回收的，如金属粉末、煤粉等；中等电阻烟尘，属于 10^4～10^{10} Ω·cm 的烟尘，冶金过程产生的烟尘基本属于这一类；高电阻烟尘，高于 10^{10} Ω·cm 的烟尘，如氧化锌、氧化铅、三氧化二铝等，此类烟尘用电除尘器捕集时，须经调湿、调温处理或添加三氧化硫后才能有效回收。

烟尘的导电性可用增加其湿度的方法来改善，电阻率较高的烟尘，当其表面吸附有蒸汽薄膜时，其导电性增加，变得易于回收；电阻率较低、导电性良好的烟尘，也易于加以润湿，增加接触电阻，而改善电除尘状况。

（6）烟尘的润湿性。根据烟尘被水润湿性能的不同，将烟尘分为亲水性和疏水性两类。亲水性烟尘，如石灰石与无机氧化物等；疏水性烟尘，如木炭、硫、孔雀石、硫化锌、硫化铁等。

粗粒及球状烟尘的润湿性比细粒及不规则形状烟尘的好。挥发物烟尘较细，不易被水润湿。小于 5μm，特别是小于 1μm 的尘粒，悬浮于气体中，很难被水滴润湿，只有在水滴与尘粒间具有很高相对速度的条件下，冲破尘粒周围的气膜，尘粒才能被水润湿，如文氏管、冲击塔除尘器等即起此作用。

（7）烟尘离子的凝聚性。在高温条件下，细微尘粒在气体中做不规则不均匀运动，互相冲击、碰撞而凝聚。挥发物烟尘较易凝聚，粒度很不均匀，特别是当烟气中挥发物浓度较高时，凝聚更为迅速。

（8）烟尘的黏结性。烟尘在烟道及除尘器上黏结，影响除尘正常作业，并降低除尘效率。烟尘的黏结性与烟尘颗粒大小及烟气中有无蒸气冷凝物有关。由于烟气中夹带较多的细粒烟尘，尘粒之间的许多接触点，在分子聚合力的作用下，结合起来而形成黏结物。烟尘的颗粒越细，其比表面积越大，接触点也越多，因此，黏结物的坚实程度随烟尘颗粒的减小而增加。随烟气带走的粗尘，不仅不黏附在设备上，反而有破坏黏结物的作用。

(9) 烟尘的化学活性。冶金过程中产生的烟尘，特别是细粒烟尘，比表面积大，且其中往往含有未被氧化的金属、碳、金属硫化物等物质。当这些物质迅速氧化来不及散开所放出的热量时，就会引起自燃现象，如烟化炉烟尘、锌挥发窑烟尘、铅鼓风炉烟尘等均有自燃现象。

(10) 烟尘的水解性。冶炼烟气中常有某些易溶于水的金属硫酸盐、氯化物等，在除尘系统漏入大量冷空气时，吸收其中水分而水解，对除尘系统十分不利。

2.2.1.2 烟尘净化的意义

(1) 保护环境，维护生态平衡。有色冶金废气中，大多数含有自然界本来没有的，同时又是生物生活不需要的有毒污染物，如铅、汞、砷等的粉尘或蒸气以及烟气中的一氧化碳、二氧化硫、氟化氢等气体，这些污染物有害于人体健康和农作物的生长。由于生产的持续进行，这些废气大量地、定向地、不断地排放到环境中，以致破坏了该地区的生态平衡。而且由于此类烟尘的排放，生产车间劳动条件恶劣，直接危害操作人员的生命安全，同时也会损坏设备，故对冶金废气必须净化，使之达到排放标准后才能排放。

(2) 回收烟气中的有价元素，提高金属实收率和原料综合利用率。某些金属的冶炼过程中，有大量的有价金属元素进入烟尘，另外有些矿物中的金属元素可以在冶炼烟尘中富集，有利于矿物中金属的综合利用，所以冶金烟尘必须予以回收。

随着现代科学技术的发展，需要大量的稀有金属，而有些稀有金属往往富集于冶金过程所产生的烟尘和废渣中，因此冶炼烟尘和废渣烟化后所得的烟尘，是提取某稀有金属的主要原料。除尘净化后含二氧化硫的烟气，可用以制取硫酸、元素硫和其他化学制品。

(3) 促进冶金技术的发展。现代的许多冶金过程，如炉渣的烟化、杂铜的熔炼、用挥发焙烧法提取金属锑及汞等，除尘工序已成为生产中的重要工序。

某些冶金技术的发展，也与除尘密切相关，甚至是决定该技术能否得到推广运用的决定因素。如沸腾焙烧、闪速熔炼等，其生产能力很高，烟尘率也高，这类方法能否得到广泛的应用，则取决于是否有完善的除尘设备。

2.2.1.3 除尘器的性能指标及除尘器的分类

A 除尘器的性能指标

除尘器的性能指标主要包括除尘效率、压力损失、处理气体量及符合适应性等几个方面。

(1) 除尘效率。废气的烟尘浓度一般用每立方米气体含有的烟尘克数或毫克数来表示。冶金厂中一般烟尘浓度范围为 $0.1 \sim 100 g/m^3$。除尘设备工作情况的好坏，用除尘效率来表示。除尘效率一般有全效率和分级效率两种。

全效率是指除尘器除下的粉尘量与进入除尘器的粉尘量的百分比，如式 (2-1)：

$$\eta = \frac{G_2}{G_1} \times 100\% \tag{2-1}$$

式中　η——除尘效率；

G_1——进入除尘器的粉尘量，g/s；

G_2——除尘器除下的粉尘量，g/s。

如果现场无法测到除下的粉尘量时，可用式 (2-2) 进行计算：

$$\eta = \frac{L_1\rho_1 - L_2\rho_2}{L_1\rho_1} \times 100\% \tag{2-2}$$

式中　L_1——除尘器入口风量（标态），m^3/s；

　　　ρ_1——烟尘入口质量浓度（标态），mg/m^3；

　　　L_2——除尘器入口风量（标态），m^3/s；

　　　ρ_2——烟尘出口质量浓度（标态），mg/m^3。

总效率是指当除尘系统中有多个除尘器串联时，设每个除尘器的除尘效率分别为 η_1，η_2，$\cdots$，η_n，则总除尘效率 η_0 用式（2-3）计算：

$$\eta_0 = 1 - (1 - \eta_1)(1 - \eta_2)\cdots(1 - \eta_n) \tag{2-3}$$

（2）压力损失。除尘器的压力损失是指气流流过除尘器时，除尘器进、出口处气流的全压差，表示流体流经除尘器所耗的机械能与通风机所耗功率成正比，一般除尘的压力损失为 $1\sim2kPa$。当知道该除尘器的局部阻力损失系数 ζ 值后，可用式（2-4）计算：

$$\Delta p = \zeta \frac{\rho_0 v^2}{2} \tag{2-4}$$

式中　ρ_0——处理气体的密度，kg/m^3；

　　　v——除尘器进口速度，m/s。

（3）处理气体量。用来表征除尘器处理气体能力的大小，一般用体积流量（m^3/h，m^3/s）表示，也有用质量流量（kg/h，kg/s）表示的。

（4）负荷适应性。负荷适应性是保持除尘器性能可靠性的技术指标。负荷适应性良好的除尘器，当处理气体量或污染物浓度在较大范围内波动时，仍能保持稳定的净化效率。

B　除尘器的分类

除尘器的种类很多，按除尘的主要机理，除尘器一般可分为四类：

（1）机械力除尘器。该类除尘器是利用质量力（重力、惯性力和离心力等）的作用从含尘气流中分离尘粒的装置，主要有重力沉降室、惯性除尘器和旋风除尘器。

（2）过滤式除尘器。该类除尘器是使含尘气流通过织物或多孔的填料层进行过滤分离的装置，主要有袋式除尘器、颗粒层除尘器等。

（3）电除尘。该类除尘器主要是利用高压电场使尘粒荷电，在库仑力的作用下使粉尘与气流分离，一般有干式和湿式两类，根据荷电和分离区的空间布置不同，也可分为单区和双区电除尘器。

（4）湿式除尘器。该类除尘器是利用液滴或液膜将尘粒从含尘气流中分离出来的装置，可分为冲击式、泡沫塔、文氏管等除尘器。

C　除尘器的选择

除尘器的选择是在调查研究的基础上，根据处理烟尘的不同性质，主要从净化效率、处理能力、动力消耗与经济性等几个方面考虑。

（1）选择除尘器时考虑的因素。影响除尘器性能的因素很多，主要考虑以下几点：

1）含尘气体的种类、成分、温度、密度、黏度、露点、毒性、腐蚀性、爆炸性与气体量和它的波动范围等；

2）粉尘的种类、成分、密度、浓度、粒径分布、电阻率、腐蚀性、润湿性、吸水性等物理化学性质；

3）除尘器的净化效率、阻力、废气排放标准和环境质量标准等；

4）除尘器的投资、运行费用、维护管理情况、安装位置以及收集物的处理与利用等。

（2）除尘器的性能比较。除尘器的性能指标除了除尘效率、压力损失等主要指标外，还有耐温性、耐蚀性、耗钢量等，在选择除尘器时均应很好地考虑。

表2-3为各种除尘器的主要性能及能耗指标；表2-4列出了各种除尘器的耐温性能。

表 2-3　各种除尘器的主要性能及能耗指标

除尘器种类	除尘效率/%	最小捕收粒径/μm	压力损耗/Pa	能耗/kJ·m⁻³
重力沉降室	<50	50~100	50~130	
惯性除尘器	50~70	20~50	300~800	
通用旋风除尘器	60~85	20~40	400~800	0.8~1.6
高效（多管）旋风除尘器	80~90	5~10	1000~1500	1.6~4.0
袋式除尘器	95~99	<0.1	800~1500	3.0~4.5
电除尘器	90~98	<0.1	125~200	0.3~1.0
湿式离心除尘器	80~90	2~5	500~1500	0.8~4.5
喷淋塔	70~85	10	25~250	0.8
旋风喷淋塔	80~90	2	500~1500	4.5~6.3
泡沫除尘器	80~95	2	800~3000	1.1~4.5
文氏管除尘器	90~98	<0.1	5000~20000	8~35

表 2-4　各种除尘器的耐温性能

除尘器种类	旋风除尘器	袋式除尘器		电除尘		湿式洗涤器
		普通滤布	玻璃纤维滤布	干式除尘	湿式除尘	
最高使用温度/℃	400	80~130	250	400	80	400
特殊说明	用耐火材料可以提高耐温性，最高可达1000℃	耐温随滤料而异	经硅油、石墨、聚四氟乙烯处理的滤布可耐温300℃	高温时粉尘电阻率会随温度变化	温度过高易使绝缘部分失效	特高温时，入口内衬的耐火材料因与水接触而易损坏

2.2.1.4　常用除尘设备

根据烟气、烟尘的特性选择不同的除尘设备。一般冶金厂常采用的净化烟气的除尘设备，据除尘设备工作原理不同可分为机械除尘、湿式除尘、过滤除尘、电除尘等。

A　机械除尘

机械除尘是利用机械力（重力、离心力、惯性力）将悬浮物从气流中分离出来，主要设备有沉降室、旋风除尘器等。这种除尘设备结构简单，气流阻力和功率消耗小，基建投资、维修费用都比较省，适于处理含尘浓度高及悬浮物粒度较大（粒径5~10μm以上）的含尘气体。缺点是除尘效率不高，除不掉细微粒子。

（1）重力沉降室。重力沉降室主要是利用含尘气流通过横断面比管道大得多的空间时，流速迅速降低，尘粒在自身重力作用下自然沉降，落入灰斗。气流中的烟尘，一方面受气体的推动力而作惯性运动，另一方面又受到重力作用而向下沉降。如果在适当的条件下，使重力作用大于气体的推动力，则尘粒就能够沉降下来与气流分离。为了使烟尘沉降，应使进入沉降室的气流速度越小越好。

这种除尘设备简单，气流阻力损失小，设备投资与运转费用省。但其体积大，清灰困难，现代冶金工厂很少采用，只是在一些特殊情况下使用。

沉降室的除尘效率一般为40%~50%。该设备适用于除去粒径20μm以上的尘粒。一般用

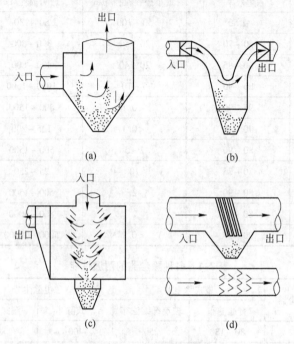

于烟气的预净化。

（2）惯性力除尘。惯性力除尘器是使含尘气流方向急剧变化或与挡板、百叶等障碍物碰撞时，利用尘粒自身惯性力从含尘气流中分离尘粒的装置。净化效率优于沉降室，可用于收集 $10\mu m$ 以上粒径的尘粒。压力损失则因结构形式不同差异很大，其结构形式如图 2-1 所示。

图 2-1　惯性除尘器

（a）单级碰撞式；（b）回转式；（c）百叶式；（d）多级碰撞式

（3）旋风除尘器。旋风除尘器是使含尘气流旋转而产生离心力，利用气流的离心力将尘粒从含尘气流中分离出来的除尘设备，此类设备能有效收集粒径为 $5\mu m$ 以上的尘粒，且结构简单，造价低，维护工作量少，粉尘适应性强，是目前工业领域最通用的一种除尘设备，也是用于从气相中分离固体颗粒的首选设备。其结构如图 2-2 所示。

旋风除尘器由一个带锥形底的垂直圆筒壳组成。含有悬浮烟尘的烟气气流由口径不大的进口管以高速进入后，烟气在外圆筒与中央排出管之间，自上而下作螺旋线运动。含有微细烟尘的部分烟气沿气体排出管流出，另一部分烟气沿圆锥部分运动。

此时，内层气体随圆锥形的收缩而转向除尘器的中心，受底所阻而返回，形成一股上升的旋流，其方向与外层相反，经出口管逸出管外。

当烟气在圆筒内旋转时，烟尘因离心作用而抛向外壁。以后，烟尘质点与烟气以不同的轨迹运动。烟尘失去惯性后，沿旋风除尘器下部锥形部分滑到烟尘卸出口。

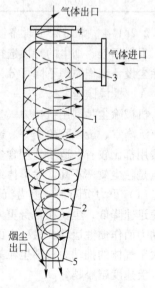

图 2-2　离心沉降原理示意图

1—圆筒壳；2—锥体；3—进口管；
4—气体排出管；5—烟尘出口

　　冶金厂广泛采用多级高效旋风除尘器,其特点是:除尘器入口速度大,出口管径小,圆锥部分长,除尘效率高,但阻力损失较大。为了达到更好的除尘效果,可将数个单体的旋风除尘器联合成组使用。如图2-3所示。在联结时要尽量使气流通过各除尘器的阻力相同,这样可以保证每个除尘器都在较高的除尘效率下操作。

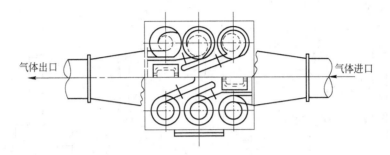

图 2-3　排列式旋风除尘器

B　过滤式除尘器

　　过滤式除尘器是使含尘气体穿过过滤材料,把尘粒阻留下来,使烟尘与烟气分离的除尘设备。此类除尘器一般分为袋式除尘器和颗粒层除尘器,除尘效率较高,可达99%以上。

　　(1)袋式除尘器。常用的过滤除尘设备是袋式除尘器。净化气体时,使含尘气体通过一多孔织物,气体分子可以通过纤维间隙,悬浮的烟尘则通不过去而被截留下来。滤料的过滤过程示意图如图2-4所示。袋式除尘效率很高,可达99%,可收集$0.2\mu m$粒径以下的烟尘,结构简单,操作方便,工作稳定,便于回收干料,可以捕集不同性质的烟尘。不适宜净化黏性强及吸湿性强的粉尘。

　　袋滤器的结构形式如图2-5所示。袋滤器按进气口的位置有上进气与下进气两种,采用下进气,气流稳定,滤袋容易安装,但气流运动方向与灰尘落下方向相反,清灰时会使细灰尘重新附积于滤袋表面,从而降低清灰效果,上进风可以避免上述缺点,但进气分配室要安装在壳体上部,增加设备高度,滤袋安装也复杂;袋滤器按气流通过滤袋的方向分,有内滤式与外滤式两种,内滤是指含尘气流先进入袋内,灰尘层在滤袋内表面,外滤式则流动方向相反。

　　滤袋材质应根据烟气性质来选择。在冶炼厂中,烟气经常含有酸性或碱性物质,都会腐

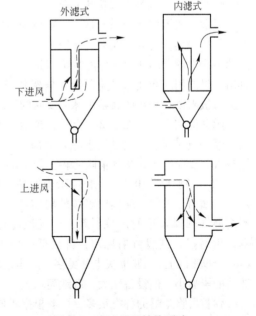

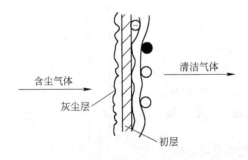

图 2-4　滤料的过滤过程示意图　　　　　图 2-5　袋滤器的结构形式

蚀某种过滤材料。所以要根据烟气性质选择滤布，或对滤布事先进行处理。对滤布性能的要求是：寿命长，耐酸，耐碱，耐热，耐磨，力学性能好，捕集效率高，阻力小，易清扫。常用的滤布材料为棉织品、毛织品、柞蚕丝、玻璃纤维、合成纤维等。

袋滤器在工作一段时间后，滤料上粘有灰尘层，必须除去才能继续过滤。清灰方式有如下几种，如图 2-6 所示。

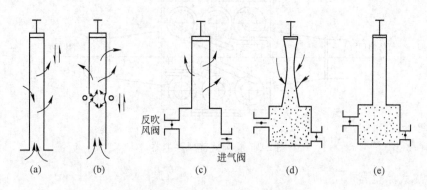

图 2-6　袋滤器清灰方式示意图
(a)机械清灰；(b)气环反吹；(c)反吹风清灰；
(d)反吹风清灰状态一；(e)反吹风清灰状态二

图 2-6 (a) 为机械清灰方式，是利用机械振打的方法使滤袋振动，灰尘层塌落。这种方式滤袋损伤较大。图 2-6 (b) 为气环反吹方式，是利用环状喷嘴的环圈套在滤袋外部，一边用压缩空气反向喷入袋内，一边上下移动，这种方法不用停止过滤气流，能够充分利用全部过滤面积。图 2-6 (c) 为反吹风清灰方式，正常过滤过程，反吹风阀关闭，进气阀打开，当需要清灰时，进气阀关闭，反吹风阀打开，如图 2-6 (d) 状态，清灰时间很短，在负压作用下滤袋变形，使灰尘塌落。然后两阀均关闭，如图 2-6 (e) 状态，滤袋恢复原状后，再重复图 2-6 (c) 状态。这种方式构造简单，清灰效果好，对滤袋损伤小。

目前，我国广泛采用的是脉冲布袋分离器，含尘气体由进口进入中部箱体。中部箱体内装有若干排滤袋，含有微粒的气体经过滤袋时，微粒被阻留在布袋外面，气体则通过滤袋织物的间隙得到过滤。净化后气体经喇叭口进入上部箱体，最后从排气口排出。过滤用的布袋通过笼形钢丝框架和袋夹固定在喇叭口管和短管上。被阻留在外边的微粒由脉冲反吹的压缩空气自动进行清扫。

脉冲清灰方式，如图 2-7 所示，含尘的气体由滤袋外部流向袋内，经一段时间后，通过设于滤袋上部的喷嘴，间断的瞬时送入压缩空气，反向吹出，达到消除滤料上灰尘层的目的。

(2) 颗粒层除尘器。颗粒层除尘器是一种用石英砂、河沙、焦炭、金属屑、陶粒、玻璃球等颗粒状物料构成过滤层的除尘器，能耐高温（选择合适的过滤材料，使用温度可高达 600℃），不燃不爆，耐磨损。且滤料来源广，价格低，使用时间长，除尘效率高（可达 99% 以上），捕集灰尘种类多，除尘效率受气温、气量、灰尘波动的影响小。但设备庞大，占地面积大。

颗粒层除尘器的种类很多，一般根据不同的结构特点可以分为：

1) 固定床。在过滤过程中床层固定不动的除尘器称为固定床

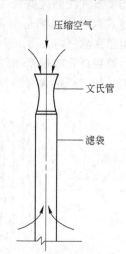

图 2-7　脉冲清灰示意图

颗粒层除尘器，净化效率高，是目前使用最多的一种。固定床式的除尘装置如图2-8所示。

2）移动床。在过滤过程中床层不断移动的除尘器称为移动床颗粒层除尘器，移动床颗粒层除尘装置如图2-9所示。滤料由滤料入口进入后，在除尘器中做自由落体运动，形成一定厚度的床层，过滤后含尘滤料由下部滤料排出口排出。

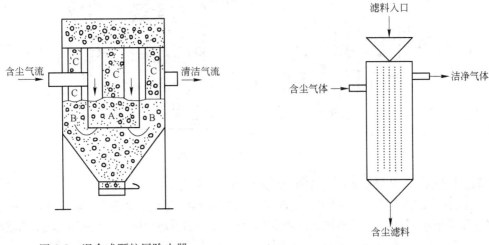

图2-8　混合式颗粒层除尘器
（A、B、C分别代表三种不同的颗粒填料）

图2-9　移动床过滤除尘装置

C　静电除尘

静电除尘器基本上由两个部分组成，一部分为电器设备，将外线路所供给的交流电（380V）转变为高压直流电（45000～90000V），以供给积尘室的电晕电极。另一部分为积尘室，由于电晕电极的放电，形成电场，将气体电离，使烟尘荷电，从而在电场作用下将烟尘捕集起来。静电除尘器除尘过程示意图如图2-10所示，图2-11为平板式静电除尘器示意图。由于电晕放电所形成的电场强度使气体电离，故当需要净化的含尘气体进入电场区时，烟尘粒子带上电荷，在电场作用下向沉积电极沉积，经振打后沉入灰斗收集。而净化后的气体由出口管导出。

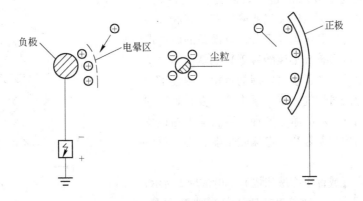

图2-10　静电除尘器除尘过程示意图

静电除尘器与上述其他除尘器相比较，具有许多优点：能捕集极细烟尘；对烟气的化学组成、温度等条件的适应性大，而且能够起到分类富集的作用；作业过程可以实现机械化、自动

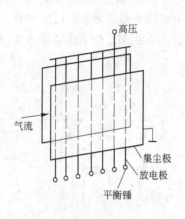

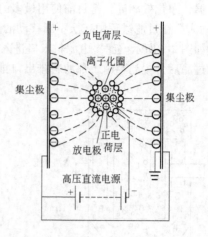

图 2-11　平板式静电除尘器

化，减轻劳动强度。其缺点是：设备庞大、造价高、投资大。

静电除尘器的特点是气流阻力小，能在高温下进行除尘，适用于处理含尘量低及尘粒很细微的（0.05~20μm）气体。除尘效率高，可达99.9%以上。但占地面积大，维修和运转费用较高。

上述各种净化尘粒（悬浮物质）的设备，对不同粒径的尘粒，净化效率不同，故在有色冶金厂经常将几种净化设备联合起来使用。

D　湿式除尘

湿式除尘是利用水（或其他溶液）来润湿并捕集含尘气体中的烟尘的除尘方法。虽然湿法除尘的设备形式较多，构造各有特点，但都是使含尘气体与液相互相接触，湿润烟尘粒子以增加尘粒的重度和粒度，使之更容易借重力、惯性力或离心力将尘粒捕集下来，或者将尘粒黏着在液膜上与气相分离而转入液相。

湿式除尘的特点是：除尘效率较干法除尘稍高，而且可以用来捕集粒度更细的尘粒；采用湿法除尘不但可以达到除尘的目的，同时可使气体冷却、增湿。该方法尽管可将固-气相分离，但同时产生了固-液相泡浆，这就带来了废水处理问题，必须相应地进行沉淀、过滤、浓密、干燥等过程，以回收烟尘；冶金工厂废气普遍含有一些腐蚀性气体，二氧化硫、三氧化硫等组分，对设备的腐蚀严重。有些呈硫酸盐形态（如硫酸锌等）的烟尘与水接触时，溶于水中，增加了废水处理的负担；冶金工厂所排废气，多为高温烟气，使大量水分蒸发，烟气中湿度增大，影响下一步的净化处理。湿法除尘的设备形式较多，常用的有喷雾塔、泡沫收尘器、文丘里洗涤器等。

（1）喷雾塔（或称中空洗涤塔）。如图 2-12 所示，气体由塔的下部进入，逆着上方喷下来的水雾上升，当尘粒和水雾接触时，就被水雾俘获，顺着水流方向流出。净化后的气体由上方管道导出。此种洗涤器效率不高，约60%~70%左右。一般用于烟气的预净化。

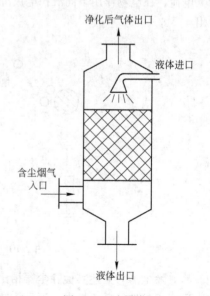

图 2-12　喷雾塔

（2）泡沫除尘器。如图 2-13 所示，器内有一横贯整个断面的多孔筛板，向板面上送水，下方送气。气体从下向上穿过筛板时受到洗涤，并在筛板上吹起一层厚厚的泡沫，使气与水的接触面扩大。筛板上的水一部分以泡沫形式通过溢流管排出，另一部分则带着尘粒或成泥浆通过筛孔流入底部。这类洗涤器经济耐用，净化效率较高，可达 95% ~ 99%。

（3）文丘里洗涤器。如图 2-14 所示，待净化的含尘气体由导管引向文氏管。在管中，因喉管断面很小，气流在这里获得很高的速度，一般为 50 ~ 150m/s，快速的气流与经过水管喷入的水相遇时，就将水分散成非常小的液滴，使尘粒得到润湿而被"捕集"。这些被捕集的尘粒与气流同时进入喉管后面的旋风分离器，尘粒呈泡浆状被收集，气体则得到净化。由于水在喉管处注入并被高速气流雾化，故尘粒和雾粒间相互接触效率极高，除尘效率很高，可达 99% 以上，能除去 0.05 ~ 5μm 大小的尘粒。这种除尘器结构简单、处理量大。但压力降大，压头损失约 3 ~ 7kPa，因而运转费用高。

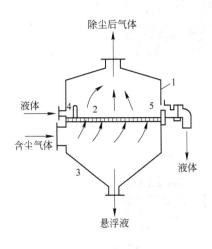

图 2-13　泡沫除尘器
1—外壳；2—筛板；3—锥形底；
4—进液室；5—溢流挡板

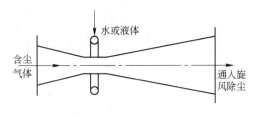

图 2-14　文丘里洗涤器

2.2.2　烟气的处理方法

烟气中经常含有一些有害气体，所以废气在排入大气前，必须进行净化处理。排入大气的有害气体量不得超过排放标准规定的数值，在可能条件下应考虑综合回收利用。

常用的气体净化方法主要有冷凝法、吸收法、吸附法、催化转化法、燃烧法、膜分离法等。

2.2.2.1　冷凝法

利用物理作用将废气中的气态物质分离出来的方法称为冷凝法。冷凝法是利用不同物质在同一温度下有不同的饱和蒸气压以及同一物质在不同温度下有不同的饱和蒸气压这一性质，将混合气体冷却或加压（在空气净化方面通常只用冷却），使其中某种或某几种有害气体冷凝成液体或固体从混合气体中分离出来的方法。冷凝法分使用接触冷凝器直接冷却和使用表面冷凝器间接冷却两类。它一般用于高浓度废气的一级处理与除去高湿废气中的水蒸气，也可用于回收高浓度的有机蒸气和汞、砷、硫、磷等。冷凝净化法的关键是冷却温度，冷却温度越低，净化程度越高。

冷凝采用的装置主要有表面冷凝器、接触式冷凝器等，表面冷凝器在生产中除广泛使用列管式冷凝器外，还有翅管空冷冷凝器、淋洒式冷凝器、螺旋板冷凝器等，其特点各有不同。图 2-15 所示为列管式冷凝器装置。接触冷凝器装置中，冷却剂是与要冷凝的蒸气直接接触的，这样既利于传热，又摆脱了传热间壁，防腐问题也比较容易解决。冷却剂通常是冷水，也就是用冷水来洗涤要冷凝回收的空气蒸气混合物。如果回收的冷凝液是与水不相溶的，则可在后部由分离器回收。但一般冷凝液不能（或不易）回收。接触式冷凝器的装置一般都较为简单，接触冷凝器主要有喷射式接触冷凝器、喷淋式接触冷凝器、填料式接触冷凝器和塔板式接触冷凝器等，图 2-15 所示为列管式冷凝器，图 2-16 所示为几种接触式冷凝器。

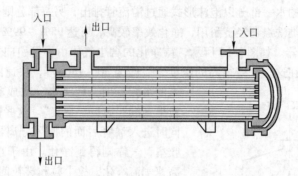

图 2-15　列管式冷凝器

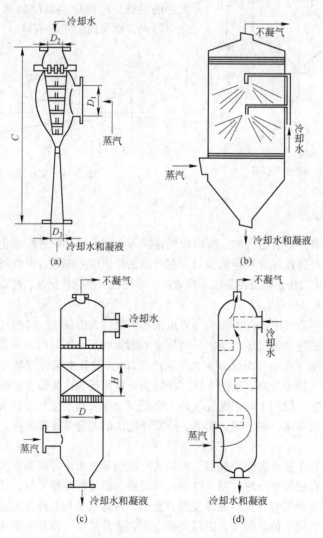

图 2-16　接触式冷凝器
（a）喷射式；（b）喷淋式；（c）填料式；（d）塔板式

2.2.2.2 吸收法

吸收法是用适当的液体吸收剂处理气体混合物，利用气体在液体中溶解度的不同来除去混合气体中的一种或多种有害气体。吸收法是净化气态污染物最常用的方法。常用的液体吸收剂有水、碱性溶液、酸性溶液、氧化剂溶液和有机溶剂。吸收法可用于净化含有 SO_2、NO_x、HF、SiF_4、HCl、Cl_2、NH_3、汞蒸气、酸雾、沥青烟和多种组分有机物蒸气的废气。

吸收过程按是否伴有化学反应而区分为化学吸收和物理吸收。吸收装置的类型及特点如表 2-5 所示。

表 2-5 吸收装置类型及特点

类 型	结 构	特 点
表面式吸收器		液体静置或沿管壁流下，气体与液体表面或液膜表面接触进行传质。用于易溶气体如 HCl、HF 等的吸收
填料式吸收器		液体沿填料表面流下，形成很大的表面积，气体通过填料层与填料表面上的液膜接触传质。用于吸收 SO_2、NO_x、Cl_2、酸雾等

类　型	结　构	特　点
鼓泡式吸收器		使气体分散通过液层，在气泡表面上进行气液接触并传质。用于吸收 SO_2、NO_x、NH_3、汞蒸气和铅烟等
喷液式吸收器		将液体喷成液滴状与气体接触，在液滴表面上进行气液接触并传质。用于同时除尘、降温、吸收的场合
拨水轮吸收室		用机械装置将吸收液溅散到吸收器空间，与气体接触进行传质。用于吸收 HF 和 SiF_4

（1）水吸收法。对于水溶性较大的气体物质，如二氧化碳、三氧化硫、氯化氢等气体，均可采用水吸收法。这些物质在水中发生物理化学变化，如二氧化氮的吸收：

$$2NO_2 + H_2O \Longrightarrow HNO_3 + HNO_2$$

$$2HNO_2 \Longrightarrow H_2O + NO + NO_2$$

$$2NO + O_2 \Longrightarrow 2NO_2$$

最后废气中的二氧化氮以硝酸形式被回收。水吸收效率与吸收温度有关，一般随着温度的升高其吸收效率下降。此法的优点是较经济，故被广泛应用。但当废气中这类物质含量低时，水吸收效率就很小，因此必须采用其他高效吸收剂。

（2）氧化吸收法。此法是把原来不易被水吸收或吸收不好的物质氧化成易被水吸收或吸收较好的物质，使之从废气中分离的方法。如一氧化氮在水中几乎不被吸收，为了提高氮氧化物水吸收的效率，使用活性炭催化剂将一氧化氮氧化成二氧化氮，然后通入水吸收塔中。这样就提高了氮氧化物的吸收效率，使之较好地从废气中分离出去。

（3）碱液吸收法。此法可以从废气中清除二氧化硫、氯化氢、氟化氢、氯、硫化氢等有毒物质，它们与碱反应生成各种盐类。例如，二氧化硫与碱液接触时，发生如下反应：

$$2KOH + SO_2 \Longrightarrow K_2SO_3 + H_2O$$

$$K_2SO_3 + H_2O + SO_2 \Longrightarrow 2KHSO_3$$

反应温度控制在 60℃ 左右，吸收液冷却后，亚硫酸氢钾就成焦亚硫酸钾结晶出来：

$$2KHSO_3 \Longrightarrow K_2S_2O_5 + H_2O$$

滤液为亚硫酸氢钾溶液，过滤后，返回吸收塔循环使用。滤饼是焦亚硫酸，加少量水溶解又重新变为亚硫酸氢钾的水溶液，加热到 100℃ 左右，即分解为二氧化硫和亚硫酸钾，后者又送回吸收塔循环使用。所得到的二氧化硫气体纯度很高，可送去制造液体二氧化硫或硫酸。

除碳酸钠、氢氧化钙为常用的碱吸收液外，氨水、高锰酸钾加碱吸收剂也常用来作为吸收剂。在用液体作吸收剂时，多采用中空洗涤器、填充塔、文丘里洗涤器等。

（4）铁屑吸收法。铁屑吸收法是预先将铁屑溶于盐酸，或者将铁屑和水一起加入到三氯化铁溶液中，使它转变成氯化亚铁溶液，然后，用氯化亚铁溶液作吸收剂，把废气中的游离氯转化成三氯化铁以达到脱氯的目的：

$$Fe + 2HCl \Longrightarrow FeCl_2 + H_2$$

$$2FeCl_2 + Cl_2 \Longrightarrow 2FeCl_3$$

$$2FeCl_3 + Fe \Longrightarrow 3FeCl_2$$

在实践中是先把铁屑溶于稀盐酸，使之生成氯化亚铁溶液，然后用这种溶液循环喷淋含低浓度氯的废气，使其中的游离氯转换成氯化铁溶液。一般采用两个氯化亚铁溶液喷淋塔，废气中的游离氯能被吸收 80% 左右，若采用三个喷淋塔，则能吸收 99% 的氯。喷淋次数越多，则脱氯效果越好。但是喷淋液的浓度等因素也与脱氯效果有关，最后的一个喷淋塔应用新鲜的喷淋液以利于提高除氯效率。

（5）还原法。含氧化氮 0.5% 的气体在 600℃ 时，用活性炭还原，在气流速度为 1500L/h 的条件下，能将氧化氮全部还原成氮气。此法的缺点是，在 600℃ 下活性炭易被废气中的氧所氧化，故活性炭的消耗量大。

重金属催化剂如以铝为载体的铂催化剂，磁性载体的铂催化剂、镍铜催化剂、镍铬催化剂以及浸于载体上的钨、铂的硫化物，铁、镍、钴、铜的硫化物等，都可用于氮氧化物的还原处理。

2.2.2.3　吸附法

吸附法是使废气与多孔性固体物质（吸附剂）接触，使废气中的污染物质（吸附质）吸附在固体表面上而从气流中分离出来的方法。它主要用于净化废气中低浓度污染物质，也用于回收废气中的有机蒸气及其他污染物。

吸附剂可以吸附废气（废水）中的一种或几种物质（这类物质称吸附质），它既有物理作用，又有化学作用。前者称物理吸附，后者称化学吸附。

物理吸附是由于固体表面粒子（分子、原子或离子）存在着剩余的吸引力而引起的，如图 2-17 所示。固体内部的粒子 A，在各个方向上与相邻的力场相互抵消，而表面层粒子 B 在垂直于表面方向上的力场没得到抵消，即存在着剩余的吸引力，它能吸引其他固体、液体、气体的粒子（分子、原子或离子），当然这些粒子也存在着力场，即固体吸附剂表面粒子的剩余力场与被吸引的离子的力场相互

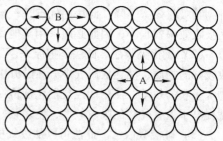

图 2-17　固体表面力示意图

作用，使被吸引的离子吸附在固体表面上，就是物理吸附。

当被吸附的一层粒子在没有完全平衡固体表面的力场时，还可以再进行吸附，直至完全平衡固体表面力场，物理吸附是多层吸附。通常情况下，任何一对粒子（分子或原子）彼此都能相互吸引。而任何一对显示相反电性的粒子（或粒子的一部分，如极化分子的极性部分）都存在着静电吸引力。物理吸附一般没有选择性。

在吸附过程进行的同时，会有一部分粒子由于粒子的热运动而脱离固体表面而回到被吸附的气体或液体中，这种过程就是解吸。吸附过程是在降低体系的总能量，因此物理吸附是一个放热过程。因此，降温有利于吸附，升温则有利于解吸。

化学吸附是由于吸附剂与吸附质的原子或分子间的电子转移或共有，也就是靠化学键进行吸附的。因为伴随有化学反应，所以化学吸附是有选择性的吸附，它是放热过程，所放热量相当于化学反应热。因为化合只在吸附剂表面进行，所以是单层吸附。

A　影响吸附的因素

吸附包括两个过程，一是吸附剂吸附吸附质的粒子，二是一部分被吸附的吸附质的粒子由于热运动脱离吸附剂的表面而解吸。当吸附和解吸的速度相等时，吸附就达到了平衡。

（1）吸附剂的性质。因为吸附发生在吸附剂表面，因此吸附剂的表面积（比表面积）对吸附影响很大，一般比表面积越大，吸附能力就越强。故一般吸附剂都呈松散多孔状结构，具有巨大的比表面积，如活性炭、沸石等。

（2）吸附剂的种类。吸附剂的种类不同，吸附效果也不同，一般是极性分子（或离子）型的吸附剂易吸附极性分子（或离子）型吸附质，非极性分子型的吸附剂易吸附非极性的吸附质。

（3）吸附质的浓度。图 2-18 是一般常见的吸附

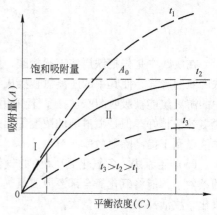

图 2-18　吸附等温线

等温线，它表示一定温度下，吸附达到平衡时，单位吸附剂的吸附量 A 与吸附质浓度 C 的关系。在曲线的低浓度部分，说明吸附剂表面很大部分是空着的，此时，吸附质增加多少，吸附剂就接近于吸附多少。当浓度增加到一定程度时，浓度再增加，吸附量虽有增加，但增加的速度变小了，这说明吸附剂的表面已大部分被吸附质所占据，当全部表面被占满时，吸附就达到极限状态，吸附量就不再随浓度的增加而增加了。

（4）吸附接触时间。吸附速度依吸附剂与吸附质的性质而变化，达到吸附平衡所用的时间也不一样，自百分之几秒到几十小时。

吸附法广泛地用来净化废气（或废水）。例如，用活性炭处理钛冶金过程排放的淡氯废气等。在净化废气时，常用的吸附剂有活性炭、氧化铝、硅胶、分子筛、氢型丝光沸石等。用这类吸附剂来清除废气中的二氧化硫、氮氧化物时，在吸附剂表面发生催化氧化反应。例如，当用活性炭吸附二氧化硫时，在有水蒸气和氧存在的条件下，在活性炭表面发生催化氧化反应，使二氧化硫直接变成硫酸而被吸附：

$$SO_2 + \frac{1}{2}O_2 + H_2O \Longrightarrow H_2SO_4$$

当用硅胶、氧型丝光沸石吸附氮氧化物时，它们可将不易被吸附的一氧化氮催化氧化成二氧化氮，二氧化氮则很容易被这些吸附剂所吸附。

B　吸附装置

用吸附法净化气体污染物的装置可分为固定床、移动床和流动床三类。固定床吸附器按吸附剂床层的布置形式可分为立式、卧式、圆柱形、方形、圆环形、圆锥形、屋脊形等。常见的固定床吸附器如图 2-19 所示。

2.2.2.4　催化转化法

催化转化法就是利用催化剂的催化作用将废气中的污染物转化为无害的化合物，或者转化为比原来存在状态更易除去的物质。催化物质一般由活性物质附于载体上。有些催化剂中还加入助催化剂，以改善催化剂的催化性能。催化剂的种类很多，多数是由活性组分、助催化剂和载体三类物质组成的。活性组分的作用是加速化学反应，是催化剂中的主要成分；助催化剂本身没有催化活性，但它和活性组分共存时，则可明显提高活性物质的催化效果；载体是承载活性物质和助催化剂的物质，它的作用主要是提高活性组分的分散度，改善催化剂的理化性能。催化转化法所用的催化剂必须具有很好的活性和选择性、足够的机械强度、良好的热稳定性和化学稳定性。工业催化剂一般根据不同的使用要求制成不同的形状，如颗粒状、片状、粉状、网状和蜂窝状。

根据催化剂所起的催化反应的作用不同，催化转化法分为催化氧化法和催化还原法两种类型。几种催化剂的组成见表 2-6，催化转化法的应用见表 2-7。

表 2-6　几种催化剂的组成

用　途	主要活性物质	载　体	助催化剂
SO_2 氧化为 SO_3	V_2O_5 6% ~12%	SiO_2	K_2O 或 Na_2O
C_mH_n 和 CO	Pt、Pb、Rh	Ni、NiO	
氧化为 CO_2 和 H_2O	CuO、Cr_2O_3、Mn_2O_3	Al_2O_3	
苯、甲苯氧化为	Pt、Pb 等	Ni 或 Al_2O_3	
CO_2 和 H_2O	CuO、Cr_2O_3、MnO_2	Al_2O_3	
NO_x 还原为 N_2	Pt、Pb 0.5%	Al_2O_3-SiO_2、Ni、Al_2O_3-MgO	
	$CuCrO_2$	Al_2O_3-SiO_2、Al_2O_3-MgO	

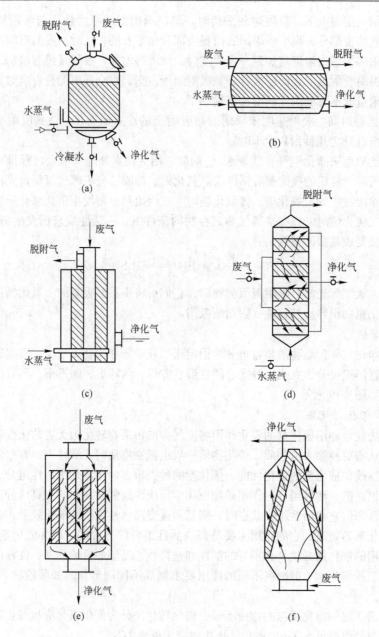

图 2-19 常见的固定床吸附器

(a)立式;(b)卧式;(c)圆环形;(d)立式多层;(e)竖式薄床;(f)圆锥形薄床

表 2-7 催化转化法的应用

方 法	净化的废气	催化剂	备 注
催化氧化法	有色冶炼烟气中的 SO_2	五氧化二钒	将 SO_2 转化为 SO_3,再制成 H_2SO_4
	漆包线生产中产生的含苯、甲苯的废气	铂、钯	将苯、甲苯转化为 CO_2 和 H_2O
催化还原法	硝酸生产和应用中产生的 NO_x	铜-铬	将 NO_2 转化为 N_2
	燃烧烟气中的 SO_2	钴-钼	将 SO_2 加氢还原为 H_2S,然后再除去 H_2S

催化转化工艺流程一般包括预处理、预热、反应、余热回收等几个步骤。

废气的预处理的目的是：除去废气中所含的固体杂质或液体颗粒，防止它们覆盖在催化剂表面使催化剂活性降低；除去使催化剂中毒的物质。

预热的目的是将废气加热到催化剂的活性温度范围内，因为催化剂都有一定的活性温度。预热有直接加热废气和间接加热废气两种方法。

反应过程一般是在催化反应器中进行的，废气处理所用的反应器多为固定床，其大小和型式由待处理废气的量和性质决定。

余热回收过程主要是对反应热比较高的反应产生的热量进行回收，治理气态污染物的催化转化装置目前有两大类，即固定床反应器和流化床反应器，实际使用中以固定床反应器较为广泛。

2.2.2.5 燃烧法

燃烧法是通过燃烧烧掉烟气中的有害气体、蒸气或烟尘，使之成为无害物质的一种方法。它仅能烧掉那些可燃的或在高温下能分解的有害气体与烟尘，不能回收烟气中含有的原来的物质，但可以回收燃烧氧化过程中产生的热量。燃烧净化法广泛应用于有机溶剂蒸气及碳氢化合物的净化处理，特点是可以处理污染物浓度很低的废气，净化程度高。

燃烧法可以分成三类：直接燃烧法、焚烧法和催化燃烧法。

直接燃烧法是将废气直接点火，在炉内或露天燃烧。该方法所处理的烟气必须含有足够量可以自身燃烧的可燃性废气，这就要求可燃物的浓度必须高于最低点火极限，并且燃烧产生的热量足够维持燃烧反应的进行。该方法可用于处理高浓度的 H_2S、HCN、CO、有机蒸气废气等。直接燃烧法适用的废气如果浓度比较高时可在一般炉窑中直接燃烧并回收热能，将废气作为工业炉窑或民用炉灶的燃料，不需专用燃烧设备。当废气量小时设储气柜，以维持压力稳定；废气量大不能完全利用时，排空的部分可在排气筒出口处装设燃烧器，使废气燃烧。

焚烧是利用燃料燃烧产生的热量将废气加热至高温，使其中所含的污染物分解、氧化。此方法必须保证燃烧完全，否则形成的燃烧中间产物危害可能更大，因此必须要有充足的氧、足够高的温度和适当的停留时间，并要有高度的湍动，以保证高温燃气与废气的充分混合。

催化燃烧法是在催化剂存在下使燃烧在较低温度下进行，一般在 200~400℃ 之间即可，这样可使燃烧过程需要的热量自给或只需少量补充。催化燃烧可以使燃烧温度降低很多，不像前两种方法必须将燃烧温度保持在 700~1100℃ 之间，所以催化燃烧法可以处理低浓度的废气。另外由于催化剂的使用温度的限制，该方法不能处理污染物浓度太高的废气，如果污染物浓度太高，燃烧反应中放出的大量热可能将催化剂烧毁。

A 燃烧法使用装置

焚烧炉由燃烧器与燃烧室组成，根据燃烧器的不同分为配焰燃烧炉和离焰燃烧炉。配焰燃烧炉如图2-20和图2-21所示。它将辅助燃料分配成许多小火焰燃烧。废气围绕小火焰流过，使废气与高温燃烧气均匀混合。它用于废气中含氧量大于16%的场合。

离焰燃烧炉如图2-22所示。它是先形成火焰再与废气混合，分为立式炉、卧式炉和烟囱燃烧炉，可烧气体或液体燃料，可用空气或部分废气助燃。当废气中含氧量不足时，应加入空气助燃。

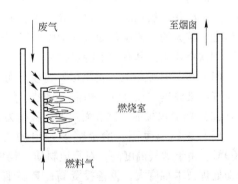

图2-20 配焰燃烧炉

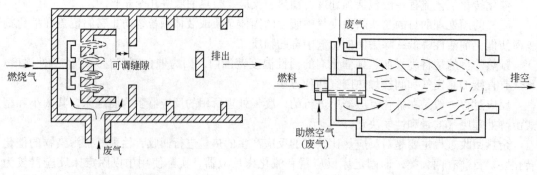

图 2-21　多烧嘴燃烧炉　　　　　　　　图 2-22　离焰燃烧炉

B　催化燃烧装置

催化燃烧装置为催化燃烧炉或催化燃烧器，如图 2-23（a）与图 2-23（b）所示。有些催化燃烧装置和工艺设备一起构成专用设备。

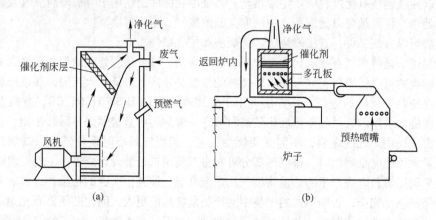

图 2-23　催化转化法及装置
（a）立式催化燃烧炉；（b）直接热回收式催化燃烧器

2.3　钢铁企业废气处理

钢铁企业是造成环境污染的工业部门之一，在钢铁生产过程中，原料的准备与运送及冶炼过程中的物理化学反应等，都不可避免地产生大量的烟尘和有害气体。其中，污染最严重的是粉尘，其次是二氧化硫和氟化氢等气体。本节仅对烧结、炼铁、炼钢、焦化、铁合金电炉等产生烟尘量较大的工艺设备的烟气除尘作以叙述。

钢铁企业废气具有如下特点：

（1）废气排放量大，污染面广，生产每吨钢的废气排放量约 20000m³（标态），钢铁企业的废气污染源集中在炼铁、炼钢、烧结、焦化等冶炼工业窑炉，设备集中，规模庞大。

（2）烟尘颗粒细，比表面积大，吸附力强，易成为吸附有害气体的载体。

（3）废气温度高，冶金窑炉排出的废气温度一般为 400 ~ 10000℃，最高可达 1400 ~ 1600℃。由于烟气温度高，对管道材质、构件结构以及净化设备的选择均有特殊要求；烟气的冷却处理技术难度大，设备投资高；高温烟气中含硫、水蒸气、CO，所以烟气净化处理时必须妥善处理好"露点"、防火及防爆问题。

（4）烟气无组织排放多，冶炼过程中烟气的产生具有阵发性，散发烟气量在冶炼各时间段也不同，波动极大。

（5）废气具有一定的回收价值，高温烟气的余热可以通过热能回收装置转换为蒸汽或电能而加以利用；炼焦及炼铁、炼钢过程中产生的煤气是钢铁企业的主要原料；各废气净化过程中所收集的尘泥，大部分含有氧化铁成分，可回收利用。

钢铁企业废气具有很大的危害：

（1）钢铁厂烟尘多为极细微粒，具有很强的吸附力。这些烟尘不但自身可以沉积，而且还能吸附其他气体成分，成为其他气体成分的载体，这样会使烟尘的危害更大。如冶炼过程中排出的一些矿物及金属的冷凝物，采矿、选矿、耐火材料、铁合金铸造等车间排出的含游离二氧化硅粉尘，易患"硅肺"。

（2）由硫矿石和含硫燃料的冶炼和燃烧过程中产生的二氧化硫，形成硫酸雾和硫酸盐，直接危害人体健康和农作物生长，并腐蚀金属器材和建筑物。

（3）钢铁企业排放的致癌物质，如焦化厂、炭素厂等产生的多环芳烃。

（4）氟污染，来自矿石和萤石，对骨骼产生不良影响。

2.3.1 烧结机烟气处理

2.3.1.1 烧结机烟气的来源与特点

铁矿石的烧结一般采用带式烧结机，采用抽风法进行烧结生产。烧结料和燃料在料床上燃烧，烧结后产生的大量含尘烟气从下部抽风箱排出，这种废气称为机头废气。同时，在卸矿端的卸矿、破碎、筛分和冷却过程中，也散发大量的含尘废气，通常称为机尾废气。这些含尘废气是烧结厂的主要污染源。据统计，每生产 1t 烧结矿产生 4000 ~ 6000m³（标态）废气。机头废气含尘浓度为 1 ~ 5g/m³（标态），废气中含有二氧化硫、氮氧化物、二氧化碳等污染物。其粉尘成分主要是氧化铁、二氧化硅、氧化铝、氧化钙、氧化镁等，其中氧化铁占 36% ~ 78%。机尾废气含尘的质量浓度为 0.5 ~ 5g/m³（标态），废气成分与空气成分相近，而粉尘成分近似烧结矿。机头废气中粉尘粒径小于 100μm 的约占 50%，机尾废气中粉尘的粒径比机头废气中粉尘的粒径小。机头废气温度为 100 ~ 200℃，相对湿度为 8% ~ 15%，机尾废气温度为 80 ~ 150℃，水分含量少。

烧结厂排放的粉尘量约占钢铁企业总排尘量的 13% 左右，钢铁企业排放的含二氧化硫废气也主要产生在烧结厂。

2.3.1.2 烧结机烟气净化

烧结机烟气量大，含尘浓度高，且含有一定数量细尘，因此必须采用高效除尘装置。在设置烧结机净化装置时，一般均是对机头废气和机尾废气分别设置净化系统。烧结机料床产生的废气，由各抽风箱汇到集中总管后导入电除尘器，净化后由烟囱排向大气。机尾各尘源点排放的废气，由各排气罩捕集后，汇集到总管中，再导入机尾静电除尘器，净化后由烟囱排向大气。

2.3.2 焦炉烟气处理

焦化厂是环境污染大户，而焦炉烟尘又是焦化的主要污染源。焦炉烟尘污染可分为两部分：一部分是炼焦期间焦炉逸出的散烟；另一部分是机械操作过程中产生的烟尘，主要是装煤和推焦拦焦过程中产生的烟尘。由于焦炭生产具有排污环节较多、强度较高、污染物种类杂、毒性大等特点，焦炉烟尘治理一直是污染控制的难点。

随着环保要求日益严格和焦炉除尘技术水平的不断提高，焦炉环保从焦侧除尘发展到装煤烟尘的全方位烟尘治理，焦炉装煤除尘从早先的车上除尘装置发展到现在的地面除尘，从湿法除尘发展到干法除尘，从燃烧法演变成为不燃烧法，烟尘的捕集率和净化效率均大大提高。

焦炭生产中会排放大量的废水、废气、苯并芘等有害污染物，其中苯并芘是强致癌物质，严重威胁着焦炭生产地区人民群众的身体健康。在一些焦炭生产污染严重地区，空气中的苯含量甚至是国家标准规定限值的 3 倍。这些污染物对身体健康的影响，轻则头晕恶心，重则呼吸困难。长期生活在这些地区的人群，呼吸系统疾病已成为导致死亡的主要原因，癌症发病率和儿童先天残疾的比例也都明显高于全国平均水平。

2.3.2.1　焦炉烟尘的产生特点

焦炉在装煤、炼焦、推焦与熄焦过程中，会向大气环境排放大量煤尘、焦尘及有毒有害气体。焦炉产生的烟尘主要分为两部分：一部分是炼焦期间焦炉逸出的烟气，为连续无组织排放；另一部分是机械操作过程中产生的烟尘，主要是在装煤、推焦和拦焦过程中产生的，其烟尘特点是：间歇性排放，烟气湿度大，温度高，含有可燃气体和焦油，而且产尘点会在长距离上频繁移动。由于焦炉生产具有排污环节多且多变、强度较高、炼焦污染物种类杂、毒性大等特点，其烟尘治理多年来一直是污染控制的难点。

2.3.2.2　焦炉烟尘的控制措施和治理技术

A　炼焦期间散烟的控制

炼焦期间的散烟及其控制主要在焦炉炉门、焦炉上升管和装煤孔以及相应的焦炉运行管理。

（1）控制炉顶烟尘。炉顶烟尘来源于装煤孔盖、上升管盖、上升管与炉顶连接处，桥管与水封阀连接处等。国内已采取的主要控制措施有：

1）装煤孔盖泥封。把泥浆浇灌在孔盖周边加以密封，人工或装煤车机械浇泥。

2）上升管盖密封。国内自 20 世纪 80 年代以来，普遍采用水封式上升管盖，水封高度大于上升管内煤气压力，保证荒煤气不外逸。

3）上升管与炉顶连接处封堵。采用耐火材料泥浆、石棉绳和耐火粉料与精矿粉混合泥浆封堵。

目前国外对装煤孔盖除采用泥封外，对装煤孔盖、座的结构设计作了改进，将盖、座的密封沿圆周方向加工成球面，即使盖子稍有倾斜也能与座贴合良好，保证密封。

（2）控制炉门烟尘。炉门刀边与炉框镜面接触不严密将使炉内烟气泄漏。20 世纪 50 年代，采用小压架顶丝压角钢或丁字钢刀边的刀封炉门结构，但炉门易产生热变形而发生漏缝。60 年代，采用敲打刀边，但不能消除炉门因热变形引起的冒烟现象。80 年代，采用空冷式炉门，改善了炉门铁槽与炉门框因受热而引起的变形，同时采用带弹性腹板的不锈钢刀边，用小弹簧施加弹性力来调节刀边的密封性，基本上消灭了炉门冒烟现象。国内有些企业还采用了气封炉门技术，进一步消灭了炉门冒烟。

（3）设置焦炉顶面自动吸尘清扫车。清扫装置可以设在装煤车上，也可以独立配置。其可以吸除炉面上的煤粉，防止其扬尘或在炉面上燃烧。

（4）设集气管放散管点火装置。点火装置用于焦炉事故或停电时，将集气管内放散出来的荒煤气点燃烧尽，以免其排入大气污染环境。

B　焦炉装煤烟尘的控制措施和治理技术

装煤车将煤通过装煤孔装入赤热的碳化室，此时由于煤中水分蒸发和挥发分的迅速产生，造成碳化室内压力突然上升，大量烟尘从碳化室逸出。目前焦化厂普遍采用顺序装煤，焦炉设置双集气管，并在上升管桥管处采用 $1.8 \sim 2.5 MPa$ 的高压氨水（或 $0.7 \sim 0.9 MPa$ 蒸汽）喷射，使碳化室形成负压（如装煤孔处压力为 $-5Pa$），以实现无烟装煤。但实际效果并不十分理想。由于国内大多数装煤车的装煤伸缩筒、平煤杆套以及装煤孔座气密性差，喷射吸力波动较大，加上重力装煤产生的大量烟尘，不能完全借助高压氨水喷射及时导出，仍有相当部分烟尘会从装煤孔、小炉门等处逸出进入大气，造成环境污染。

C　焦炉拦焦烟尘控制措施和治理技术

推焦过程是在 $1min$ 内将红焦推出碳化室，红焦重量达 $10 \sim 50t$。红焦表面积大、温度高，与大气接触后收缩产生裂缝，并在大气中氧化燃烧，可引起周围空气的强烈对流，产生大量烟尘。烟气温度高达数百摄氏度，可形成数十米的烟柱，严重污染环境。污染物主要是焦粉、二氧化碳、氧化物、硫化物等。如果焦化不均匀或焦化时间不足，会产生生焦，此时推焦过程产生的烟气呈黑色，烟气中含有较多的焦油物质。$1t$ 焦的粉尘发生量为 $0.4 \sim 3.7 kg$。从 20 世纪 70 年代起，世界各国焦炉焦侧除尘装置就不断问世，种类繁多，但基本可归纳为四种，即焦侧集烟大棚、移动集尘车、热浮力罩除尘装置和地面站集尘系统。

与焦炉装煤烟尘治理相比，拦焦烟尘治理技术问世较早，成熟也早。由于环保工艺与设施要求焦炉拦焦和装煤烟尘需同步治理，因此随着技术进步和对焦炉治理经验的积累，拦焦除尘技术也不断发展。目前拦焦除尘大致可以分为车载式和地面除尘站以及与装煤除尘合一等形式。

2.3.3　高炉煤气处理

2.3.3.1　废气来源

高炉原料、燃料及辅助原料的运输、筛分、转运过程中将产生粉尘；在高炉出铁时将产生一些有害废气，该废气主要包括粉尘、CO、SO_2 和 H_2S 等污染物；高炉煤气的放散及铸铁机铁水浇铸时产生含尘废气和石墨碳的废气。

2.3.3.2　治理技术

A　炉前矿槽的除尘

解决高炉烧结矿、焦炭、杂矿等原料和燃料在运输、转运、卸料、给料及上料时产生的有害粉尘，其根本措施为：严格控制高炉原料燃料的含粉量，特别是烧结矿的含粉量。针对不同产尘点的设备设置密封罩和抽风除尘系统。输送带转运点采取局部密封罩，振动筛采用整体密封罩，在上料小车的料坑处采用大容量密封罩，收集到的烟气可采用袋式除尘器处理。

B　高炉出铁场除尘

高炉在开炉、堵铁口及出铁的过程产生大量的烟尘，采取产尘点设置局部加罩和抽风除尘一次除尘系统；在开、堵铁口时，出铁厂设置包括封闭式外围结构的二次除尘系统；除尘器可采用袋式除尘器等。

C　碾泥机室除尘

高炉堵铁口使用的炮泥由碳化硅、粉焦、黏土等粉料制成。在各种粉料的装卸、配料、混碾、装运的过程中将产生大量的粉尘。治理这些废气可设置集尘除尘系统，除尘设备可采用袋式除尘器。

2.3.4　吹氧炼钢转炉烟气处理

2.3.4.1　吹氧转炉烟气来源

吹氧炼钢转炉烟气来自铁水中碳的氧化，其主要成分是一氧化碳，但也有少量的二氧化碳。炉气量的大小主要同吹氧强度有关,吹氧强度越大,产气量越多。另外,在一个吹炼期内,产气量在吹炼初、终期最小,在吹炼中期最大。在吹炼过程中,铁水在高温下蒸发、气流剧烈搅拌、一氧化碳气泡的爆裂以及喷溅等原因造成的大量炉尘,其总量可占金属炉料的1% ~2%,含尘质量浓度达11 ~18g/m³(标态),烟尘的主要成分是氧化亚铁和氧化铁。炉气未经燃烧时,尘粒较粗,在炉气燃烧后,大部分尘粒粒径在1μm以下。

2.3.4.2　吹氧转炉烟气净化

利用设置在转炉炉口上方的水冷烟罩直接捕集到的烟气,常称作一次烟气,其净化系统称为一次烟气净化系统。因向炉内兑铁水和出钢等操作而散放到车间内的烟气,称为二次烟气,其净化系统称为二次烟气净化系统。一般被水冷烟罩捕集的烟气最多可达97%,其净化问题已得到解决。二次烟气只占总烟量的3%左右。通常所说的氧气转炉烟气净化,多指一次烟气的净化。

烟气的处理方法按对炉气的处理方法可分为燃烧法、未燃法和控制燃烧法,按所用除尘器的不同,又可分为干法、半干法和湿法净化流程。

用水冷烟罩捕集转炉烟气,同时引进大量过剩空气,使炉气中可燃成分全部燃烧,这种方法称作燃烧法。由于燃烧法使一氧化碳全部燃烧使烟气量增大,并使烟尘变细而难以净化,一般认为,对于小型转炉(可回收的煤气量小)或使用含硫、磷等杂质较多的铁水炼钢工艺(因出渣较多,倾动频繁),因其不宜于回收煤气,才使用燃烧法。若设置可以升降的活动烟罩,并有可控制抽气量的调节装置,使一氧化碳在捕集过程中尽量不燃烧或使燃烧处于最低限度,以便回收煤气,这种方法称作未燃法。对于大、中型转炉,由于炉容量大,可回收的煤气量多,应首先考虑未燃法回收煤气。我国规定大、中型转炉要采用未燃法。

关于氧气转炉烟气的净化装置,国内外多采用湿法净化,且以文丘里洗涤器最为普遍。也有采用湿式电除尘的,也有采用串联文丘里的。湿法净化流程运行安全、可靠,净化效率高,并且设备体积小,因此在国内外应用比较广泛。

干法净化流程是在净化系统中全部采用干式除尘设备,干法净化的突出优点就是避免了大量的污水污泥处理、压力损失小、运转费用低,但在管理上要求很严格。

2.3.5　炼钢电弧炉烟气处理

2.3.5.1　电弧炉炼钢烟气来源及特点

在电炉的冶炼过程中,由于炉料的加热、熔炼及化学反应使炉内产生一定的压力,使烟尘从炉门和电极孔等各种间隙向外逸出。当电炉在开盖装料、加熔剂及出钢时,也会有烟气散放出来。特别是在吹氧冶炼阶段,烟尘排放量剧增。电炉冶炼过程中排放的烟尘量与种类,和炉料成分、氧化物料的多少、炉温、吹氧强度等因素有关。并且在不同的冶炼阶段所产生的烟尘情况也不相同。各冶炼阶段烟尘的特点是:

(1)在熔化期,炉料中油脂类可燃物燃烧,金属在高温下蒸发与氧化,因而产生大量黑褐色浓烟。

(2)在氧化期,由于强化脱碳,采用加矿石和吹氧而产生一氧化碳和大量赤褐色浓烟;

(3)在还原期,为了创造良好的还原条件,投入炭粉和造渣材料,产生白烟。另外,在装料和出钢阶段,炉子在瞬间也产生一定数量的烟尘。在各冶炼阶段中,氧化期烟尘量最大,其次是熔化期,还原期最小。

一般来说,每熔炼1t钢约产生2.5 ~12kg烟尘,烟尘质量浓度为4.5 ~8.5g/m³(标态),氧化期最高可达20g/m³(标态),而且烟尘很细,1μm以下的约占90%。电炉炼钢产烟量的大小还和排烟方式有关，就1t钢而言，一般内排烟方式产生的烟气量，约为800~1000m³/h（标态），外排方式产生的烟气量约为560~700m³/h（标态）。烟气成分主要是一氧化碳（占60%左右）、氮气、二氧化碳及少量的氧气等。烟气温度大约为1200~1400℃，烟尘成分主要是氧化铁。

2.3.5.2 电炉烟气净化装置

电炉的净化装置同电炉的排烟方式有关，电炉的排烟方式是指电炉烟气的捕集方式。选择恰当的排烟方式，对于电炉烟气净化系统的经济性是极为重要的。生产中采用的排烟方式大致可分为炉内排烟、炉外排烟、炉内外结合排烟及大密封罩排烟等方式。

炉内排烟是指在炉盖上的适当位置开设专门的排烟孔，将水冷排烟管插入其中，并与净化装置相连接，直接从炉内抽出烟气，这种排烟方式具有排烟量小、排烟效果好、可加快降碳速度、缩短冶炼时间等优点，但在还原期不易控制炉内微正压状态，为了保证还原气氛，往往在还原期停止排烟。

炉外排烟是指使烟气从电极孔和炉门等不严密处逸散于炉外后，再加以捕集的排烟方式。根据罩子安装位置的不同，炉外排烟可分为上部排烟罩和炉盖排烟罩两类。炉盖排烟罩又分为炉盖密闭罩、钳形罩、炉盖侧吸罩和吹吸罩等不同的形式，但用得较多的是炉盖密闭罩。炉外排烟方式虽然排烟量大，设备投资及维护费用较大，但在整个冶炼期都可应用，系统较为安全。

炉内外结合排烟方式，就是在熔化期和氧化期从炉内排烟，还原期停止从炉内排烟而使用设置在炉门及侧部的烟罩排烟。这种排烟方式在实际中也应用较多。

电炉大密闭罩排烟方式，就是采用一个大型的整体密闭罩把电炉整个包围起来，当冶炼过程中产生的烟气逸出炉子后，由设在罩体上部的吸烟口抽走，不使其在车间内扩散。这种大密闭罩虽造价较高，排烟量大，但排烟效果好，且有可减轻电炉噪声影响和其他一些优点，因而在国内应用较多。

由于电炉烟尘极细，且含尘浓度较高，因而必须采用高效净化装置。目前应用最普遍的是袋式除尘器，这是因为它净化效率高，设备不受腐蚀影响，运行安全可靠，管理简便，回收的干灰便于运送和处理。湿式洗涤器在电炉烟气净化中也有所应用，它虽然能达到较高的净化效率，但泥浆处理比较麻烦，且洗涤废水呈酸性，对设备腐蚀大，因而其应用日趋减少；电除尘器在电炉烟气净化中也有应用，具有处理烟气量大、阻力小、运行费用低等优点，但由于设备费用很高，要求操作管理水平也很高，因而应用较少。由于电炉烟尘电阻率偏高，使用时需设置增湿塔或喷入蒸汽以降低烟气的电阻率，从而保持较高的除尘效率。但在冶炼过程中烟气量、温度和烟气成分变化较大，难以调节。

2.4 有色冶金企业废气处理

有色金属品种繁多，冶炼的主要原料多为硫化矿物，而且目前仍以火法冶炼为主。在火法冶炼过程中，由于燃料的燃烧，气流对物料的携带作用以及高温下金属升华或气化后又被氧化等物理化学作用，产生大量烟尘与有害气体。废气中所含的主要污染物质是二氧化硫等有害气体和烟尘。鉴于有色冶金工艺设备复杂，污染源种类很多，一些冶炼生产工艺流程和设备又比较相似，在此仅对危害大和具有代表性的冶炼废气处理问题加以介绍。

2.4.1 重有色冶炼烟气处理

重有色金属有铜、镍、铅、锌、锡、钴等，其冶炼工艺过程和方法大体可分为火法冶炼、湿法冶炼和电冶炼，目前仍以火法冶炼为主。火法冶炼过程产生的含尘废气的特点是：烟气温度高，烟尘浓度大，波动范围也比较大，一般都含有二氧化硫、三氧化硫等有害气体。有时还含有水蒸气。并且，烟尘尘粒径大小很不一致。粗尘、细尘和烟同时存在，但一般偏细。重有色冶炼过程中比较突出的问题是二氧化硫。

2.4.1.1　高浓度二氧化硫制酸

有色冶金过程中所产生的含二氧化硫烟气，一般含量为3.5%以上的都可用于制硫酸。但为了降低成本，一般都采取一定的措施以提高烟气含二氧化硫的浓度。对于我国有色冶炼厂所产生的二氧化硫烟气，多数工厂采用接触法制造硫酸，一般包括以下几个工序：净化、转化、吸收、尾气处理。

（1）烟气净化。本工序目的在于进一步净化烟气，使烟气含尘量降低到小于 $0.05 \sim 0.001 \mathrm{g/m^3}$（标态），以防止烟尘沉积而造成管道、设备、触媒层堵塞。烟气中多含有三氧化二砷，它会使钒触媒中毒，故要求净化后气体含三氧化二砷小于 $0.000132 \mathrm{g/m^3}$（标态），并要求净化后烟气含酸雾小于 $0.035 \sim 0.005 \mathrm{g/m^3}$（标态），含水小于 $0.1 \mathrm{g/m^3}$（标态）。

烟气净化方法可采用干法净化、水洗、稀酸洗涤、热浓酸洗涤等方法。含尘烟气进入制酸系统净化设备时，含尘量一般降到 $0.1 \sim 0.2 \mathrm{g/m^3}$（标态）以下。净化设备由第一干洗塔（又称热浓酸洗涤塔）、泡沫塔、第二干洗塔及捕沫塔等组成，见图2-24。

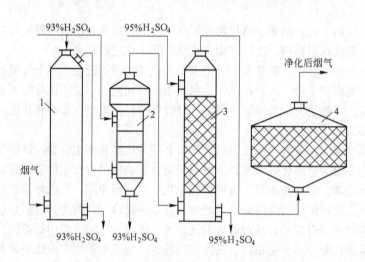

图 2-24　热浓酸洗涤净化设备连接图
1—热浓酸洗涤塔；2—泡沫塔；3—干洗塔（填料塔）；4—捕沫塔

高温烟气由塔底进入第一干洗塔，自下而上流动，用93%的浓硫酸由塔顶向下喷洒，二者形成对流，进行传热和传质。淋洒的酸被加热，而烟气逐渐冷却。在冷却过程中，烟气中的二氧化硫与水结合成硫酸蒸气。当其蒸气压力大于淋洒酸液面的蒸气压时，气体中的硫酸蒸气即通过液面上的气膜进入液体冷凝成酸。

在热酸洗涤过程中，吸收三氧化硫的同时，三氧化二砷及二氧化硒也都部分被吸收，烟气中的水分也大部分被吸收，烟尘被洗去。净化效率可达90%以上。

为了进一步清除烟气中的水、尘、雾，烟气再进入泡沫塔和第二干洗塔，用浓度为93% ~ 95%、温度为40 ~ 50℃的硫酸淋洗。第二干洗塔出口气体，再经焦炭过滤器滤去所带的酸沫后，净化作业即告完成。

因此法除砷、氟效率低，故其不适于处理含砷、氟高的烟气。对含砷、氟高的烟气，采用水洗法较好。如处理含砷 $0.8 \sim 1.2 g/m^3$（标态）、氟 $3 \sim 5 g/m^3$（标态）的烟气，用水洗法净化烟气，使烟气含砷降至 $5 mg/m^3$（标态），含氟降至 $100 mg/m^3$（标态）。但用水洗法的缺点是：在洗涤过程中产出大量含稀酸（一般含硫酸 $1 \sim 5 g/L$）和砷、氟的污水，不易处理；烟气中的全部三氧化硫和部分二氧化硫与水作用，生成硫酸和亚硫酸进入污水，不易回收，降低了硫的利用率。

（2）二氧化硫转化为三氧化硫。二氧化硫的转化反应是在触媒存在下进行的，其反应为：

$$2SO_2 + O_2 \Longrightarrow 2SO_3 + 196.38 kJ$$

为了维持转化过程中的热平衡，以利于转化作业的进行，要求烟气含二氧化硫含量不低于 3.5%，并尽可能保持稳定。

净化后的烟气，经热交换器加热到 $440℃$ 后，再进入转化器。一般用三段式或四段式转化器，各段盛钒触媒，控制各段进出口的温度，以便得到较高的转化率。转化流程如图 2-25 所示。

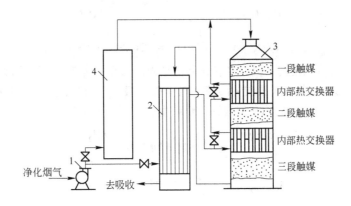

图 2-25　三段转化流程图

1—鼓风机；2—外部热交换器；3—三段转化器；4—加热炉

（3）三氧化硫吸收。由转化器出来的三氧化硫气体，用浓硫酸进行吸收。混合气体中三氧化硫先溶解在硫酸内，然后与硫酸内的水化合生成酸：

$$SO_3 + H_2O \Longrightarrow H_2SO_4 + 89.03 kJ$$

由于水分与三氧化硫二者间比例的不同，故生成硫酸的浓度也不同，若 $SO_3 : H_2O$（物质的量浓度之比） > 1 时，生成发烟硫酸；$SO_3 : H_2O = 1$ 时，则为 100% 硫酸；当 $SO_3 : H_2O < 1$ 时则为稀硫酸。

若采用水或稀硫酸作为三氧化硫的吸收剂，很容易生成酸雾。酸雾在吸收器内很难被水或稀酸吸收，而随尾气排入大气，造成严重损失和污染。故工业上均采用 98% 硫酸作吸收剂。三氧化硫进入吸收塔，被从塔顶喷淋下来的 98% 硫酸吸收，由塔底排出，部分溢流至循环槽，而大部分则经冷却盘管冷却后流入循环槽，再用酸泵打至塔顶循环使用。吸收三氧化硫后酸浓度提高，依靠由第一干燥塔送来的酸中所带的水稀释，水不足时，须往循环槽中补入新鲜水。

由于吸收了三氧化硫和串入了酸中的水分，吸收循环酸量增加，这增加的酸就是成品，送成品罐贮存。有色冶金厂烟气制酸，多数厂是将吸收塔多出的循环酸串入第一干燥塔的 93% 循环酸中，用以维持 93% 循环酸的浓度。而 93% 酸由于吸收了水分、三氧化硫和串入吸收塔来的 98% 酸，所以 93% 酸便多了出来，多出来的这部分 93% 酸即为成品。

2.4.1.2　含低浓度二氧化硫烟气的处理

含二氧化硫在 3% 以下的烟气，统称为低浓度二氧化硫烟气。有色冶炼厂的某些工序所排放的二氧化硫烟气，含二氧化硫量仅为 0.1% ~1% 左右，而且烟气量大，含尘量高，具有腐蚀性。这种烟气用以制酸，不仅技术复杂，而且是不经济的，排放到大气则造成大气的污染，必须加以治理。

防治低浓度二氧化硫烟气污染，通常采用高空稀释或在植物生长季节控制烟气排放的消极措施，以及从烟气中回收二氧化硫使之成为有用产品的积极措施。

目前，国内外常见的低浓度二氧化硫脱除法主要有：

（1）湿法脱除二氧化硫的方法。

1）石灰石或石灰乳法。用石灰石粉浆液或石灰乳吸收二氧化硫，生成亚硫酸钙，再经空气氧化（用 Fe^{2+} 作催化剂）生成石膏，可供水泥生产或制轻质砌砖。其反应为：

$$\left.\begin{array}{l} CaCO_3 \\ Ca(OH)_2 \end{array}\right\} + SO_2 = CaSO_3 + \left\{\begin{array}{l} CO_2 \\ H_2O \end{array}\right.$$

$$2CaSO_3 + O_2 + 4H_2O \xrightarrow{Fe^{2+}} 2CaSO_4 \cdot 2H_2O$$

此法脱硫率高，价格便宜，但原料和成品都是固体，设备堵塞与磨损严重。

2）双碱法。用氢氧化钠或碳酸钠溶液（第一碱）吸收二氧化硫，生成亚硫酸钠，再与石灰乳（第二碱）反应生成碳酸钙和硫酸钙，重新生成氢氧化钠循环使用：

$$\left.\begin{array}{l} 2NaOH \\ Na_2CO_3 \end{array}\right\} + SO_2 = Na_2SO_3 + \left\{\begin{array}{l} H_2O \\ CO_2 \end{array}\right.$$

$$Na_2SO_3 + Ca(OH)_2 = CaSO_3 + 2NaOH$$

$$2CaSO_3 + O_2 + 4H_2O \xrightarrow{Fe^{2+}} 2CaSO_4 \cdot 2H_2O$$

此法生产过程复杂，投资大。

3）亚硫酸钠法。用氢氧化钠或碳酸钠溶液吸收烟道气中的二氧化硫，生成亚硫酸钠，再生成亚硫酸氢钠。后者经加热后放出二氧化硫，而生成的亚硫酸钠循环使用。二氧化硫经一系列净化干燥后，即可装钢瓶备用。

$$\left.\begin{array}{l} 2NaOH \\ Na_2CO_3 \end{array}\right\} + 2SO_2 = 2Na_2SO_3 + \left\{\begin{array}{l} H_2O \\ CO_2 \end{array}\right.$$

$$Na_2SO_3 + SO_2 + H_2O \overset{\triangle}{=\!=\!=} 2NaHSO_3$$

由于亚硫酸钠易被氧化为硫酸钠，而后者用途不大，故此法的关键在于寻找一个负催化剂，以阻止亚硫酸钠的氧化。

4）氨吸收法（氨-酸法）。采用此法可副产硫酸铵，回收的二氧化硫浓度可达 100%（体积分数），经压缩和冷冻，可制造液体二氧化硫，也可用空气混合后送到（或返回）制酸系统，以提高制酸烟气的二氧化硫浓度。利用氨吸收法所生产的亚硫酸铵可利用在造纸工业中以代替烧碱，造纸后所得含氮很高的废液可以作为肥料使用。在回收烧结烟气中低浓度二氧化硫时，常采用此法。其工艺流程如图 2-26 所示。其特点是用低浓度的氨液循环吸收二氧化硫，再在低酸度下用蒸气间接加热使硫酸分解，以减少硫酸铵溶液的产量，从而降低了氨、酸的消

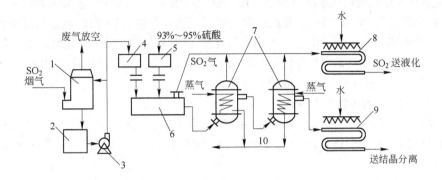

图 2-26　氨-酸法回收低浓度二氧化硫
1—吸收塔；2—母液循环槽；3—母液循环泵；4—母液高位槽；
5—硫酸高位槽；6—混合槽；7—分解罐；8—二氧化硫冷却器；
9—硫酸铵母液冷却器；10—冷凝水回水管

耗。此法的主要生产工序为：

①吸收。净化后的低浓度二氧化硫烟气通入泡沫塔或填料洗涤塔吸收二氧化硫：

$$SO_2 + H_2O + 2NH_3 \Longrightarrow (NH_4)_2SO_3$$

$$(NH_4)_2SO_3 + SO_2 + H_2O \Longrightarrow 2NH_4HSO_3$$

烟气中的三氧化硫与吸收液中的亚硫酸铵反应：

$$2(NH_4)_2SO_3 + SO_3 + H_2O \Longrightarrow 2NH_4HSO_3 + (NH_4)_2SO_4$$

吸收率一般可达 90% ~93% 。

吸收液吸收二氧化硫后，一部分送分解处理，一部分进入母液循环槽，通氨后作循环吸收液用。其反应为：

$$NH_4HSO_3 + NH_3 \Longrightarrow (NH_4)_2SO_3$$

②分解。一部分吸收液与浓硫酸在混合槽和分解槽中加热分解，其反应为：

$$(NH_4)_2SO_3 + H_2SO_4 \Longrightarrow (NH_4)_2SO_4 + SO_2 + H_2O$$

分解出的高浓度二氧化硫，送去液化或制酸，用硫酸铵母液提取硫酸铵结晶。

有的工厂用氨吸收低浓度二氧化硫，生产出硫酸铵-亚硫酸铵混合溶液，直接作为产品供给农业施肥。这样就可以不消耗硫酸，并使氨消耗降低 40% 。

（2）干法脱除二氧化硫的方法。烟气经湿法吸收后，温度降低，不利于排放和扩散，干法就没有此缺点，但脱硫效率往往低于湿法，故目前采用此法的较少。如活性炭和活化煤法，将烟气通过活性炭或活化煤，使其中的二氧化硫被吸收，并在炭粒表面被催化氧化为硫酸，后者可用水蒸气洗下得产品稀硫酸，活性炭可重复使用。此法脱硫率一般可达到要求，但是活性炭和活化煤的吸附效率逐渐下降，必须在 900℃ 下通入蒸气使之再生。这样，又增加了活性炭再生的工序。

2.4.2　含氟烟气处理

铝电解槽产生的污染物有气态和固态两种物质，气态物质的主要成分是氟化氢（HF）、四氟化碳、一氧化碳、二氧化碳、二氧化硫等。固态物质分两类：一类大颗粒物质（直径大于

5μm），主要是氧化铝炭粒和冰晶石粉尘，由于氧化铝吸附了一部分气态氟化物，一般大颗粒物质中总氟含量约为 15%；另一类是细颗粒物质（亚微米颗粒），由电解质蒸气凝结而成，其中氟含量高达 45%。在大型预焙槽生产中，气态氟占 50% 左右，氟化盐是电解生产的重要熔剂，每生产 1t 铝需要消耗的氟化盐量一般是 25 ~ 30kg，其中被烟气带走的约 50% ~ 60%。

2.4.2.1　铝电解槽烟气中污染物的来源

铝电解槽烟气中污染物的来源有：

（1）铝电解过程中产生的 HF 和 CF_4。HF 是主要气态污染物，CF_4 是在阳极效应临近时以及发生时产生的，临近阳极效应时气体中的 CF_4 量只有 1.5% ~ 2%，而在阳极效应时高达 20% ~ 40%。

（2）铝电解生产过程中阳极气体带出的电解质液滴。冰晶石-氧化铝熔盐电解过程中，在阴极上析出铝，在阳极上生成大量的 CO_2 与 CO 气体，在这些阳极气体排出的过程中，将带出部分熔融的电解质液滴，进入到烟气中。

（3）熔融电解质的蒸气主要是 $NaAlF_4$ 和 AlF_3。$NaAlF_4$ 在 920℃ 以上分解成 NaF 和 AlF_3，在 920℃ 以下分解成亚冰晶石和氟化铝。

（4）生产过程中加料作业时产生的原料粉尘。包括固态的氧化铝、冰晶石和氟化铝等生产原材料颗粒。

（5）原料中杂质二氧化硅与氟化盐发生的反应生成 SiF_4 气体。

2.4.2.2　对电解烟气中 HF 等有害气体的净化

含氟烟气的净化，还可以按净化装置的不同分为湿法净化和干法净化两种。利用清水、海水、碱溶液或某些盐类溶液洗涤和吸收烟气中的氧化物，这种净化装置和方法称为湿法净化。以某种固体物质吸附另一种气体物质所完成的净化过程，具有吸附作用的物质称吸附剂，被吸附的物质称吸附质，此方法称为干法净化。

A　铝电解含氟烟气的干法净化

铝电解含氟烟气的干法净化是使用电解铝生产用的 Al_2O_3 作为吸附剂吸附烟气中的 HF 等大气污染物来完成对烟气的净化。向铝电解烟气中投入的氧化铝重量与烟气体积的比值为固气比，在预焙槽电解生产的烟气净化采用的固气比在 35 ~ 55g/m³ 对烟气中氟化氢的净化效率最高。

铝电解烟气干法净化的反应原理，可用如下化学反应形式来表示：

吸附：　　　　　　$3Al_2O_3 + 6HF \longrightarrow 3(Al_2O_3 \cdot 2HF)$

转化：　　　　　　$3(Al_2O_3 \cdot 2HF)_2 \longrightarrow AlF_3 + 3H_2O + 2Al_2O_3$

总反应式：　　　　$Al_2O_3 + 6HF \longrightarrow 2AlF_3 + 3H_2O$

B　铝电解含氟烟气的湿法净化

一般均采用液体吸收法，即利用液体洗涤含氟烟气，达到净化回收的目的。由于吸收过程伴随有化学反应，所以属于化学吸收。吸收液一般采用碱液，如氢氧化钠、碳酸钠、氨或石灰等。若在净化工艺中使用 pH 值为 7 ~ 8 的低浓度碳酸钠溶液，则可能生成氟化钠和碳酸氢钠。

当吸收液中氟化钠浓度上升到约 20g/L 时，加入偏铝酸钠，利用烟气中的二氧化碳，在洗涤塔内合成冰晶石，反应如下：

$$6NaF + NaAlO_2 + 2CO_2 == Na_3AlF_6 + 2Na_2CO_3$$

净化系统所用的洗涤器形式很多，如空心喷淋塔、填料塔、筛板塔及文氏管等。但为了增加气液接触面积，一般多选用填料塔。

湿法净化可单独用于地面或屋顶排烟处理，也可用于地面与屋顶联合排烟系统的烟气净化。湿法净化设备体积小，可回收氟化物，且净化效率高，但易造成水体的二次污染，设备和管道易被腐蚀，并且在寒冷地区需要解决保温防冻问题。

2.4.2.3 对电解烟气中氟化物、氧化铝等的回收利用

电解烟气经过干法净化后，烟气中的气体污染物转化为固态的污染物，其稳定性就得到很大的提高，而且氟化氢与氧化铝发生吸附反应后生成的 AlF_3 是电解生产的助熔剂，同时氧化铝又是电解生产的重要原材料，因此对电解烟气中氟化物、氧化铝的生产所用的原材料进行回收就显得特别重要，由于载氟氧化铝的粒径小，采用袋式除尘器是最好的方法，利用袋式除尘器可达到99.8%的除尘效率，既有效地回收利用了原材料，又能最大限度地降低铝电解生产对环境的污染和破坏。

2.4.3 含氯烟气处理

2.4.3.1 含氯废气的来源

含氯废气的主要来源是氯的生产厂和氯的使用厂。氯碱厂是含氯废气的主要来源之一。在冶金过程中，氯的来源主要是有色金属生产过程中的电解、氯化焙烧、沸腾氯化或氯化挥发过程。如氯化镁的电解过程中产生的阳极气体，其含氯浓度约为70% ~80%；四氯化钛生产过程中的沸腾氯化炉，其尾气中含有1% ~5%的氯气，甚至高达40%以上。另外还有将氯化氢的水溶液作为金属表面清洗剂进行金属表面清洗时产生的氯化氢气体。

2.4.3.2 含氯烟气的处理

A 改革工艺，加强管理，控制排放

在金属生产过程中，尽可能地不要采用或少用氯化物，这样可以从源头上减少含氯废气的排放量。

B 水吸收法

氯气溶于水后，溶解的氯气将与水中的 $HOCl$、H^+、Cl^- 按下式达成平衡：

$$Cl_2(aq) + H_2O \rightleftharpoons HOCl + H^+ + Cl^-$$

平衡时，气相中的氯气的分压仅与液相中 Cl_2 的摩尔分数服从亨利定律。从反应可以看出，水吸收含氯废气的有利条件是增加氯气分压和降低吸收温度。国外有高压、低温吸收氯气，然后在加热或减压下解吸并回收氯气的例子。

由于氯-水系统的带压操作，对设备要求较高，腐蚀较严重，技术水平要求高，国内有些单位采用常压水洗。

水吸收法一般仅适用于低浓度含氯废气的治理。而常压水洗，由于氯的溶解度有限，且易于逸出，若不回收吸收液中的氯，则会造成二次污染。

C 碱吸收法

碱吸收是我国当前处理含氯废气的主要方法，常采用的吸收剂有氢氧化钠、碳酸钠、氢氧化钙等碱性水溶液或浆液，碱性吸收剂能使废气中的氯气有效地转变为副产品——次氯酸盐。氯气溶于水后，与水发生可逆反应，生成 HCl 与 $HOCl$，继而电离出 H^+，碱液加入后，OH^- 即与 H^+ 中和生成不易电离的 H_2O 分子，因此，碱液吸收含氯废气的机理为：

$$Cl_2 + H_2O \rightleftharpoons HOCl + HCl$$

$$HOCl + HCl + 2NaOH \rightleftharpoons NaOCl + NaCl + 2H_2O$$

两式合并为：$$Cl_2 + 2NaOH \Longrightarrow NaOCl + NaCl + H_2O$$

由上式可以得出，只要有足够的 OH^-，氯的溶解和吸收就将进行下去，因而碱液吸收含氯废气一般有较高的效率，可达99.9%。

碱液吸收设备有填充塔、喷淋塔、波纹塔和将含氯废气引入碱液槽鼓泡吸收等，吸收后出口气体中 Cl_2 含量可低于 $1mg/m^3$。吸收塔材料常用硬聚氯乙烯或钢板衬橡胶。吸收液的 pH 值随吸收过程而降低，吸收液中次氯酸盐和金属氯化物的浓度随吸收过程的进行而升高。因此，吸收过程应控制一定的 pH 值和盐浓度，为此，应定期抽出饱和的次氯酸盐溶液，并补充新鲜的碱液。

由于碱液吸收法效率高，氯气的去除较彻底，而且吸收速率较快，所用设备和工艺流程简单，碱液价格较低，又能回收废气中的氯气生产中间产品或成品，所以这一方法在工业上得到广泛的应用。但是，碱液吸收含氯废气的过程中产生的次氯酸盐和氯盐的混合溶液，长期存放或遇酸，次氯酸盐会分解并放出有害气体，造成二次污染。因此，使用碱液吸收还应考虑将次氯酸盐进一步转化为产品。

D　氯化亚铁溶液吸收和铁屑反应法

用氯化亚铁溶液吸收废氯气或铁屑与废氯反应都可以制得三氯化铁产品，同时消除含氯废气的污染。

(1) 两步氯化法。两步氯化法是先用铁屑与浓盐酸或 $FeCl_3$ 溶液在反应槽中反应生成中间产品氯化亚铁水溶液，再用氯化亚铁溶液吸收废氯的方法。

$FeCl_3$ 溶液与铁屑的反应为：
$$2FeCl_3 + Fe \Longrightarrow 3FeCl_2$$

浓盐酸与铁屑的反应为：
$$2HCl + Fe \Longrightarrow FeCl_2 + H_2$$

反应过程中产生的 H_2 和逸出的水汽、氯化氢气体等在洗涤塔中用水洗涤后，由鼓风机排空。$FeCl_2$ 溶液经砂滤器除去悬浮物后，经贮槽送到串联的三个废氯吸收塔中吸收氯气，基本上可全部转化成 $FeCl_3$ 溶液：
$$2FeCl_2 + Cl_2 \Longrightarrow 2FeCl_3$$

(2) 一步氯化法。两步氯化法工艺过程复杂，消耗大量盐酸，反应中排出的氢气不能回收。同时由于 $FeCl_2$ 易结晶，必须消耗蒸汽加热，因而研究出了一步氯化法工艺。

一步氯化法的原理是将废氯气直接通入装有水及铁屑的反应塔中，将铁、氯和水一步合成三氯化铁溶液：
$$2Fe + 3Cl_2 \Longrightarrow 2FeCl_3$$

这是一个强放热反应，自热反应的温度可升到120℃左右，致使溶液沸腾，故无需外界供热，反应速度也很快。

一步法是一个很复杂的气、液、固的多相化学反应。反应的速度、产品的质量和数量与氯气的纯度、流量、压力以及介质的酸度、铁屑的加入量和分散状况有关。

2.4.4　其他烟气处理

2.4.4.1　含铅废气处理

铅是人体不需要的微量元素之一，可以通过人的呼吸系统、消化系统或皮肤直接进入人体。空气中，铅的自然背景值很低，通常约为 $5 \times 10^{-5} \mu g/m^3$。在远离人类活动的地区，土壤中铅平均含量为 $5 \sim 25mg/kg$。经过多年的发展，我国铅生产技术及设备取得了很大的发展和成就，在世界的铅冶炼中占有重要的地位。根据铅矿物的性质和特点，目前我国主要采用火法炼铅，所用的原料有硫化铅精矿和混合铅锌精矿两种，但一般生产铅多用硫化铅精矿作为原料。

目前我国火法炼铅有两种方法。一是传统火法炼铅，即主要工艺过程为：原料（铅精矿）—配料—烧结焙烧—还原熔炼—火法精炼—电解精炼—电铅产品。目前国内铅冶炼厂多用此法，但生产中的铅危害较大。二是 OSL 炼铅法，于 1985 年从德国引进的先进技术及设备，建厂投产后，流程短，产量大，环保好，基本解决了铅污染问题。其主要工艺过程为：原料—氧化及还原熔炼—火法精炼—电解精炼—电铅产品，该法已逐步代替了传统火法炼铅。

铅冶炼废气主要来自烧结烟气、熔炼烟气和烟化烟气。烧结烟气主要是在对炉料进行烧结焙烧时，产生大量的含尘烟气，经过电除尘后的无尘烧结烟气，一般含 SO_2 4% ～ 5%。因烟气中含 SO_2，故有毒且污染环境，必须对其严格处理，除去 SO_2 后，使尾气合格才可排放。全国烧结焙烧的烟气量约为 $36 \times 10^4 m^3/h$，日排出烟气量约为 $860 \times 10^4 m^3$。熔炼烟气是在鼓风炉熔炼铅时产出的烟气，其含尘量较少，尘中含 Pb 2% ～ 3%，还有一些 Cd、Se、Te 等金属，应进行处理回收。烟化烟气是在采用烟化炉处理炉渣时产生的烟气（炉气），其含有尘和 ZnO 等，可进行对铅冶炼渣中 Zn 的回收。

此外，在火法熔化精炼铅中排出含尘烟气，其含有 In 16%，Se 28%。水溶液电解精炼铅时产生少量酸性气体等。这两种废气须进行处理。

2.4.4.2 铅污染控制的主要措施

铅污染控制的主要措施有：

（1）减少铅排放，控制铅污染，从加强管理和改革工艺着手，这是一项重要的、根本的措施；

（2）改革工艺，降低废气中铅排放量也是相当重要的。

烧结烟气的治理一般是将烧结产生的烟气经过余热锅炉和电除尘后送制酸，作为制酸用原料。熔炼烟气经除尘后，其中的 Zn、Cd、Se、Te 等可返回炉料配料，以利用其中的有价金属，排出的无尘尾气中铅很少，符合排放标准。烟化烟气含铅和锌比较高，经除尘后回收氧化锌，最终用作炼锌原料。

2.5 金属矿山大气污染控制

采矿和选矿是冶金工业的主要生产环节，也是冶金企业的主要污染源。无论采用露天采矿还是地下开采，采矿过程中都要有大量的废石外排或堆放。选矿过程中也有大量的尾矿排出。采矿生产工艺中的凿岩、爆破、矿石的装卸和运输等生产环节，以及矿区其他有关的生产设备、生活设施都将产生大量的粉尘和硫氧化物、氮氧化物、一氧化碳、碳氢化合物等有害气体，造成矿内和矿区大气的严重污染。

2.5.1 矿内有毒有害气体和粉尘处理

地下采矿是在有限的井巷空间内进行的。由于工作空间狭小，工作地点多变，矿内外大气对流性较差，而且矿内无阳光照射，空气温度较高，湿度大，采矿过程中产生的粉尘和各种有毒有害气体以及放射性氡及其子体对矿内空气造成的污染要比地面大气污染更为严重。

2.5.1.1　矿内空气中粉尘的污染与防治

首先，悬浮于矿内空气中的粉尘，是在采矿生产过程中形成的。如在凿岩、爆破、装运及卸矿等各个生产环节中，均产生大量的粉尘。其中凿岩和爆破是矿内产生粉尘的两个主要生产环节。

凿岩时的产尘强度与凿岩速度、同时工作的凿岩机台数、凿岩方式、岩石性质、钎头形状及炮眼数量、炮眼深度、炸药种类、数量等因素有关。

其次，在矿岩的装卸和运输过程中，也会产生大量粉尘或使落尘再次飞扬。无防尘措施的情况下，在人工装岩地点，空气中的含尘质量浓度达 $700 \sim 800 mg/m^3$。在机械装岩地点甚至可达 $1000 mg/m^3$。

另外，由地面送入矿内的风流，在未经处理或控制不当时，也会向矿内带入大量粉尘。实测数据表明，某些矿内送入风流的含尘量超过许可浓度 $3 \sim 8$ 倍。可见，这一因素也不可忽视。

改进采矿方法和工艺，尽量减少凿岩和爆破工艺的产尘量，是防尘工作的根本措施。在凿岩、爆破、矿岩装卸等作业环节中，有条件时尽量采用湿法作业，也是行之有效的方法（所谓湿法作业就是利用喷水和水雾使粉尘润湿、黏结和增重从而抑制粉尘飞扬，并加速其沉降）。同时，对产尘的设备和地点，根据具体情况采用整体密闭、局部密闭方式把尘源局限在很小的空间内，防止其扩散，并同时从密闭罩（室）内抽尘而加以净化，也是积极的防尘措施。还应该采取如加强整个矿内的通风换气、搞好作业人员的个体防护等其他防尘措施，并对送入风流预先采用静电或水幕方法加以净化。

2.5.1.2　矿内有毒有害气体的污染与防治

矿内有毒有害气体主要来源于爆破过程、内燃机设备的使用、矿岩中的放射物质、矿物自燃及火灾等几方面。其中，爆破是有毒有害气体的主要来源。各种炸药爆炸后，生成一氧化碳和氮氧化物，其发生量与炸药种类、细度、用量及岩石种类有关。若将氮氧化物折合成一氧化碳，则 $1 kg$ 炸药爆破后产生的有害气体量相当于 $80 \sim 120 L$ 一氧化碳。井下柴油设备排放的废气，是柴油的燃烧产物，主要成分是二氧化碳、二氧化硫、一氧化碳、氮氧化物、醛类及水蒸气等，其成分与燃烧是否完全有关，排放废气量主要与耗油量等因素有关。在开采硫化矿的过程中，硫化矿物会发生缓慢氧化反应而产生大量的二氧化硫和硫化氢气体。如黄铁矿、黄铜矿、闪锌矿等都可以发生缓慢反应。如果井下发生火灾，不管是内因火灾（矿岩自燃引起）还是外因（明火引起）火灾，由于矿内氧气不足，均会产生大量有害气体，主要是一氧化碳。

柴油设备废气的净化措施，主要分机内净化和机外净化两类。机内净化就是尽量减少柴油设备的废气生成量，这是一条根本措施。机外净化，是使柴油机废气中有害成分含量降低的措施。

机内净化措施有：

（1）合理选择机型，尽量选用废气含氮氧化物量少的预热式柴油机或涡流燃烧室式柴油机；

（2）通过延迟喷油时间来降低汽缸内燃烧温度，可明显降低 NO_2 生成量；

（3）提高喷油速度，可强化喷油过程，缩短喷油延迟时间，保证足够的燃烧时间，可有效地控制一氧化碳和炭烟的发生量；

（4）降低功率运行，进行废气再循环及增加气阀重叠时间等，皆能降低废气中的氮氧化物含量和其他有害成分含量。

机外净化措施是往柴油机外加设废气净化设备，这也是消除废气中一氧化碳、氮氧化物、烃类及炭烟等有害物的重要措施。常用机外净化设备有氧化催化器、水洗箱、再燃烧器、废气再循环装置。

2.5.2 矿山固体废物对大气污染的处理

长期堆放于矿山地表的固体废物，由于终年暴露在大气当中，往往因风化作用而变成粉状，尤其在干旱季节或炎热的夏天，废石堆和尾矿库内水分大量蒸发，表面干燥极易引起扬尘。在一定风速的作用下，很容易引起空气中砂石弥漫，造成整个矿区大气的严重污染。一些布置在山沟里或公路旁的废石堆和尾矿库，山谷风流的作用或汽车风流的带动，也会造成矿区乃至生活区的大气污染。据测定，一些金属矿山在平常情况下，尾矿库附近空气含尘量超标数十倍以至百倍。

另外，某些金属矿山的固体废物中含有硫铁矿、黄铁矿等可燃物质，由于堆放在地表，因供氧充分而往往导致自燃，产生大量的二氧化硫等有害气体，更加剧了矿区的大气污染。

通常采取对矿山固体废物进行稳定处理的方法来控制矿山固体废物对大气的污染。所谓矿山固体废物的稳定处理，就是在固体废物上面覆盖或喷涂保护层，使其与外界的水和空气隔绝，以防止氧化和流失，减少对环境的污染。这也是处理矿山固体废物的一种重要措施。目前，国内外对矿山固体废物覆盖与喷涂处理的主要方法有以下几种：

（1）物理法。此法也称为覆盖法，常用物理法就是将固体废物表面用泥土、岩块或颗粒状物料加以覆盖，也可用稻草或麦秸覆盖在上面。实践表明，用泥土覆盖效果最好，它不仅可以压实并可稳定废石和尾矿的表层，而且还为复地造田创造了有利的条件，而用树皮和稻草的覆盖方法，对铜尾矿库较为有效。

（2）化学法。此法就是将化学反应剂喷洒在矿山固体废物表面上，使药剂与固体废物表面起化合作用，形成一层固结硬壳，起到抗风、防水与防空气侵蚀的作用。化学反应剂有水泥、石灰、硅酸盐、磺酸盐、树脂添加剂等。选用化学反应剂时，应根据矿山固体废物的实际情况，选择反应速度快、覆盖率高、来源充分、价格便宜且不会造成二次污染的药剂。

（3）植被法。此法就是在废石堆和尾矿库表面上进行复地并栽种各类植物的方法，这种方法不仅可以固结矿山固体废物，防止微细颗粒飞扬，而且可以恢复生态，造田种植，增加收益。废石场和尾矿库的复地造田工作，我国不少矿山已经开展，并因地制宜地种植了农作物、树木或草，取得了较好的效果。

（4）综合法。综合法就是上述几种方法的综合应用，即先用物理法或化学法固结废石堆和尾矿库表面，然后再进行植被种植。

3 冶金水污染控制

3.1 水体污染的基本概念

3.1.1 水体与水资源

3.1.1.1 水体

水体通常是指地面水体和地下水体的总和。存在于地面上的，如海洋、江河、水库、沼泽、冰地和冰川等属于地面水体。地下水包括潜水和承压水，在环境学的领域中，则将水体中的悬浮物、溶解物质、水生生物和底泥等作为完整的生态系统或完整的自然综合体。

3.1.1.2 水资源

地球上的水资源，从广义上来说是指水圈内的水量总体。由于海水难以直接利用，因而通常所说水资源主要指陆地上的淡水资源。通过水循环，陆地上的淡水得以不断更新、补充，满足人类生产、生活需要。

事实上，陆地上的淡水资源总量只占地球上水体总量的2.53%，而且大部分是主要分布在南北两极地区的固体冰川。虽然科学家们正在研究冰川的利用方法，但在目前技术条件下还无法大规模利用。除此之外，地下水的淡水储量也很大，但绝大部分是深层地下水，开采利用的也很少。人类目前比较容易利用的淡水资源，主要是河流水、淡水湖泊水以及浅层地下水。这些淡水储量只占全部淡水的0.3%，占全球总水量的0.007%，即全球真正有效利用的淡水资源每年约有9000km^3。

陆地水体从运动更新的角度看，以河流水最为重要，与人类的关系最密切。河流水具有更新快、循环周期短的特点。科学家们又据此把水资源分为静态水资源和动态水资源。静态水资源包括冰川、内陆湖泊、深层地下水，循环周期长，更新缓慢，一旦污染，短期内不易恢复。动态水资源包括河流水、浅层地下水，循环快、更新快，交替周期短，利用后短期即可恢复。从补给的循环性上看，水资源似乎是"取之不尽，用之不竭"的。但由于各地区水文、气候条件的不同，水资源在时空分布上极不均匀，加之许多人为的原因，诸如多年的平均取水量大于多年平均补给量，大型引水工程和水库的兴修，自然水体的严重污染，地表、地下水资源的破坏，都在破坏着水资源的均衡，使水资源日见短缺。

全球淡水资源不仅短缺而且地区分布极不平衡。按地区分布，巴西、俄罗斯、加拿大、中国、美国、印度尼西亚、印度、哥伦比亚和刚果9个国家的淡水资源占了世界淡水资源的60%。约占世界人口总数40%的80个国家和地区严重缺水。目前，全球80多个国家的约15亿人口面临淡水不足，其中26个国家的3亿人口完全生活在缺水状态。预计到2025年，全世界将有30亿人口缺水，涉及的国家和地区达40多个。21世纪水资源正在变成一种宝贵的稀缺资源，水资源问题已不仅仅是资源问题，更成为关系到国家经济、社会可持续发展和长治久安的重大战略问题。

3.1.2 水体污染源与水体污染物

无论是在由自然力促成的水的自然循环中，还是在由人为促成的水的社会循环中，都不可避免地混入溶解性的、胶体态的和悬浮态的杂质。自然水体对排入其中的某物质有一定的容纳限度。在此限度之内，由于其本身的物化和生化作用，水体在一定的时间内和一定条件下，可使排入其中的物质的浓度降低，水质不致恶化，此即水体的自净作用。但是如果排入水体的物质过量，超过水体的自净能力，便会造成危害，这就是人们通常所说的水体污染。

造成水体污染的原因，有自然的和人为的两个方面。前者如由于火山爆发和干旱地区的风蚀作用所产生的大量灰尘落入水体而引起的水体污染。后者如生活污水、工业废水不经处理而大量排入水体所造成的水体污染。通常所说的水体污染，是指人为污染。

3.1.2.1 水体污染源

水体污染源可分为点源、面源和扩散源三种形式。

（1）点污染源。点污染源主要指工业污染源和生活污染源。工业废水是水体最重要的污染源。它量大、面广、所含污染物种类繁多、成分复杂，有的成分在水中不易被净化，处理也比较困难。

生活污水来自城市、医院、工厂福利区，主要成分是生活废料和生物的排泄物，一般不含有毒物质，但含有大量细菌和病原体。

（2）面污染源。面污染源主要是农村污水和农田灌溉水。农田施用化肥和农药，灌溉后排出的水（或进入雨水径流中）使河流、水库和地下水均受到不同程度的污染。

（3）散污染源。大气污染物质通过重力沉降或降水过程等途径进入水体，形成新的污染，属于散污染源，如酸雨。

3.1.2.2 水体污染物

根据对环境造成污染危害的不同，水体污染物大致分为以下几种类型：

（1）固体污染物。固体物质在水中有三种存在形态：溶解态、胶体态、悬浮态。水质分析中习惯于将固体微粒分为两部分：能透过滤膜（孔径因材料不同而异，约为 $3 \sim 10 \mu m$）的溶解性固体（DS），不能透过滤膜的悬浮物（SS），合称总固体（TS）。

固体悬浮物主要来自烟气除尘、冲渣、洗涤等工艺过程，还来自水土流失和农田排水等。这类物质一般"无毒"。水体中的悬浮物沉积后，淤塞河道，危害水体底栖生物的繁殖，影响渔业生产。灌溉时，悬浮物会堵塞土壤孔隙，不利于作物生长。严重的是当水体中含有有毒物质时，会因悬浮物质的吸附作用，污染程度加深。

（2）有机污染物。这里所指的是以碳水化合物、蛋白质、氨基酸以及脂肪等形式存在的天然有机物和其他可被生物降解的人工合成有机物。

当水体中排入的有机污染物过多时，将造成水体缺氧，影响渔业生产。而当水中溶解氧被消耗尽时，有机物进行厌氧生物分解，产生硫化氢、甲烷等有毒气体，水色黑浊，散发出刺鼻恶臭，严重污染环境，致使水中动植物大量死亡。

（3）有毒污染物。有毒污染物指废水中可引起生物毒性反应的物质，又可分为无机化学毒物、有机化学毒物和放射性物质三类。

1）无机化学毒物。主要包括重金属离子、氰化物、氟化物和亚硝酸盐等。重金属是指密度在 $4 \sim 5g/cm^3$ 以上的金属，种类很多，主要有镉、铬、铅、镍、锌、锆、铜、钛、锰、钒等等，特别是前 $4 \sim 5$ 种。砷和硒虽不属金属之列，但其危害性与重金属的相同，故也列入其中。重金属不能被生物降解，其毒性以离子存在时最为严重，故通称重金属离子毒物。重金属废水主要来自金属矿山、冶炼、电解、电镀等生产过程，农药、医药、油漆、颜料等生产企业。

2）有机毒物。引起人们普遍注意的有有机氯农药、芳香族氨基化合物以及多氯联苯等。

主要来自农药厂、电器厂、塑料树脂厂、焦化厂、钢铁厂、木材防腐厂等等。

3）放射性物质。放射性物质指各种放射性核素。对人体有危害的放射线有 X 射线、α 射线、β 射线、γ 射线及质子束等。这类物质主要来自原子能发电、生产和使用放射性物质的机构。

（4）营养性污染物。营养性污染物主要指可能引起水体富营养化的营养性物质,如氮、磷等。氮和磷的质量浓度分别超过 0.21mg/L 和 10.02mg/L 时,会引起藻类及其他浮游生物迅速繁殖。含氮废水主要来自氮肥厂、洗毛厂、制革厂、食品厂等,含磷废水来源于磷肥厂、含磷洗涤剂等。

（5）生物污染物。生物污染物主要指废水中的致病微生物及其他有害的有机体,主要来自:

1）含有病原微生物的粪便、垃圾和生活污水。

2）未经无害化处理的医院废水。

3）含有病原微生物的生物制品生产废水。

（6）感官污染物。废水中的异色、浑浊、恶臭等现象,可引起人们感官上极度不快,故称感官污染物。其多来自印染厂、焦化厂、炼油厂、石油化工厂、皮革厂等等。

（7）酸碱污染物。酸碱污染物指含于废水中的无机酸和碱。酸性废水来自矿山、金属酸洗工艺等;碱性废水来自制碱厂、漂染厂等。

（8）热污染。废水温度过高而引起的危害称为热污染。发电厂和其他工业冷却水是主要污染源,这些废水直接排入水体,可引起水温升高,从而造成污染。

（9）其他污染物。

3.1.3　水质指标与处理程度

在冶金过程中所使用的水,当其丧失了使用价值时,将废弃外排,把这种废弃外排的水称为冶金废水。此种废水和各种工业废水一样,它们的成分、性质都十分复杂。用肉眼观察只能对它的某些物理性状得到一些感性的认识。要认识和控制废水的水质,必须通过水质分析。已确定的表示水质污染的重要指标有有毒污染物、耗氧污染物、悬浮物、pH 值、感官污染物等。

3.1.3.1　水质指标

A　有毒污染物

一方面,有毒物质通过饮水或食物直接使人中毒,或使生物资源遭受损害,给人类间接带来危害。这些有害物质,还会抑制水体中微生物的生长繁殖,从而阻碍了水体的自净作用。故对这类有毒污染物应严格控制其含量。另一方面,这些对人类有害的物质,又是有用的工业原料,随废水排放造成资源浪费,应当回收利用。因此,有毒污染物的含量是废水处理与利用中的重要水质指标。

B　耗氧污染物

除上述有机有毒污染物外,还有一些有机化合物以悬浮状或溶解状态存在于废水中,它们能被微生物所分解。分解过程中要消耗大量的氧,故称为耗氧污染物。除冶金工业的某些工序所排放的废水含这类污染物外,这类污染物主要来自造纸、皮革、制糖、石油化工等行业及生活污水,这些废水中所含有的耗氧污染物包括各种碳水化合物、蛋白质、油脂等。这类污染物进入水体以后,在微生物的作用下,进行氧化分解,使水体中溶解的氧逐渐减少。若水中有机物较多时,氧化作用进行很快,使水体不能及时从大气中吸收充足的氧来补充氧的消耗,故水中的溶解氧就可能降得很低,当低于 3 ~ 4mg/L 时,就会影响鱼类生存。而当水中溶解氧耗尽后,有机物又会在厌氧条件下分解,放出甲烷、硫化氢、氨等污染大气,并使水质进一步恶化。有机物又是各种微生物包括传染病细菌生长繁殖的良好食料。故废水中的耗氧污染物的浓度也是一个重要的水质指标。

耗氧污染物种类繁多，组成复杂，因此要分别测定各种有机物的含量比较困难。但由于它们都具有能被水中微生物及化学氧化剂氧化分解的共性，故常用废水中耗氧污染物氧化分解时所消耗的氧量来间接表示其含量。常用的指标有：

(1) 生化需氧量（BOD）。其指水中的有机物因微生物氧化作用进行氧化时所需的氧量。常用单位体积废水所消耗的氧量来表示（即 mg/L）。

微生物的氧化分解过程，一般可分为互相联系又互相区别的两个阶段：第一阶段主要是有机物被转化成二氧化碳、水和氨；第二阶段主要是氨被转化为亚硝酸盐和硝酸盐。第二阶段对环境的影响较小，所以水的 BOD 通常指第一阶段所需的氧量。微生物分解耗氧污染物的过程为生物化学反应，反应速度比一般化学反应慢得多，在 20℃ 下，约需 20 天才能基本完成第一阶段的氧化分解过程。用 20 天来测定一个数据太费时间。而 20 天的前 5 天约完成 70% 左右，已具有一定的代表性，所以目前都以 5 天作为测定生化需氧量的标准时间，所测得的数据就称为生化需氧量，用 BOD_5 来表示。

生化需氧量所表示的是能被微生物氧化分解的有机物的量。而废水中的有机物并不是全部都能作为微生物的养料的，其中还有不能被微生物氧化分解的，用 BOD 还不能完全表示出废水中好氧污染物的全部含量，故又有耗氧量指标。

(2) 耗氧量。耗氧量即利用化学氧化剂氧化有机物所需的氧量。用重铬酸钾（$K_2Cr_2O_7$）作为氧化剂时，所测得的耗氧量称为化学需氧量，以 COD 表示；用高锰酸钾（$KMnO_4$）作氧化剂时，测得的耗氧量称高锰酸钾耗氧量，或简称耗氧量，用 OC 表示。

一般采用生化需氧量作为有机物的指标较为合适。但测定 BOD_5 需要 5 天，且毒性强的废水会抑制微生物的作用，因而影响测定结果。COD 的测定不受废水水质的限制，并在 2~3h 内就能完成。高锰酸钾耗氧量测定所需的时间最短，但不能反映出被微生物氧化分解的有机物量，只能氧化一部分有机物。因此，在需要迅速得出数据或受废水水质限制，不能做 BOD 测定时，可用 COD 或 OC 代替。而为了全面掌握有机碳、有机氮、有机硫等污染物在水中消耗溶解氧的量，常用需氧总量（TOD）表示。此量用燃烧法测定，其结果相当于理论量的 90%~100%。

当废水中各种有机物的相对组成没有变化，那么耗氧量与生化需氧量间应有如下关系：$COD > BOD_{20} > BOD_5 > OC$。而化学需氧量 COD 与 BOD_{20} 之差，大约表示未被微生物分解的有机物。

C 固体污染物

固体物质在水中有三种存在状态：溶解态、胶体态和悬浮态。各种存在状态与颗粒大小之间有着密切的关系。一般认为：溶解态的粒子直径小于 1nm；胶体态的粒子直径介于 1~100nm 之间；大于 100nm 者均属于悬浮态。在水处理中，小于 1000nm 的颗粒往往也划入胶体范围以内。但是，在水质分析中，习惯于将固体物质分为两部分：溶解物和悬浮物。凡能透过滤膜（孔眼 450nm）的固体物质，称为溶解物，其中包括真正的溶解态固体和一部分胶体态固体；凡被截留于滤膜上者，称为悬浮物，其中包括真正的悬浮态固体和另一部分胶体态固体。溶解物也称溶解固体，悬浮物也称悬浮固体，两者合起来称为总固体。悬浮物是一项极为重要的水质污染指标。在某些情况下，溶解固体也应作为水质污染指标。

D 酸碱污染物

酸碱的污染主要是由无机的酸类和碱类进入废水而造成的。一般用 pH 值反映其效应。酸性废水来自湿法冶金厂、矿山、金属酸洗工艺及化工厂等，其最大危害是对金属和混凝土的腐蚀。碱性废水来自炼铝工业、制碱厂、印染厂等，它易引起泡沫，使土壤盐碱化。酸碱废水排放不当，会导致严重后果。各种动物、植物和微生物都有其适应的 pH 值环境。pH 值突变和超出适应范围，都能影响其生物化学反应，严重时会造成死亡。而且 pH 值与废水中的重金属存在状态有关，也对水中微生物的生长活动有影响，故不单影响处理该种废水的方式，而且会影响废水的生物处理和水的自净过程。故 pH 值是一项重要的水质指标，一般要求排放废水的 pH 值介于 6.5 ~ 8.5 之间。

E　油脂

油脂漂浮在水面，形成油膜，影响水中氧的补充，妨碍水中浮游生物的光合作用，鱼类因缺氧而无法生存，同时也影响了水的自净作用，使水体表面的蒸发量降低从而影响了水的自然循环，因而对自然环境产生影响。

F　感官污染物

感官污染物包括异色、浑浊、泡沫、恶臭等。有的有害，有的不一定有害，但却令人不快。对于接纳水体为供游览和文体活动的地方，感官污染造成的危害性更为严重。色度和臭味的测定没有客观的标准，一般因人而异，它只能反映出一个大致的范围。

G　温度

由于废水温度过高而引起的危害有：破坏管道接头；破坏生化处理过程，有时还严重干扰沉淀池的工作；危害农作物及水生动植物；加速湖泊水体的富营养化进程。个别情况下，水温过低，也会使生物处理发生困难。故根据废水温度可确定在回收处理之前是否需冷却或加热。

H　细菌

有的废水含有危害人和牲畜的致病性微生物。通常以细菌总数和大肠菌指数两个指标来判断。必要时，还应对存疑的个别致病体进行单项的培养和鉴定。

I　硬度

工业用水，特别是锅炉用水对其硬度有一定的要求。硬度高的水易起锅垢，致使传热不匀，造成故障。在有色冶金企业，特别是湿法冶金大量使用水，如果水的硬度高了，会堵塞管道，使冶金过程受到阻碍。而且有的厂用中和法处理废水，使用石灰石或电石渣等作中和剂时，会增加水的硬度，降低了水的循环利用率。因此，硬度也是工业用水的一个重要水质指标。

以上所列是表示一般废水水质的一些重要指标，也是废水水质分析的主要项目。在进行水质分析时，究竟哪些项目是主要的，应根据当时、当地的具体情况而定。

3.1.3.2　污水的处理程度

按污水的处理程度，现代污水处理技术可分为一级处理、二级处理和三级处理。

（1）一级处理主要是去除污水中呈悬浮状态的固体污染物质，物理处理法大部分只能完成一级处理的要求，经过一级处理后的污水，BOD 一般可以去除 30% 左右，达不到排放标准。一级处理属于二级处理的预处理。所以一级处理又称为预处理。

（2）二级处理主要是去除污水中的呈胶体和溶胶状态的有机污染物质，去除率可达 90% 以上，使有机物达到排放标准。其主体是生物处理。

（3）三级处理又称为深度处理，但又不完全相同，深度处理以污水回收、再利用为目的，是在一级或二级处理后增加的处理工艺。

三级处理则是在一级处理、二级处理的基础上，用物理化学法，将难降解的有机物、磷和氮等能够导致水体富营养化的可溶性无机物、病菌等进一步深度处理，最后达到地面水、工业用水或接近生活用水的水质标准。三级处理的主要方法有生物脱氮除磷法、混凝沉淀法、砂滤法、活性炭吸附法、离子交换法和电渗析法等。

污水的处理程度决定于治理后的污水的处理和要利用的情况。若污水用作灌溉和纳入城市污水的下水道，一般着眼于一级治理或二级治理。若污水就近排入水体，应根据水体的不同要求决定其治理程度，并应考虑近期与远期的具体情况，分期实施。三级处理只有在严重缺水的地区，要求工业污水闭路循环或接纳污水的水体作为水源或旅游风景区时才加以考虑。所以治理污水采用什么方法组成系统，要根据污水的水质、水量，回收其中的有用物质的可能性、经济性、受纳水体的具体条件，并结合调查研究和经济分析比较来决定。

3.1.3.3 冶金废水的处理程度

A 冶金废水的处理原则

冶金废水的处理必须从革新工艺着手，并考虑综合回收废水中的有价元素，提高水的循环利用率，尽可能减少外排水量。

有色冶金企业排放废水的特性，决定了其废水的处理原则是：采用最有效的、最简便和最经济的处理方法，使处理后的水和重金属两者都回收利用。故要满足以下几点基本要求：

(1) 工厂或车间生产过程中排出的废水应该做到"清污分流，分片治理"。不应使其与其他废水混合，使废水总量增加并使处理回收复杂化，更不能直接向外排放。

(2) 所选用的处理方法和工艺流程应该紧密结合工厂的主体生产流程，使处理后的水循环利用，尽可能提高循环利用率，形成封闭循环系统。

(3) 对目前技术水平和经济条件尚无法回收的少量废水，则应进行无害化处理。

向水体排放废水，在排放之前需将废水处理到什么程度，是选择废水处理方法的重要依据。其基本原则是废水排入水体后能防止水体受到污染，保证不发生公害，同时也要适当考虑水体的自净能力。

通常以有害物质和溶解氧即有毒污染物和耗氧污染物这两项指标来确定水体的允许负荷，即确定废水排入水体的允许浓度。然后再进一步确定废水排入水体前所需要的处理程度，以决定选择相应的处理方法。

决定废水处理程度时，要以国家规定的最高容许排放浓度以及与水体的自净能力有关的混合系数作为依据。

B 工业废水的最高允许排放浓度

为加强水体防护，国家规定了工业废水中有害物质最高容许排放浓度，如表 3-1、表 3-2 所示。

第一类 能在环境或动植物体内蓄积，对人体健康产生长远影响的有害物质。含此类有害物质的废水，在车间或车间处理设备排出口，其浓度应符合表 3-1 的标准，但不得用稀释方法代替必要的处理。

表 3-1 工业废水中一类有害物质最高容许排放浓度

有害物质名称	最高容许排放浓度/mg·L^{-1}
汞及其无机化合物	0.05（按 Hg 计）
镉及其无机化合物	0.1（按 Cd 计）
六价铬化合物	0.5（按 Cr 计）
砷及其无机化合物	0.5（按 As 计）
铅及其无机化合物	1.0（按 Pb 计）

表 3-2　工业废水中二类有害物质最高容许排放浓度

项　目	最高容许排放浓度
pH 值	6～9
悬浮物(水力排灰、洗煤水、水力冲渣、尾矿水)	500mg/L
生化需氧量(5d,20℃)	60mg/L
重铬酸钾法耗氧量	100mg/L
硫化物	1mg/L
挥发性酚	0.5mg/L
氰化物(以游离氰根计)	0.5mg/L
有机磷	0.5mg/L
石油类	10mg/L
铜及其化合物	1(按 Cu 计)mg/L
锌及其化合物	5(按 Zn 计)mg/L
氟的无机化合物	10(按 F 计)mg/L
硝基苯类	5mg/L
苯胺类	3mg/L

　　第二类　其长远影响小于第一类的有害物质,在工厂排出口的水质应符合表 3-2 的规定。

　　要求工厂排出口的水质应符合表 3-1 和表 3-2 的要求,仅表明它是一个基本的水质要求,一般情况下,它是比较安全的,或者造成的危害较小。但是,当其排放到各类接纳水体后,是否会造成危险,还要结合水体的具体情况而定。一般规定,在城镇集中式饮用水水源的卫生防护地带和风景游览区,不得排入废水。在城镇、工矿区或农村集中取水点上游排放废水时,必须保证下游用水点的水质符合现行《工业企业设计卫生标准》中规定的地面水水质卫生要求(见表 3-3 和表 3-4),并规定不得用渗坑、渗井或漫流方式排放有害工业废水,以避免污染地下水源。为保护渔业水产资源,不得向养殖场排放有害工业废水。当向渔场附近的地面水排放工业废水时,渔业水体的水质必须符合要求,且不得影响经济鱼类的回游通道。

表 3-3　地面水质卫生要求

指　标	卫生要求
悬浮物质	含有大量悬浮物质的工业废水,不得直接排入地面水,以防无机物淤积河床
色、嗅、味	不得呈现工业废水和生活污水所特有的颜色、异臭或异味
漂浮物质	水面上不得出现较明显的油膜和泡沫
pH 值	6.5～8.5
BOD$_5$(20℃)	不超过 3～4mg/L
溶解氧	不低于 4mg/L(东北地区渔业水体不低于 5mg/L)
有害物质	不超过表 3-4 规定的最高容许浓度
病原体	含有病原体的工业废水,必须经过严格消毒彻底消灭病原体后,方准排入地面水

表 3-4 地面水中有害物质的最高容许浓度（摘要）

有害物质名称	允许含量/mg·L^{-1}	有害物质名称	允许含量/mg·L^{-1}
汞	0.005	砷	0.05
镉	0.01	氟	1.5
铅	0.1	游离氯	不得检出
镍	0.1	硫化物	不得检出
铁	0.1	酚类	0.01
三价铬	0.5	氰化物	0.1
六价铬	0.1	甲醛	0.5
铜	0.1	苯	0.5
锌	1.0		

生产废水排入城市下水道时，应符合表 3-5 的规定。

表 3-5 生产废水排入城市排水管道的水质标准

指 标	要 求
水 温	不高于 40℃
pH 值	6~10 不腐蚀管道
悬浮物	不阻塞管道
挥发气体	不产生易燃、爆炸和有毒气体
致病菌	伤寒、痢疾、炭疽、结核等致病菌，应严格消毒处理
放射性物质	符合国家有关规定
其 他	不伤害养护工作人员，不影响污水处理和利用

工业废水灌溉农田时，应持慎重态度，废水水质应符合有关的规定，或通过小型试验后，确定水质标准。

C 废水在水体中的混合稀释

在考虑水体自净时，水体对废水的稀释和水体中溶解氧的变化是主要问题。而水体的稀释作用则与废水的流量以及两者混合程度密切相关。

废水进入河道后，并不马上与河水混合，而是逐渐达到完全混合的。影响混合的因素主要有：

（1）河水流量与废水流量的比值。此比值越大，达到某一混合程度或完全混合所需的时间越长。

（2）废水的排放口形式。河床式排放口比岸边式好；分散式排放口比集中式好；废水温度高时，深层式排放口比表面式好；废水密度大时，表面式排放口比深层式好。

（3）河床及水文特征。急流优于缓流；深流优于浅流；交替转变的河道优于平直河道；单道主流优于分道主流。

水体的种类不同，稀释效果也不相同。一般而言，稀释效果最好的是湍流的河道，其次是潮汐作用较大的海域，再其次是流动的湖泊，最差的是滞流的水库和港湾。

另外，在考虑水体的自净时，水体的生物降解也是水体自净的基本过程之一。

有机污染物进行生物降解时，要消耗水体中的溶解氧，生物降解速度越快，耗氧速度也越快。另外，大气中的氧能溶入水体，而溶氧速度又和耗氧量成正比例。由此可见，研究水体中的溶氧规律和耗氧规律，以及两者同时作用时水体中实际溶存氧的变化规律，就成为了解生物降解产生的水体自净规律的基本途径。

一般而言，影响水体生物降解过程的因素有水温、混合水的最初生化需氧量，以及水面曝气状况等。

其他还有沉淀自净作用、致病菌自净作用等，也是废水在水体中混合稀释时有影响的自净作用。

3.1.4　冶金废水的危害

冶金工业产生的废水不仅量大而且毒性很大，对环境的影响非常大。冶金工业废水中含有的化学成分主要有酚及其化合物、氰化物、酸碱、悬浮物以及如铁、锰、铅、铬、锌、汞等重金属离子，其中毒性较大的是汞、铅、铬、锌。下面介绍几种主要污染物的毒性及其对环境的危害。

金属冶炼消耗大量的水，随之也产生了大量的冶炼废水。金属种类繁多，冶炼过程中产生的废水也种类多样。由于有色金属矿石中有伴生元素存在，所以冶炼废水中一般含有汞、镉、砷、铅、铍、铜、锌等重金属离子和氟的化合物等。此外，在有色冶金过程中还产生相当量的含酸、碱废水。

冶金过程产生的废水中，含有各类不同的重金属离子及其化合物，在土壤、人体、农作物、水生生物中逐渐累积并通过食物链进行传递，对环境的毒性影响很强。未经认真处理的有色冶金废水排入河道、渗入地下，不但会危害农林牧副渔各产业，影响工农业生产，还会污染饮用水源，危及人民的长期健康安全，因此必须充分认识重金属废水的危害，加强保护环境的责任心。

3.1.4.1　对人体的危害

锌是人体必需的微量元素之一，正常人每天从食物中吸收锌 10~50mg。肝是锌的储存地，锌与肝内蛋白质结合，供给肌体生理反应时所需要的锌。但过量的锌会引起急性肠胃炎症状，如恶心、呕吐、腹泻，同时伴有头晕、周身乏力。误食氯化锌会引起腹膜炎，导致休克而死亡。

镉及其化合物对人体不是必要元素，在环境受到镉污染时，可在生物体内富集，通过食物链进入人体，引起慢性中毒。进入人体的镉主要分布在胃、肝、胰腺和甲状腺内，其次是胆囊和骨骼中。镉在人体内的生物半衰期很长，达到 10~25 年，可使人的染色体发生畸变。众所周知的镉公害病"骨痛病"首先发生在日本的富山省神通川流域，镉代替了患者骨骼中的钙而使人的骨质变软，最后发生肾功能衰竭而死亡。

汞是一种毒性很强的金属。汞与各种蛋白质的基团极易结合且异常牢固，汞会引起人体消化道、口腔、肾脏、肝等损害。慢性中毒时，会引起神经衰弱症，表现为肾功能损害、眼晶体改变、甲状腺肿大、女性月经失调等。

铅及其化合物对人体是有害元素，对人体的很多系统都有毒害作用，主要损坏骨骼造血系统和神经系统，引起感觉障碍等。铅进入人体消化道后，有 5%~10% 被人体吸收，当蓄积过量后，在骨骼中的铅会引起内源性中毒。急性铅中毒突出的症状是腹绞痛、肝炎、高血压、中毒性脑炎及贫血。

铜本身毒性很小，是生命所必需的微量元素之一，但是过量的铜对人体也有害，铜过量会刺激消化系统，长期过量促使肝硬化。而且皮肤接触铜可发生皮炎和湿疹，在接触高浓度铜化合物时可发生皮肤坏死。在冶炼铜时发生的铜中毒，主要是由与铜同时存在的砷、铅引起的。

镍进入人体后主要存在于脊髓、脑、五脏和肺中，以肺为主。其毒性主要表现在抑制酶系统，如酸性磷酸酶。镍过量时，初期中毒者会感觉头晕、头痛，有时恶心呕吐，长期过量则高烧、呼吸困难等，甚至精神错乱，若镍在水体中与羟基化合物结合形成羟基镍则毒性更强。

3.1.4.2　对农业水产的危害

重金属离子除对人体有危害外，对农业和水产也有很大的影响。用含铜废水浇灌农田会导致农作物遭受铜害，水稻吸收铜离子后，铜在水稻内积蓄，当积蓄的铜量达到农作物的万分之一以上时，不论给水稻施加多少肥料都要减产。铜对大麦的产量影响更严重，当土壤中氧化铜含量（质量分数）占土量的 0.01% 时，大麦产量仅为无氧化铜时的 31.6%；而氧化铜含量为 0.025% 时，产量只有 0.5%，即基本没有收成。锌、铅、镉、镍等重金属对植物都有危害，例如日本某矿山，废水的 pH 值为 2.6，以游离酸为主，还含有少量的锌、铜、铁，混入部分清水后，pH 值为 4.5，用这种水进行灌溉，水稻产量减少 57%，小麦和黑麦没有收成。

当水中含有重金属时，鱼鳃表面接触重金属，鱼鳃因此在其表面分泌出黏液，当黏液盖满鱼鳃表面时，鱼便窒息而亡。

3.1.4.3　选矿废水的危害

具体而言，选矿废水中主要有害物质是重金属离子，矿石浮选时用的各种有机和无机浮选药剂，包括剧毒的氰化物、氰络合物等。废水中还含有各种不溶解的粗粒及细粒分散杂质。选矿废水中往往还含有钠、镁、钙等的硫酸盐、氯化物或氢氧化物。选矿废水中的酸主要是含硫矿物经空气氧化与水混合而形成的。

选矿废水中的污染物主要有悬浮物、酸碱、重金属和砷、氟、选矿药剂、化学耗氧物质以及其他一些污染物如油类、酚、铵、磷等。重金属如铜、铅、锌、铬、汞及砷等离子及其化合物的危害，已是众所周知。其他污染物的主要危害如下：

（1）悬浮物。水中的悬浮物可以发生诸如阻塞鱼鳃、影响藻类的光合作用等情况，从而干扰水生物生活条件，如果悬浮物浓度过高，还可能使河道淤积，用其灌溉又会使土壤板结。如果作为生活用水，悬浮物是感观上使人产生不舒服的感觉的一种物质，而且又是细菌、病毒的载体，对人体存在潜在的危害。甚至当悬浮物中存在重金属化合物时，在一定条件下（水体的 pH 值下降，离子强度、有机螯合剂浓度变化等）这些重金属化合物会释放到水中。

（2）黄药。黄药即黄原酸盐，被黄药污染的水体中的鱼虾等有难闻的黄药味。黄药易溶于水，在水中不稳定，尤其是在酸性条件下易分解，其分解物 CS_2 可以是硫污染物。因此，我国地面水中丁基黄原酸盐的最高容许浓度为 0.005mg/L，而俄罗斯水体中极限丁基黄原酸钠的浓度为 0.001mg/L。

（3）黑药。黑药以二羟基二硫化磷酸盐为主要成分，所含杂质包括甲酸、磷酸、硫甲酚和硫化氢等。黑药呈现黑褐色油状液体，微溶于水，有硫化氢臭味。它也是选矿废水中酚、磷等污染的来源。

（4）松醇油。松醇油即为 2 号浮选油，主要成分为萜烯醇，黄棕色油状透明液体，不溶于水，属无毒选矿药剂，但具有松香味，因此能引起水体感观性能的变化。由于松醇油是一种起泡剂，易使水面产生令人不快的泡沫。

（5）氰化物。氰化物是剧毒物质，其进入人体后，在胃酸的作用下被水解成氢氰酸而被肠胃吸收，然后进入血液。血液中的氢氰酸能与细胞色素氧化酶的铁离子结合，生成氧化高铁细胞色素酸化酶，从而失去传递氧的能力，使组织缺氧导致中毒。但氰化物可以通过水体中有自净作用而去除，因此，如果利用这一特性延长选矿废水在尾矿库中的停留时间，可以使之达到排放标准。

（6）硫化物。一般情况下，S^{2-}、HS^- 在水中会影响水体的卫生状况，在酸性条件下生成硫化氢。水中硫化氢在质量浓度超过 0.5mg/L 时，对鱼类有毒害作用，并可觉察其散发出的臭气；大气中硫化氢嗅觉阈为 $10mg/m^3$。此外，低浓度 CS_2 在水中易挥发，通过呼吸和皮肤进入人体，长期接触会引起中毒，导致神经性疾病——夏科氏（Char-Cote）二硫化碳癔病。

（7）化学耗氧物。化学需氧量是水中的耗氧有机物的量化替代性指标，在选矿废水中的耗氧物，主要是残存于水中的选矿药剂。

3.2　冶金废水处理基本方法

金属经过一系列的工艺步骤，从未开发的矿石转变成为我们使用的金属制品，在这个过程中或多或少地会产生废水。废水根据来源、所生产产品和加工对象不同，可分为采矿废水、选矿废水、冶炼废水及加工区废水。在有色金属工业从采矿、选矿到冶炼以至成品加工的整个生产过程中，几乎所有工序都要用水，也都有废水排放。冶炼废水可分为重有色金属冶炼废水、轻有色金属冶炼废水和稀有有色金属冶炼废水。按废水中所含污染物主要成分，有色金属冶炼废水可分为酸性废水、碱性废水、重金属废水、含氰废水、含氟废水、含油类废水和含放射性废水等。

冶金废水水量大、成分复杂，根据其水质、水量进行处理与利用的方法种类繁多。而废水处理的基本任务，就是将废水中的污染物质分离出来，加以利用使之再资源化，或者将其转化为无害物质。根据废水处理过程的实质，一般可归纳为物理过程、化学及物理化学过程、传质单元过程和生物化学过程等几大类，如表 3-6 所示。

表 3-6　废水处理的基本方法

分　类	处理和利用的方法		处理对象	适用范围
	调　节		使水质、水量均衡	预处理
物理法	重力分离法	沉　淀	可沉物质	预处理
		隔　油	颗粒较大的油珠	预处理
		气　浮	乳状油，相对密度近于1的悬浮物	中间处理
	离心分离法	水力旋流器	相对密度大于1的悬浮物，如矿石、乳状油、纤维、悬浮物等	预处理
		离心机		预处理或中间处理
	过　滤	隔　栅	粗大的悬浮物	预处理
		筛　网	较小的悬浮物	预处理
		砂　滤	细小的悬浮物或乳状油等	中间或最终处理
		布　滤	细小的悬浮物、沉淀脱水	中间或最终处理
		微孔管	极细小的悬浮物	最终处理
		反渗透	某些分子和离子	中间或最终处理
	热处理	蒸　发	高浓度酸、碱、盐废液	中间处理
		结　晶	可结晶的盐类如亚硫酸铁、黄血盐等	最终处理

分　类	处理和利用的方法		处理对象	适用范围
化学及物理化学法	投药法	混　凝	胶体、乳状油、细微颗粒	中间处理
		中　和	酸或碱、重有色金属离子	中间或最终处理
		氧化还原	溶解有害物，如 CN、Cr、Hg 等	最终处理
	传质法	蒸　馏	溶解性挥发物，如单元分子	中间处理
		吹　脱	溶解性气体，如 H_2S、CO_2	中间处理
		萃　取	溶解性物质，如酚	中间处理
		吸　附	溶解性物质，如酚、Hg	中间或最终处理
		离子交换	可离解物质，如盐类	中间或最终处理
		电渗析	可离解物质，如盐类	中间或最终处理
生化法	天然生化法	农田灌溉	胶体状或可溶性有机物	
		养鱼塘	胶体状或可溶性有机物	
	人工生化法	生物滤池	胶体状或可溶性有机物	中间或最终处理
		活性污泥法	胶体状或可溶性有机物	中间或最终处理

　　实际上，上列表中所列的分类仅是一种粗略的分法，并不是非常严格的。近代科学的发展不断打破各个过程的界限，处理范围也不断扩大。

3.2.1　物理处理法

　　物理处理法是依靠重力、离心力、机械拦截等作用去除水中杂质或按废水中污染物的沸点和结晶点的差异特性净化废水的方法。物理处理法是最常用的一类净化治理工业污水的技术，经常作为污水处理的一级处理或预处理。它既可以作为单独的治理方法使用，也可以作为化学处理法、生物处理法的预处理方法，甚至成为这些方法不可分割的一个组成部分，有时候还是三级处理的一种预处理手段。物理处理法主要用来分离或回收废水中的悬浮物质，在处理的过程中不改变污染物质的组成和化学性质。根据其原理不同，有沉降与气浮、拦截与过滤、离心分离以及蒸发浓缩等常用方法。

　　工业废水中含有不同性质的悬浮物，如选矿废水中含大量矿粉，烟气净化废水中含矿粉、烟尘，铸锭冷却废水含油污，炼焦工业和煤气发生站排出的废水含有大量的焦油等。这些悬浮物多数是有用的物质，应加以处理并回收利用。

3.2.1.1　重力分离法

　　重力分离法利用重力除去废水中的悬浮物质。废水中悬浮物相对密度大于 1 的可采用沉淀法；悬浮物相对密度小于 1 的可用浮上法；用上两法都不易除去的悬浮物质以及相对密度接近于 1 的悬浮物，可用浮选法除去。

　　这类方法多作为其他处理方法的预处理。如用生物处理法处理废水时，一般需要先沉淀除去大部分悬浮物，以降低生化需氧量，生物法处理后的出水还要通过沉淀法作进一步处理。

　　A　沉淀法

　　沉淀法是利用废水中悬浮成分的密度大于水的密度，在重力作用下，将水中杂质分离出来的方法。根据废水中可沉物质的浓度高低和絮凝性能的强弱，沉降有下述四种基本类型：

　　（1）自由沉降。自由沉降也称离散沉降，是一种无絮凝倾向或弱絮凝倾向的固体颗粒在稀溶液中的沉降。因为悬浮固体浓度低，而且颗粒间不发生聚合，所以在沉降过程中颗粒的形状、粒径和密度都保持不变，各自独立地完成沉降过程。

（2）絮凝沉降。絮凝沉降是一种絮凝性颗粒在稀悬浮液中的沉降。虽然废水中的悬浮固体浓度也不高，但在沉降过程中各颗粒之间互相聚合成较大的絮凝体，因而颗粒的物理性质和沉降速度不断发生变化。

（3）成层沉降。成层沉降也称集团沉降。当废水中的悬浮物浓度较高，颗粒彼此靠得很近时，每个颗粒的沉降都受到周围颗粒作用力的干扰，但颗粒之间相对位置不变，成为一个整体的覆盖层共同下沉。此时，水与颗粒群之间形成一个清晰的界面，沉降过程实际上就是这个界面的下沉过程。由于下沉的覆盖层必须把下面同体积的水置换出来，二者之间存在着相对运动，水对颗粒群形成不可忽视的阻力，因此成层沉降又称为受阻沉降。化学混凝中絮凝体的沉降及活性污泥在二次沉淀池中的后期沉降即属于成层沉降。

（4）压缩过程。当废水中的悬浮固体浓度很高时，颗粒之间便互相接触，彼此支承。在上层颗粒的重力作用下，下层颗粒间隙中的水被挤出界面，颗粒相对位置发生变化，颗粒群被压缩。活性污泥在二次沉淀池泥斗中及浓缩池内的浓缩即属于此过程。

　　B　沉淀设备

　　a　沉淀池

用沉淀法来处理废水与回收利用的构筑物称为沉淀池。沉淀池的形式一般按池内水流方向的不同，可分为平流式、竖流式或辐射式。近年来还出现斜板式、斜管式、回转配水式等。

（1）平流式沉淀池（见图 3-1）。池中水流按水平方向流动，池呈长方形。废水由进水槽，经槽壁孔洞及进水挡板均匀分配，流入沉淀池。废水在向前水平流动的过程中，悬浮固体不断地分离沉淀到池子中部沉淀基本完全。大部分泥渣沉降在池首底部，少部分则在池底其余部分。用链带刮泥机排除池底积泥。链带在池面向后移动时，即可刮除浮油及浮渣，汇集于排渣管。链带在池底向前移动时，将污泥刮入污泥斗。该斗设于池首底部，斗壁倾斜成 45°~60° 角，斗内污泥沉积到 1.5~2m 时，因静水压头作用而由排泥管排除。漂浮在水面上的油及浮渣，被出水挡板截留，以改善出水水质。处理后的废水由溢流堰溢流到排水管排走。为了便于泥渣移动，并在清池时工作方便，池底设 0.01~0.02 的底坡，坡倾向池首。当池子不大、泥渣不多时，也可不设机械刮泥设备，而在沿池长的整个池底连续设置数个污泥斗，用重力排泥。也可将底部做成多斗形。此设备的优点是构造简单，沉淀效果好，工作性能稳定；缺点是排泥困难。

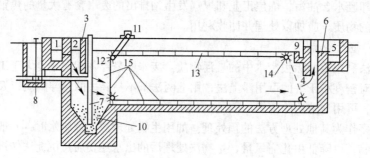

图 3-1　有链带刮泥机的沉淀池

1—进水槽；2—槽壁孔洞；3—进水挡板；4—出水挡板；5—出水槽；6—溢流堰；
7—排泥管；8—闸门；9—排渣槽；10—污泥斗；11—电动机；
12—主轮；13—链带；14—导轮；15—刮板

（2）竖流式沉淀池（见图3-2）。这是一种圆形或方形的池子，上部为沉淀区，下部为污泥斗。废水通过中心管由底部流出，当废水沿池子横断面向上缓慢流动时，沉降速度大于水流上升速度的固体颗粒都沉淀于底部污泥斗，沉速小于上升流速者被溢流水带出。澄清了的水由设于周边的集水槽排走。中心管下面的反射板，可以防止进水冲起污泥，同时还可以使废水均匀分布。为防止浮渣随出水流走，设置半浸没式挡板及排除浮渣的设备。污泥斗倾角45°~60°，采用静水压力排泥。若处理的水量大时，修建正方形或多泥斗池较合理，便于布局，占地较省。

竖流式沉淀池的最大优点是排泥方便，易于管理。缺点是深度大，造价高，容量小。当废水量大及地下水位高时，不宜采用。

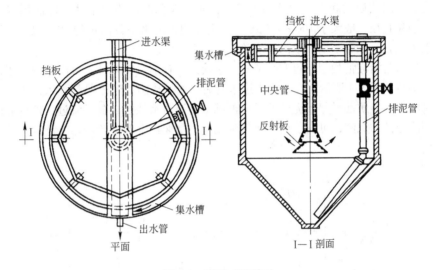

图3-2 竖流式沉淀池

（3）辐流式沉淀池（见图3-3）。辐流式沉淀池平面一般呈圆形或方形，直径16~60m，池内水深1.5~3.0m，一般采用机械排泥，池底坡度不小于0.05，为了使布水均匀，设穿孔挡板，穿孔率为10%~20%。进出水方式有周边进水中心出水、周边进水周边出水及中间进水周边出水等，其中周边进水周边出水方式最接近理想辐流式沉淀池。辐流式沉淀池的选用范围较广，其既可以用于城市污水，也可用于各类工业废水；可作为初次沉淀池，也能作为二次沉淀池。其主要特点是由于池内水速由大变小，使水流不够稳定，影响沉降效果。为了解决这个问

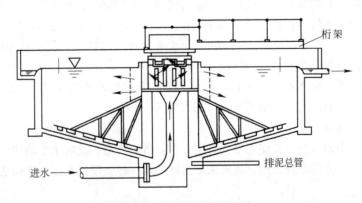

图3-3 普通辐流式沉淀池

题，采用周边进水辐流式沉淀池，从而使悬浮物浓度比较高地靠近周边的沉降区，水流速度比一般辐流池小，有利于稳定水流，提高沉降效果。

辐流沉淀一般采用机械刮泥机排泥，池径小于 20m，一般采用中心传动的刮泥机，其驱动装置设在池子中心走道板上；池径大于 20m 时，一般采用周边传动的刮泥机，其驱动装置设在格罩的外缘。

b　隔油池

废水中的油类相对密度一般都小于 1，以三种状态存在：油在废水中分散的颗粒较大，易于从废水中分离出来，漂浮于水面而被除去；有一部分油分散的粒径很小，呈乳化油状态存在，不易从废水中上浮，难以从废水中除去；溶解状态。隔油池仅能除去第一种状态易于上浮的油质。废水中的油质的相对密度大都小于 1，故一般称此法为浮上法。此法用以分离分散油，分离的油粒直径一般大于 $100 \sim 150 \mu m$。这类油约占废水中总油量的 80% 以上。影响油粒上浮的因素为油粒直径、密度、水的密度等。

隔油池构造与沉淀池相似，也有平流式、竖流式、辐射式等多种。目前国内多采用平流式隔油池。其构造如图 3-4 所示。废水流入进水管后，通过孔洞或带缝隔板配入池内。废水在池内流动的过程中，轻质油浮起，泥砂及重质油沉下。澄清水从挡油板下流过，越过溢流堰而流走。为了刮除浮油和沉渣，可安装回转链带刮泥机。刮泥机有四个转辊，由设置在池顶的电动机绞盘牵引。

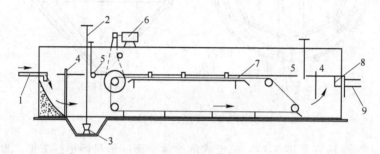

图 3-4　平流式隔油池
1—进水管；2—排泥闸门；3—排泥阀；4—布水挡板；5—集油管；
6—电动机；7—刮油机；8—出水堰；9—出水渠

链带上每隔 $3 \sim 5m$ 装一刮板。刮板在水面上向后移动，将油刮向池尾的集油管；而在池底则向前移动，将沉渣刮向池首的集泥坑。集油管可以绕纵轴旋转，当排油时，将开缝底缘转到浮油层内，浮油便流入管内，排到池侧的排油管；不排油时，将开缝底缘转出液面以上。

平流式隔油池废水停留时间为 $15 \sim 20h$，除油率为 60% ~ 80%。其优点是除油效果稳定，操作管理简便；缺点是生产能力低，体积大，占地面积大。

在平流式隔油池中顺水流方向装设斜板使之成为横向流斜板除油池。该池不仅隔油效率高，而且废水停留时间缩短，所以使池子体积大大缩小。

C　气浮与浮选法

气浮是往废水中通入空气，使之形成高度分散的微小气泡，使废水中的非溶解性杂质黏附在空气泡上，由于气泡的浮升作用，污染物迅速随气泡一起上浮到水面，从而达到固液分离的目的。

这类方法的应用范围日益扩大，不仅用于分离油类、纤维以及相对密度接近于 1 的悬浮物质，当把此法与化学处理法结合后，也可应用于处理含重金属废水、造纸废水、食品工业废水的处理。

污染物质能否黏附在气泡上，主要取决于该体系的表面能和污染物的表面特性。表面能由表面张力表示，表面特性由污染物的表面润湿性或亲水性表示。各种液体的表面张力相差很大，水的表面张力在15℃时为$73.26 \times 10^{-3} N/m$，是各种液体中表面张力较大的一种。这在废水处理中具有重要意义。

分散于废水中的微小杂质和废水形成相当大的接触面。就一定量的物质而言，粒径越小，形成的接触界面就越大。由于水的表面张力很大，其缩小界面的趋势也很大。只要杂质微粒有足够的碰撞机会、适宜的动能，并且微粒和水分子的亲和力小于微粒本身的内聚力，则杂质微粒就会不断地聚合变大，以此缩小接触界面。在杂质与气泡的附聚中，决定性的条件就是杂质与水的亲和力或者杂质的润湿性。如果杂质分子与水分子具有较大的亲和力，气泡就难以排除杂质表面的水分子及与杂质结合的物质，则该杂质称为亲水性物质，或者说这种物质的润湿性大；反之，杂质分子与水分子亲和力很小，气泡很容易排开杂质表面的水分子而形成三相接触面的物质，则这种杂质称为疏水性物质，或者说这种物质的润湿性小。

废水中的油类物质是疏水性杂质，当其粒径很小，用自然浮上法不能有效分离时，可采用气泡浮上强化分离过程。采用气浮法的先决条件是污染杂质具有疏水性，至于如何产生气泡则是其次的问题。在水溶液中生成气泡的方法大致有两类：一类是把外界空气送入水中，利用旋转叶轮、多孔扩散板或穿孔管使其分散成微小水泡，然后使气泡和杂质互相接触和黏附，一起浮上。这种方法通常称为气泡接触型气浮法。另一类方法是先让空气在高压下溶入水中，然后在低压下使空气从水中析出，形成气泡，一起浮上。这种方法称为气泡析出型上浮法。

此外，通过电解或化学反应而生成气泡的方法，介于两者之间，在工程上也得到应用。

常用的气浮法有变压气浮法、叶轮气浮法、扩散板气浮法。

对于废水中相对密度大于1的亲水性固体微粒、液珠、分子及重金属离子，不能简单地用气泡浮上，必须投加某些化学药剂，改变杂质的表面特性。投加化学药剂，有选择性地改变某些污染物的表面润湿性质，使之由亲水性转变为疏水性，即可用泡沫分离法将其除去。这种选择性分离目的物的方法，称为浮选法，所投加的药剂称为浮选剂，浮选剂有以下几类：

（1）捕收剂。捕收剂能降低矿粒的润湿性，使之变成疏水性物质附着于气泡而被浮除。常用的捕收剂有黄药、黑药、脂肪酸及其皂盐等表面活性物质。

（2）起泡剂。起泡剂是一种不溶于水的表面活性物质，具有降低水的表面张力和形成稳定的气泡的特性。常用的起泡剂有松节油、重吡啶、甲酚、二甲酚、木焦油等。

（3）抑制剂。抑制剂用来减小某些杂质的可浮性或在分离几种有用目的物时，阻止其中一种或几种杂质浮起，而让捕收剂只附着在某一种目的物上，使之优先浮起。

（4）活化剂。活化剂使受抑制的目的物恢复活性，增加其可浮性。

（5）调节剂。调节剂主要用于调节水溶液的酸碱度。

在处理有色冶金企业排放的含重金属离子废水时，常采用沉淀浮选法。将废水中的离子转化为氢氧化物或硫化物沉淀，然后使用浮选沉淀物的方法，称为沉淀浮选法。此法又分为共沉-浮选、硫化-浮选、共沉-硫化-浮选三种工艺。

（1）共沉剂可采用Fe^{3+}和Fe^{2+}，由其转化而来的重金属氢氧化物和具有凝聚作用的氢氧化铁一起形成共沉物，先沉淀析出，然后进行浮选。这种工艺称为共沉-浮选。

（2）硫化剂可采用硫化钠，它与重金属反应生成难溶的硫化物沉淀，然后浮选此沉淀，这种工艺称为硫化-浮选。

（3）应用硫化剂使共沉物的某种组分先溶解，然后用浮选法浮除剩余沉淀物的工艺，称为共沉-硫化-浮选。

沉淀浮选中应用的捕收剂，应与浮选该金属的相应矿物时选用的捕收剂一致。

沉淀浮选法脱除重金属离子的结果列于表 3-7 中。

表 3-7　沉淀浮选法脱除重金属离子

离　子	浓　度	沉淀剂	捕收剂	pH 值	处理水浓度/%
Cd^{2+}	$1 \times 10^{-4}\%$	$Fe(OH)_2$	油酸钠	8~10	0.05×10^{-4}
		Na_2S	辛基癸基醋酸胺	8.5	未检出
Hg^{2+}	$1 \times 10^{-4}\%$	$Fe(OH)_3$	油酸钠	8~9	0.103×10^{-4}
		$Fe(OH)_3$	油酸钠	9.1	未检出
As^{2+}	1mg/L	$Fe(OH)_3$	油酸钠	5~6	未检出
Pb^{2+}	1mg/L	$Fe(OH)_3$	油酸钠	8.0	0.03×10^{-4}
Cu^{2+}	1mg/L	$Fe(OH)_3$	油酸钠	6~10	未检出

电解浮选法是一种新的浮上处理技术，其特点是：通过电解产生气泡，产生凝聚剂，进行氧化还原处理。因此，该法同时具有凝聚、吸附、共沉、气泡浮上，电解氧化和电解还原等作用。

废水通过直流电场时，一旦电流密度超过极限值，水分子就发生电解，在阳极析出氧气，在阴极析出氢气：

$$H_2O = H^+ + OH^-$$

在阳极　　　　　　　　$$4OH - 4e = O_2 + 2H_2O$$

在阴极　　　　　　　　$$2H^+ + 2e = H_2$$

电解产生的气泡粒径很小，氢气泡约为 $10~30\mu m$；氧气泡约为 $20~60\mu m$。而加压浮选时产生的气泡粒径为 $100~150\mu m$；机械搅拌产生的气泡直径为 $800~1000\mu m$。可见，电解产生气泡的捕获能力比后两者为高，故其出水水质较好。此外，电解产生的气泡，在 20℃ 时的平均密度为 0.5g/L，而一般空气泡的平均密度则为 1.2g/L。可见，前者的浮载能力比后者大一倍。

如选用铝板或钢板作为电解槽的阳极，在通直流电的条件下：金属逐渐溶蚀，以 Fe^{2+} 或 Al^{3+} 形态进入水溶液，经与 OH^- 反应后，生成有凝聚作用的胶体氢氧化铁和氢氧化铝。如废水中含有重金属离子，在其与 OH^- 生成金属氢氧化物沉淀后，随之与氢氧化铁和氢氧化铝形成凝聚共沉体，即能吸附于气泡上，迅速被浮上分离。据研究，在同一 pH 值下可以较完全地除去各种微量重金属离子及其络盐，达到排放标准。

电解槽的阳极具有氧化作用，阴极具有还原作用，凡易被氧化的有机物如酚、油类等，以及其他化学污染物如 CN^- 等，均在阳极被氧化破坏，因而电解浮选具有降低 BOD 和 COD、脱色、脱臭及消毒的效果。凡易被还原的化学物质如重金属离子 Cr^{6+}、Cu^{2+}、Zn^{2+} 等，均可在阴极被还原除去，因而电解浮选具有脱除重金属离子等毒物的效能。

电解浮选还有泥渣量少、占地面积小等优点。主要缺点是电能消耗量大。据研究，若采用脉冲电流，电耗可降为原来的四分之一。

图 3-5 为脱除重金属离子的 MEF 型电解浮选装置原理图。经调整 pH 值后的废水先进入电解凝聚槽，在其前室产生氢氧化铁或氢氧化铝胶体，并进行污染物的氧化还原处理；在后室进

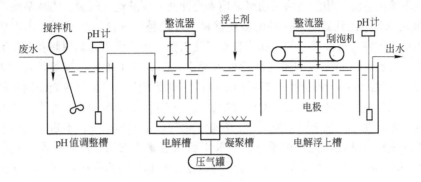

图 3-5　MEF 型电解浮选装置

行凝聚和共沉反应。该槽底部鼓入压缩空气，在前室造成紊流，增加金属的溶蚀过程及氧化还原反应，在后室维持凝聚所必需的速度梯度。为了强化絮凝效果，有时在后室还投加高分子絮凝剂。一旦废水进入电解浮上槽，即被电解产生的大量微小气泡所捕获，共同浮上液面，予以刮除。槽面负荷为 $30 \sim 45 \mathrm{m}^3/(\mathrm{m}^2 \cdot \mathrm{h})$，电流密度为 $20 \sim 30 \mathrm{A/m}^2$，铝板耗量为 $5 \sim 10 \mathrm{g/m}^3$，全部过程历时 $25 \sim 40 \mathrm{min}$，电耗为 $0.3 \sim 0.6 \mathrm{kW/m}^3$。用此法处理含镉废水时，原废水 pH 值为 $2 \sim 3$，含镉 $0.02\% \sim 0.03\%$、铜 $0.005\% \sim 0.008\%$、锌 $0.006\% \sim 0.01\%$。经 pH 值调整和 MEF 电浮后，pH 值为 $7 \sim 8$，镉为 $0.003 \times 10^{-4}\%$，铜为 $0.2 \times 10^{-4}\%$，锌为 $0.04 \times 10^{-4}\%$。如再经过滤，镉、铜、锌分别降为小于 $0.002 \times 10^{-4}\%$、$0.15 \times 10^{-4}\%$ 和 $0.02 \times 10^{-4}\%$。其他如对含铅废水、含砷废水以及含铁氰化物废水的处理，应用此法均获得了良好效果。

3.2.1.2　过滤法

过滤法是借助处理设备的孔隙来阻挡和截留废水中的悬浮固体的操作工艺，又称阻力截留法。此法可以从废水中分离类悬浮固体、几何尺寸大于处理设备孔隙尺寸的悬浮固体、可以缠挂在处理设备的栅条或网丝上的纤维状悬浮固体，当处理设备上截留一定数量的悬浮固体后，会形成由悬浮固体组成的新滤膜，因此此法还可截留几何尺寸更小的悬浮固体。

应用此法不仅可以从废水中分离悬浮固体，还可从泥渣中分离水分。此法常用的设备有格栅、筛网、微孔滤料、超滤膜。

（1）格栅。格栅是利用拦截作用去除水中的悬浮物典型的处理设施，格栅属于机械筛除设施，是最初级的处理设施，对后续处理构筑物起到保护作用，污染物依靠格栅、筛网、滤布、微孔管、粒状滤料等的作用而被截留。格栅用以截留废水中较大的漂浮物与悬浮物，保护水泵与后续处理设备不受阻塞和破坏。其栅条多用圆钢或扁钢制成，以一定的距离排列起来，架设在水泵或处理构筑物前面的渠道中，用于截阻废水中粗大的漂浮物和悬浮物。根据污物清除方式，格栅分为人工清除格栅和机械清除格栅两种。

（2）筛网。筛网用于清除废水中细小的纤维状悬浮物，其网孔直径一般小于 5mm。利用帆布、尼龙布或毛毡作为隔滤材料，可去除废水中细小的悬浮物，还可进行污泥脱水。常用的过滤设备有真空过滤机和板框压滤机等。筛网用纤维或金属丝编织而成。纤维织物包括天然纤维织物（如帆布）和人造纤维织物（如尼龙布）。金属丝编织物包括普通金属丝网和不锈钢丝网。

除编织物外，各种穿孔板（穿孔钢板和穿孔塑料板等）也属于筛网范围。

筛网可以做成回转带式、转盘式、转鼓式和振动式。它可连续工作，使截留污物与清除污物在同一设备中进行。在污染物数量很少时，也可以做成固定式。间歇工作，截留一定数量的污物后，取出筛网清除污物。清除污物可采用水力冲洗、压缩空气吹脱、刀片刮除等方式。

（3）微孔滤料。微孔滤料是一种由多孔材料制成的整体式滤管或滤板，用以截留废水中粒径较小的悬浮固体。目前采用的微孔滤料有多孔陶瓷、多孔聚氯乙烯树脂和多孔泡沫塑料。

用多孔聚氯乙烯树脂制成的微孔滤管处理废水，已获得了推广。聚氯乙烯树脂在 200 ~ 220℃的高温下经过 100min 的烘熔，然后用水冷却，即可成型。树脂颗粒表面因加热熔化而互相粘接起来，同时树脂在高温分解时逸出大量氯气，使其内部留有细小的通道。这种微孔滤管适于截留没有黏结性的无机杂质，如泥沙、粉尘、煤粉、金属粉末等，不适于过滤含有机杂质和胶体物质的废水及活性污泥。过滤方式可采用加压过滤或减压抽滤。滤管一般制成直径为 80mm、长为 900mm 的圆管，按废水量大小装配成组。废水可由里向外或由外向里流动，截留的污物用压缩空气吹脱，或用清水冲洗。滤速一般限制在 1 ~ 2$m^3/(m^2 \cdot h)$，反洗水或空气压力采用 196 ~ 294kPa 反冲时间 5 ~ 10min。

（4）超滤膜。近年来发展较快的薄膜技术或称膜过程分离法，包括超滤、反渗透和电渗析，它们都是利用整体式多孔薄膜供溶质和水进行分离的技术。三者的区别如表 3-8 所示。

表 3-8　超滤、反渗透和电渗析的比较

种　类	超　滤	反渗透	电渗析
迁移物质	溶剂分子（水） 溶质小分子及离子		电解质离子
截留物质	大分子物质 悬浮物	溶质离子 大分子溶质悬浮物	游离及溶剂分子 悬浮物
分离作用力	外加水压力	外加水压力	电场力
截留因素	几何尺寸	溶质浓度及渗透压	离子种类及选择透过性

由表 3-8 可知，超滤截留的污染物为大分子量溶质及微小悬浮物，赖以截留污染物的主要因素是几何尺寸，即污染物和薄膜孔隙之间的相对尺寸大小，因而它归于阻力截留法范畴。

超滤和反渗透两法十分类似，都是利用外加压力使水分子通过，而污染物则被膜截留下来。它们的区别在于：

（1）超滤的阻力主要来自膜孔的几何尺寸，而反渗透的阻力则主要来自溶质的渗透压；

（2）超滤膜截留的污染物分子较大，约为 2 ~ 10000nm，分子相对质量在 500 ~ 5000000 之间，而反渗透截流的污染物分子较小，约为 0.4 ~ 600nm。

（3）超滤时施加的外压较小，约为 68.6 ~ 686kPa，而反渗透时施加的压力较大，约为 1960 ~ 9800kPa。

据以上特点，超滤最宜于分离废水中的大分子有机物，如淀粉、蛋白质、橡胶、油漆等，以及微生物如细菌、病毒、藻类等。

超滤膜和反渗透膜的构造大体相同，有醋酸纤维素膜、聚酰胺膜、聚砜膜等，它们适用的 pH 值范围依次为 4 ~ 7.5、4 ~ 10 和 1 ~ 12。膜的构型有两种：管式膜及空心纤维膜。前者应用较广，但表面积小；后者为新发展的高效膜，处理能力大。在 101.3 ~ 152.0kPa 下，水的迁移量为 0.8 ~ 20$m^3/(m^2 \cdot d)$，而当外压为 709.1kPa 时，有些膜的水迁移量可达到 20 ~ 100 $m^3/(m^2 \cdot d)$。

粒状介质过滤法是利用粒状介质填料层净化废水的，是废水处理中一种基本的工艺过程。但就净化机理而言，不同的粒状介质有着不同的作用，归纳起来，大体可分为活性粒状介质与半活性粒状介质两大类。

活性粒状介质的活性很大，主要靠其与污染物的化学作用或物理化学作用净化废水。例如，利用离子交换树脂去交换废水中的污染物离子；利用吸附剂（如活性炭）去吸附废水中的污染物分子和离子；利用中和剂（白云石、大理石）去中和废水中的酸；利用金属屑去置换废水中另一种金属离子。以上均属于活性粒状介质净化废水的范畴。

半活性粒状介质的活性较小，它们虽能与污染物发生一定的吸附凝聚作用，但主要的是提供了净化污染物的有利场所和有利条件。例如，利用石英砂等滤料截留废水中的胶体物质与细小悬浮物，在块状石料上生物降解废水中的有机物，均属于半活性粒状介质净化废水的范畴。在有色冶金废水处理中常用的是普通过滤法。

普通过滤法采用的滤池类型较多。不论哪一种类型的滤池，其操作都包括过滤和反冲洗两个基本阶段。过滤是使被处理的废水通过一个粒状介质的床层，使其中的悬浮物和胶状物被截留在粒状介质床层中，处理水通过床层流出。当出水中悬浮物浓度超过要求或滤床水头损失达到某一限度时，应停止过滤，进行反冲洗以除去积累在粒状床层内的悬浮物。冲洗水应具有一定的速度，以保证使滤料层悬浮于水流中，利用滤料粒之间的相互碰撞和摩擦，使杂质从滤料粒表面脱离下来。但冲洗强度不能太大，以免造成床层膨胀过高，单位体积内的滤料颗粒数减少，从而减少了粒子间碰撞的机会，致使冲洗效果减弱。

微孔过滤管由多孔的聚氯乙烯、陶瓷等材料制成，可去除水中极细小的悬浮物。粒状介质过滤一般以卵石作垫层，以石英砂、无烟煤、矿砂作为滤料，用于滤除细小的悬浮物及乳状油等，过滤出的水可回收用于生产。过滤设备有压力式滤池和重力式滤池两种。

目前常用的快滤池滤速大于 10m/h，用于去除浊度，可使出水浊度小于 5ntu，同时可去除一部分细菌、病毒。滤池中表层细砂层粒径为 0.5mm，滤料孔隙为 80μm，而进入滤池的颗粒尺寸大部分小于 30μm，但仍能被去除。因此认为滤池不仅是简单地机械筛滤，还有接触黏附的作用，主要有迁移和黏附两个过程。迁移是颗粒脱离流线接近滤料的过程，主要由以下作用力引起：拦截、沉淀、惯性、扩散和水动力作用（非球形颗粒在速度梯度作用下发生转动），对于这几种力的大小，目前只能定性描述。而黏附作用是由范德华引力、静电力以及一些特殊化学力等物理化学作用力引起的。而同时表层滤料的筛分作用也不能排除，特别是在过滤后期，当滤层中的孔隙尺寸逐渐减小时，滤料的筛分作用就比较显著。

3.2.1.3　蒸发与结晶

蒸发是依靠加热过程中，使溶液中的溶剂（一般是水）汽化，从而使溶液得到浓缩的过程。结晶是利用过饱和溶液的不稳定原理，将废水中过剩的溶解物质以结晶的状态析出，再将母液分离出来从而得到纯净的产品的过程。在废水处理中常用结晶的方法，回收有用物质或去除污染物以达到净化的目的。如用浸没燃烧蒸发器处理冶金工业的硫酸洗废液，回收硫酸和亚硫酸铁。

3.2.1.4　离心分离法

物体高速旋转时会产生离心力场。利用离心力分离废水中杂质的处理方法称为离心分离法。废水作高速旋转时，由于悬浮固体和水的质量不同，所受的离心力也不相同，质量大的悬浮固体被抛向外侧，质量小的水被推向内层，这样悬浮固体和水从各自出口排除，从而使废水得到处理。

按产生离心力的方式不同，离心分离设备可分为离心机和水力旋流器两类。离心机是依靠一个可随传动轴旋转的转鼓，在外界传动设备的驱动下高速旋转，转鼓带动需进行分离的废水一起旋转，利用废水中不同密度的悬浮颗粒所受离心力不同进行分离的一种分离设备。水力旋流器有压力式和重力式两种。压力式水力旋流器用钢板或其他耐磨材料制造，其上部是直圆筒形，下部是截头圆锥体。进水管以逐渐收缩的形式与圆筒以切向连接，废水通过加压后以切线方式进入器内，进口处的流速可达 $6 \sim 10 m/s$。废水在容器内沿器壁向下作螺旋运动，形成一次涡流，废水中粒径及密度较大的悬浮颗粒被抛向器壁，并在下旋水推动和重力作用下沿器壁下滑，在锥底形成浓缩液连续排出。锥底部水流在越来越牢的锥壁反向压力作用下改变方向，由锥底向上做螺旋运动，形成二次涡流，经溢流管进入溢流筒，从出水管排出。在水力旋流中心，形成围绕轴线分布的自下而上的空气涡流柱。

旋流分离器具有体积小、单位容积处理能力高、易于安装、便于维护等优点，较广泛地用于轧钢废水处理以及高浊度废水的预处理等。旋流分离器的缺点是器壁易受磨损和电能消耗较大等。器壁宜用铸铁或铬锰合金钢等耐磨材料制造或内衬橡胶，并应力求光滑。重力式旋流分离器又称水力旋流沉淀池。废水也以切线方向进入器内，借进出水的水头差在器内呈旋转流动。与压力式旋流器相比较，这种设备的容积大，电能消耗低。

一般情况下，物理处理法所需的投资和运行的费用较低，所以通常被优先考虑采用。但它还需与别的方法配合使用。

3.2.2　化学处理法

化学处理法是通过向被污染的水体中投加化学药剂，利用化学反应来分离和回收污水中的胶体物质和溶解性物质等，从而回收其中的有用物质，降低污水中的酸碱度、去除金属离子、氧化某些有机物等。这种处理方法可使污染物质和水分离，也能够改变污染物质的性质，因此可以达到比简单的物理处理方法更高的净化程度。化学法可以通过化学反应方程式来计算所需投加的药量，不容易造成浪费，而且操作技术容易实现，水量少时可以进行简单的手工操作，水量大时可以采用大型设备进行自动化操作。化学法包括化学中和法、化学沉淀法、化学混凝法、氧化还原法、铁氧体法等（见表3-9）。

由于化学处理法常需要采用化学药剂或材料，所以处理费用较高，运行管理也较为严格。通常，化学处理还需要与一定的物理处理法联合使用。

表 3-9　化学处理方法的适用范围及处理对象

处理方法	适用范围	处理对象
化学沉淀法	溶解性重金属离子如 Cr、Hg 和 Zn	中间或最终处理
化学混凝法	胶体、乳状油	中间或最终处理
化学中和法	酸、碱	最终处理
氧化还原法	溶解性有害物质如 CN^-、S^{2-} 和染料等	最终处理
铁氧体法	含 Cr、Ni 和 Zn 等离子的废水	中间或最终处理

3.2.2.1　化学中和法

在废水中加入酸或碱进行中和反应，调节废水的酸碱度（pH 值），使其呈中性或接近中性或适宜于下一步处理的 pH 值范围。含酸废水和含碱废水是两种重要的工业废液。一般而言，酸含量（质量分数）大于 3% ~5%、碱含量大于 1% ~3% 的高浓度废水称为废酸液和废碱液，这类废液首先要考虑采用特殊的方法回收其中的酸和碱。酸含量小于 3% ~5% 或碱含量小于

1% ~3%的酸性废水与碱性废水，回收价值不大，常采用中和处理方法，使其 pH 值达到排放废水的标准。冶金生产过程中产生的废水，可能含有酸也可能含有碱，大部分酸性废水中都含有必须除去的重金属盐。为了防止净化设备腐蚀，避免破坏水和生物池中的生化过程，以及防止从废水中沉淀出重金属盐等，无论酸性还是碱性废水都要进行中和处理。最典型的反应是氢离子和氢氧根离子之间的反应，生成难解离的水。

选择中和方法时应考虑以下因素：

（1）含酸或含碱废水所含酸类或碱类的性质、浓度、水量及其变化规律。

（2）首先应寻找能就地取材的酸性或碱性废料，并尽可能地加以利用。

（3）本地区中和药剂或材料（如石灰、石灰石等）的供应情况。

（4）接纳废水的水体性质和城市下水管道能容纳废水的条件。

A　中和方法

中和方法有：

（1）酸性废水与碱性废水混合中和。酸、碱废水相互中和的方法是最经济的方法之一。一般来说，含酸废水和含碱废水的排放方式是不同的，酸性废水在一天之内均匀排放，浓度变化不大；而碱性废水常常是根据碱性溶液排放方式的不同间歇地进行的，因此排放碱性溶液时应设置贮槽以使其均匀地进入中和反应罐，与酸性废水进行中和。

（2）试剂中和。用试剂中和酸性废水的方法也很普遍，至于选择什么样的试剂中和酸性废水则完全取决于酸的种类、浓度和中和反应后生成的盐的浓度。最常用的是熟石灰和石灰乳，往往被称为石灰处理法。石灰处理（中和）过程中可以同时把锌、铅、镉、铜、铬等金属转入沉淀，有时中和反应常采用浆状的碳酸钙或碳酸镁。

上述试剂廉价易得，但其缺点主要有：中和前必须设置配匀装置，难以按被中和溶液的 pH 值调节试剂，操作管理比较复杂。

（3）中和材料过滤。盐酸、硝酸废水及质量浓度不超过 1.5g/L 的硫酸废水均可用连续式过滤器进行中和。可以采用中和材料（如白云石、石膏、菱镁矿石、白垩和大理石等）作为过滤器的填料，填料粒度为 3 ~8cm。

这种过滤器只能在酸性废水中不含可溶性金属盐的条件下使用，因为当 pH 值大于 7 时，这些金属将生成难溶化合物沉淀下来，可能完全堵塞过滤器的孔隙。在实际中，很少采用中和过滤材料中和处理废水。

对于酸性污水而言，主要有酸性污水与碱性污水相互中和、药剂中和以及过滤中和三种。而碱性污水主要有与酸性污水相互中和和药剂中和两种。其中酸性污水的数量和危害要比碱性污水大得多。酸性污水的药剂中和法中主要用的药剂有石灰、苛性钠、碳酸钠、石灰石、电石渣等，最常用的是石灰（CaO）。药剂的选用要考虑药剂的供应情况、溶解性、反应速度、成本及二次污染等因素。过滤中和法是选择将碱性滤料填充成一定形式的滤床，酸性污水流过滤床的时候即被中和。

B　中和法设备

关于中和法设备，分别按普通过滤中和和升流膨胀式过滤中和予以介绍。

（1）普通过滤中和设备。普通中和滤池为固定床，一般采用石灰石作滤料。水的流向有平流和竖流两种，目前多用竖流，其中又分升流式和降流式两种，见图3-6。普通中和滤池的滤料粒径不宜过大，一般为 30 ~50mm，不得混有粉料杂质，当水含有可能堵塞滤料的物质时，应进行预处理。过滤速度一般不大于 5m/h，接触时间不少于 10min，滤床厚度一般为 1 ~1.5m。

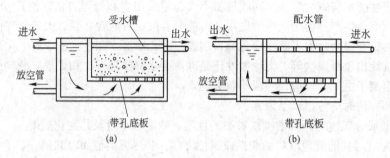

图3-6　普通中和滤池
(a)升流式；(b)降流式

（2）升流膨胀式过滤中和设备。废水由底部进入池中，升流式膨胀床的过滤中和采用
0.5～3mm 小粒径的滤料。当滤料横截面固定不变、滤速为恒速时，可使滤料相互摩擦不易结
垢，垢屑和 CO_2 易于排走，不致造成滤床堵塞。图3-7 为恒速升流膨胀中和滤池（滤料一般为
石灰石）示意图。

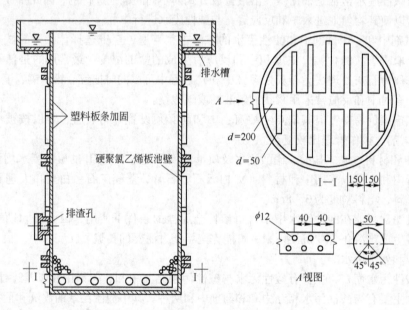

图3-7　恒滤速升流膨胀中和滤池

3.2.2.2　化学沉淀法

化学沉淀法是将要去除的离子变为难溶的、难解离的化合物的过程。化学沉淀法的处理对
象主要是重金属离子（铜、镍、汞、铬、锌、铁、铅、锡）、两性元素（砷、硼）、碱土金属
（钙、镁）及某些非金属元素（硫、氟等）。主要的化学沉淀工艺有：

（1）投加化学药剂，生成难溶的化学物质，使污染物以难溶沉淀的形式从液相中分离
析出；

（2）通过凝聚、沉降、浮选、过滤、吸附等方法将沉淀从溶液中分离出来。

为了以沉淀的形式去除水中杂质，必须根据所生成化合物的溶度积选择试剂。利用某些生
成化合物溶度积较小的沉淀剂，可以提高水的净化程度。根据每种沉淀化合物的溶度积常数，

分析检测该物质在废水中的浓度，投加该物质于待处理的废水中，根据浓度求出其离子积。比较离子积和溶度积，如果：

(1) 离子积小于溶度积，则固体物继续溶解，溶液没有达到饱和；

(2) 离子积等于溶度积，溶液刚好饱和，物质的解离达到动态平衡；

(3) 离子积大于溶度积，溶液过饱和，有沉淀物生成。

通常在物质的离子积大于溶度积的沉淀条件下，为了快速地形成沉淀，需要往废水中投加絮凝剂。常用的絮凝剂有：

(1) 阳离子型的絮凝剂，如聚合氯化铝（PAC）、聚合硫酸铝（PAS）等；

(2) 阴离子型的絮凝剂，如聚合硅酸（PS）、活化硅酸（AS）等；

(3) 无机复合型的絮凝剂，如聚合氯化铝铁（PAFS）、聚硅酸硫酸铁（PFSS）等；

(4) 有机高分子絮凝剂，应用最多的是聚丙烯酰胺（PAM）；

(5) 生物絮凝剂。

有机高分子絮凝剂同无机高分子絮凝剂相比，具有用量少、生成污泥量少、絮凝速度快等优点，而且受共存盐类、pH 值、温度的影响较小。聚丙烯酰胺分为三种：阳离子型、阴离子型和非离子型。

生物絮凝剂是近年来研究开发的新型絮凝剂产品，优点主要有：易于固液分离，容易被微生物降解，形成的沉淀物较少，无毒害作用，无二次污染等。

在实际废水处理工艺中，为了提高混凝的效果，往往还要再添加助凝剂，通常为酸碱类、矾花类、氧化剂类的助凝剂。加入助凝剂的作用主要是提高絮凝体颗粒之间的碰撞效率，从而加速絮凝体的形成。其作用机理主要表现在以下几个方面：

(1) 增加颗粒浓度，如加入矾花类助凝剂；

(2) 增加颗粒体积，如加入高分子絮凝剂可以通过强化搭桥作用来增加絮凝体体积；

(3) 增加颗粒密度，水玻璃、铁盐助凝剂等具有这种作用；

(4) 增加颗粒之间的碰撞次数。

3.2.2.3 化学混凝法

各种污水都是以水为分散介质的分散体系。根据分散粒度的不同，污水可分为三类：分散粒度在 0.1 ~ 1nm 间的称为真溶液；分散粒度在 1 ~ 100nm 之间的称为胶体溶液；分散粒度大于 100nm 的称为悬浮液，可以通过沉淀或过滤去除。部分胶体溶液一般用混凝法来处理。

混凝就是在污水中预先加化学试剂（混凝剂）来破坏胶体的稳定性，使污水中的胶体和细小悬浮物由于碰撞或聚合，搭接而形成可分离的絮凝体，再用下沉或上浮法分离去除的过程。混凝可降低废水的浊度、色度，除去多种高分子物质、有机物、某些重金属毒物和放射性物质等，因此在废水处理中得到广泛应用。

混凝分为凝聚和絮凝两种过程，凝聚是瞬时的，絮凝则需要一定的时间让絮体长大。

混凝法中必要的试剂就是混凝剂。混凝剂可分为凝聚剂和絮凝剂，低分子电解质为混凝剂，高分子药剂为絮凝剂，两者统称为混凝剂。用于水处理的混凝剂要求混凝效果好，对人体健康无害，价廉易得，使用方便。目前常用的混凝剂按化学组成有无机盐类（主要是铁系和铝系如三氯化铁、硫酸亚铁、硫酸铝聚合氯化铝等）和有机高分子类（可分为阳离子型、阴离子型、非离子型）。

化学混凝法主要用于处理含大量悬浮物的废水。自然沉降的方法处理大量细小的悬浮物是困难的，因此必须借助于混凝剂，采用混凝沉淀的方法实现对悬浮物的去除。

混凝机理涉及水中杂质成分和浓度、水温、水的 pH 值、碱度、混凝剂性能及其投加量、混凝过程中的混凝条件等。一般认为在混凝过程中起主要作用的混凝机理有双电层作用机理、吸附架桥作用机理和沉淀物的卷扫作用机理等。

对于不同的水质条件、反应条件及混凝剂类型，上述几种混凝机理发挥作用的程度不同。对于高分子混凝剂特别是有机高分子混凝剂，吸附架桥机理起主要作用；对于硫酸铝等金属盐混凝剂，同时具有吸附架桥和压缩双电层作用，当混凝剂投加量很多时还具有卷扫作用。

目前应用于废水处理的混凝剂种类较多，归纳起来主要有金属类混凝剂和高分子类混凝剂。金属类混凝剂中常用的为铝盐和铁盐，铝盐主要有硫酸铝和明矾两种；铁盐主要有硫酸亚铁、硫酸铁和三氯化铁。当单用混凝剂不能取得良好效果时，需要投加助凝剂以提高混凝效果，常用的助凝剂也大体上分为两类：改善絮凝体结构的高分子助凝剂，如聚丙烯酰胺、活化硅酸等；调节和改善混凝条件的药剂，如石灰等。

影响混凝效果的因素错综复杂，包括水温、水质、水力条件、混凝剂投加量等。

（1）水温。水温对混凝效果有明显的影响。低温条件下，金属混凝剂水解困难，导致絮凝体的形成非常缓慢，而且形成的絮凝体结构松散，颗粒细小、沉降性能差，同时较低的水温使水的黏度大、剪切力增强，成长的絮凝体容易破碎，水中杂质微粒的布朗运动强度减弱，不利于脱稳胶粒相互凝聚。

（2）pH 值的影响。一般来说，pH 值对金属类混凝剂的影响大于有机高分子混凝剂，有机高分子混凝剂的混凝效果受 pH 值的影响相对较小。如硫酸铝的最佳 pH 值范围为 6.5 ~ 7.5，三价铁盐的最佳 pH 值范围为 6.0 ~ 8.4，二价铁盐的最佳 pH 值范围为 8.1 ~ 9.6，而有机高分子混凝剂没有严格的 pH 值限制。

（3）水力条件。水的混凝过程包括混合过程和絮凝过程。第一阶段混合过程是将被处理的水与混凝药剂进行混合掺混，最终使水中细小颗粒和胶体物质迅速脱稳。因水中杂质颗粒尺寸微小，需要剧烈搅拌，使药剂迅速均匀地扩散于水中。一般情况下，混合过程要求在 10 ~ 30s 内完成。第二阶段絮凝过程是使混合后水中脱稳的细小悬浮颗粒和胶体物质相互碰撞聚合逐渐成长为大而密实的絮凝体（矾花）。絮凝阶段主要采用水力絮凝池。

（4）混凝剂投加量和投配方法。混凝剂投药量是混凝处理的重要环节，一般通过混凝沉降实验来确定。混凝剂投配方法主要有干投法和湿投法，湿投法因其投药均匀稳定、节约药剂、混凝效果好而被普遍应用。

含大量悬浮物的废水经过混凝剂的混合和絮凝过程后，再通过沉淀、过滤等工序以实现对悬浮物质的去除。

3.2.2.4　氧化还原法

氧化还原法属于化学处理方法，是将废水中有害的溶解性污染物质在氧化还原反应的过程中被氧化或被还原，转化为无毒或微毒的新物质或转化为可以从污水中分离出来的气体或固体，从而使水得到净化处理。氧化还原法是转化污水中污染物的有效的方法。

在选择药剂和方法时要遵循以下原则：

（1）处理效果好，反应产物无毒或无害，不需要进行二次处理。

（2）处理费用合理，所需药剂和材料容易得到。

（3）操作性好，在常温和较宽的 pH 值范围内具有较快的反应速度；当负荷变化后，在调整操作参数后，可维持稳定的处理效果。

（4）与前后处理工序的目标一致，搭配方便。

化学氧化还原法的运行费用较高，因此目前的化学氧化还原法仅用于饮用水的处理、特种工业用水的处理、有毒工业污水处理和以回收为目的的污水深度处理等情况。

药剂氧化法是利用氧化剂，将废水中的有毒有害物质氧化为无毒或低毒物质，主要用来处理废水中的还原性离子 CN^-、S^{2-}、Fe^{2+}、Mn^{2+} 等，还可以氧化处理有机物质及致病微生物等。常用的氧化剂药剂有 Cl_2、O_3、O_2、Cl^- 等。

利用氯气及其化合物净化废水去除氰化物、硫化氢、硫氢化物、甲基硫醇等有毒有害物质是目前普遍使用的氧化还原法。例如处理含 CN^- 废水的方法是将 CN^- 转变成无毒的 CNO^-，再将 CNO^- 水解成 NH_4^+ 和 CO_3^{2-}：

$$CN^- + 2OH^- - 2e \Longrightarrow CNO^- + H_2O$$

$$CNO^- + 2H_2O \Longrightarrow NH_4^+ + CO_3^{2-}$$

还可以将有毒氰化物转变为无毒的络合物或沉淀，然后通过沉降和过滤等方法将它们从废水中除去。

当向含氰废水中通入氯气时，氯气水解生成次氯酸和盐酸：

$$Cl_2 + H_2O \Longrightarrow HOCl + HCl$$

在强酸介质中反应平衡向左移动，水中会有氯分子存在；当 pH 值大于 4 时，水中不会有氯分子存在。用氯气氧化氰化物只能在碱性介质中进行（pH 值不小于 9～10）：

$$CN^- + 2OH^- + Cl_2 \Longrightarrow CNO^- + 2Cl^- + H_2O$$

生成的氰酸根可再氧化到单质氮和二氧化碳：

$$2CNO^- + 4OH^- + 3Cl_2 \Longrightarrow 2CO_2 + 6Cl^- + N_2 + 2H_2O$$

当 pH 值降低时，氰化物可直接进行氯化反应，生成有毒的氯化氰：

$$CN^- + Cl_2 \Longrightarrow CNCl + Cl^-$$

比较可靠和经济的方法是在 pH 值为 10～11 的碱性介质中采用次氯酸盐氧化氰化物。如漂白粉、次氯酸钙和次氯酸钠都可作为含次氯酸根的试剂。在所处理的废液中发生如下反应：

$$CN^- + OCl^- \Longrightarrow CNO^- + Cl^-$$

反应在 1～3min 内完成，生成的氰酸根不断地水解。对于以氯气及其化合物作为氧化剂的废水处理工艺与加入水中的氯化物形态有关。如果是用气态氯处理，则氧化过程是在吸收塔内进行；如果氯化剂是一种溶液，则一般是加到混合器中，然后再送进接触器，在接触器中保证与欲处理的废水有一定的混合效率和接触时间。

当所投加的药剂作为还原剂，将废水中的有毒有害物质还原为无毒或低毒物质的一种处理方法称为药剂还原法，主要是用于处理废水中的 Cr^{6+}、Cd^{2+}、Hg^{2+} 等氧化性重金属离子。常用的还原剂有：气态，SO_2；液态，水合肼；固态，硫酸亚铁、亚硫酸氢钠、硫代硫酸钠及金属铁、锌、铜、锰等。

3.2.2.5 铁氧体法

水中各种离子形成不溶性的铁氧体晶粒而沉淀析出的方法称为铁氧体沉淀法。铁氧体是指一类具有一定晶体结构的复合氧化物，它不溶于酸、碱、盐溶液，也不溶于水。铁氧体的通式为 $(B'_x B''_{1-x})O \cdot (A'_y A''_{1-y})_2 O_3$。但尖晶石型铁氧体最为人们所熟悉，它的化学组成可用通式 $BO \cdot A_2 O_3$ 表示。其中 B 代表二价金属，如 Fe、Mg、Zn、Mn、Co、Ni、Ca、Cu、Hg、Bi、Sn 等；

A 代表三价金属，如 Fe、Al、Cr、Mn、V、Co、Bi 及 Ga、As 等。许多铁氧体中的 A 或 B 可能更复杂一些，由一种以上的金属组成。由于阳离子的种类及数量不同，因而铁氧体有上百种之多。铁氧体有天然矿物和人造产品两大类，磁铁矿（其主要成分为 Fe_3O_4 或 $FeO \cdot Fe_2O_3$）就是一种天然的尖晶石型铁氧体。

铁氧体沉淀法的优点是：一次能脱除废水中的多种金属离子，对铬、铁、砷、铅、锌、镉、汞、铜、锰等金属离子均有效果，设备简单，操作方便，沉淀易于分离，出水水质好。但是，消耗一定数量碱，硫酸亚铁用量较大，加热能耗高，出水中的 SO_4^{2-} 含量高。

3.2.3 物理化学处理法

在工业污水的治理过程中，利用物质由一相转移到另一相的传质过程来分离污水中的溶解性物质，回收其中的有用成分，从而使污水得到治理的方法称为物理化学处理法。尤其当需要从污水中回收某种特定的物质或是当工业污水中含有有毒有害且不易被微生物降解的物质时，采用物理化学处理方法最为适宜。物理化学处理法又简称物化法，常用的物理化学处理法有吸附法、萃取法、电解法和膜分离法。

3.2.3.1 吸附法

吸附法是利用吸附剂对废水中某些溶解性物质及胶体物质的选择性吸附，来进行废水处理的一种方法。吸附分为物理吸附和化学吸附。物理吸附是指吸附剂与被吸附物质之间通过分子之间引力而产生的吸附；化学吸附是指吸附剂与被吸附物质之间发生了化学反应，生成了化学键。在实际的废水处理过程中，物理吸附和化学吸附可能同时发生，但是在某种条件下，可能是某一种吸附形式是主要的，在废水的实际处理过程中，往往是几种吸附形式同时发生作用。吸附剂在达到饱和后必须进行脱附再生，才能重复使用。脱附是吸附的逆过程，即在吸附剂结构不变化或变化极小的情况下，用某种方法将吸附质从吸附剂孔隙中除去，恢复它的吸附能力。这样可以降低处理成本，减少废渣的排放，同时回收吸附质。

物理吸附是通过固体表面粒子（分子、原子、离子）存在剩余的吸引力进行吸附的，是一个放热过程，在低温下就可以进行，没有选择性。

化学吸附是通过吸附剂与吸附质的原子或分子间的电子转移或共用化学键进行吸附的，是一个放热过程，由于化学反应需要大量的活化能，一般需要在较高的温度下吸附，为选择性吸附。

离子交换吸附在吸附的过程中每吸附一个吸附质离子，同时也要释放出一个等当量的离子。离子的电荷交换是交换吸附的决定性因素，离子带电越多，它在吸附剂表面的反电荷点上的吸附力也就越强。

一定的吸附剂所吸附某种物质的数量与该物质的性质、浓度及体系温度有关，表明被吸附物质的量与该物质浓度之间的关系式称为吸附等温式，常用的公式有弗劳德利希吸附等温式、朗格缪尔吸附等温式。

根据吸附剂种类的不同，吸附法分为活性炭吸附法、离子交换树脂吸附法、斜发沸石吸附法、麦饭石吸附法等。下面介绍前两种方法。

A 活性炭吸附法

在实际的废水处理过程中，活性炭一般制成粉末状或颗粒状。粉末状活性炭吸附能力强，价格便宜，但其缺点是再生困难，不能重复使用；颗粒状活性炭操作管理方便，并且可以再生并重复使用。在水处理过程中较多采用颗粒状活性炭。

活性炭法对废水进行处理的基本原理主要包括吸附作用和还原作用。

（1）吸附作用。活性炭是含碳量多、分子量大的有机物分子凝聚体，属于苯的各种衍生物。在 pH 值为 3~4 时，微晶分子结构的电子云由氧向苯环核心中的碳原子方向偏移，使得羟基上的氢具有一定的正电性质，能吸附 $Cr_2O_7^{2-}$ 等带负电荷的离子，形成一个相对稳定的结构，即：

$$RC{-}OH + Cr_2O_7^{2-} \longrightarrow RC{-}O{\cdots}H^+{\cdots}Cr_2O_7^{2-}$$

pH 值升高，体系 OH^- 浓度增大，活性炭的含氧基团吸附 OH^-，形成稳定结构：

$$RC{-}OH + OH^- \longrightarrow RC{-}O{\cdots}H^+{\cdots}OH^-$$

当 pH 值大于 6.0 时，活性炭表面的吸附位置被 OH^- 占据，对 Cr^{6+} 的吸附能力明显下降。因此，根据这个原理可以用碱对已达到饱和吸附的活性炭进行再生处理。

（2）还原作用。对于某些被吸附的物质来说，活性炭同时具有吸附剂和氧化剂的作用。例如，在酸性条件下（pH 值小于 3.0），活性炭可以将吸附在其表面上的 Cr^{6+} 还原为 Cr^{3+}，其反应方程式为：

$$3C + 4CrO_4^{2-} + 20H^+ {=\!=\!=} 3CO_2 + 4Cr^{3+} + 10H_2O$$

还有一种观点认为，由于对水溶液中的氧、氢离子、某种阴离子的吸附，首先在活性炭的表面生成过氧化氢，在酸性条件下，H_2O_2 能将 Cr^{6+} 还原为 Cr^{3+}，反应方程式为：

$$CO_2 + 2H^+ + 2A^- \longrightarrow C + 2Aad^- + H_2O_2 + 2P^+$$

$$3H_2O_2 + 2CrO_4^{2-} + 10H^+ \longrightarrow 2Cr^{3+} + 3O_2 + 8H_2O$$

式中　C——活性炭中的碳原子；

　　A^-——阴离子；

　　Aad^-——吸附在活性炭中的阴离子；

　　P^+——活性炭上一个带正电荷的空穴。

反应中产生的大部分的氧被活性炭重新吸收，使反应重复进行。在实际生产过程中发现，在较低的 pH 值条件下，活性炭以还原作用为主，并且溶液中 H^+ 浓度越高，活性炭的还原能力越强。因此利用这个原理，当活性炭对铬的吸附达到饱和后，向吸附装置中通入酸液，使被吸附的 Cr^{6+} 还原为 Cr^{3+}，并以 Cr^{3+} 形式解吸下来，这样在进行废水处理的同时起到了活性炭再生的作用。

活性炭在使用一段时间后趋于饱和并逐渐丧失吸附能力，这时应该进行活性炭的再生。再生是在吸附剂本身的结构基本上不发生变化的情况下，用某种方法将被吸附的物质从吸附剂的微孔中除去，从而恢复活性炭的吸附能力。活性炭的再生方法主要有：

（1）加热再生法。在高温的条件下，使吸附质分子的能量升高，易于从活性炭脱离；而对于有机物吸附质，高温条件使其氧化分解成气态逸出或断裂成较低的分子。

（2）化学再生法。通过化学反应的方法使吸附质转变成易溶于水的物质而被解吸下来。例如，吸附了苯酚的活性炭，用氢氧化钠溶液浸泡后，形成酚钠盐而解吸下来。

（3）湿法氧化法。这是一种特殊的化学再生法，主要用于粉末状活性炭的再生。该方法是用高压泵将已经饱和的粉末状活性炭送入换热器，经过加热器到达反应器，在反应器中，被吸附的有机物质在高温高压的条件下，被氧气氧化分解，活性炭得到再生。

B　离子交换吸附

离子交换法是利用离子交换剂来分离废水中有害物质的方法，这是一种特殊的物理化学方法——在固体物质上吸附离子并进行离子交换，它可改变所处理液体的离子成分，而不改变交换前后废水中离子的总电荷数。目前离子交换法已成为实验室研究工作和化工过程中的一个重要的分离手段，但其最广泛应用的还是在水处理方面，它能有效去除废水中重金属离子（如 Cu、Ni、Zn、Hg、Ag、Au 等）和磷酸、硝酸、有机物和放射性物质等。

离子交换法的优点很多，诸如去除率高、可以浓缩回收有用物质、设备简单、操作控制容易等；但是在目前的技术发展水平下，离子交换法的应用还受到一定的限制，主要是由于交换剂品种、性能、成本等因素，并且对预处理的要求较高。离子交换剂的再生和再生液的处理也是一个难题。

离子交换剂是一种带有可交换离子（阳离子或阴离子）的不溶性固体物，由固体母体和交换基团两部分组成，交换基团内含有可游离交换的离子。离子交换反应就是这种可游离交换的离子与水中同性离子间的交换过程，它也是一种特殊的化学吸附过程，离子交换过程如图3-8所示。

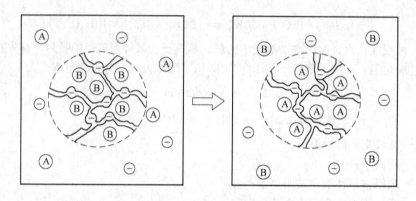

图 3-8　离子交换示意图

以阳离子交换为例，若以 $R^- B^+$ 代表阳离子交换树脂，R^- 表示带有固定离子树脂骨架，B^+ 为活动离子，电解质溶液中的阳离子以 A_n^+ 表示，则离子交换反应为：

$$nR^- B^+ + A_n^+ =\!=\!= R_n^- A_n^+ + nB^+$$

离子交换过程是可逆的，其逆反应也称"再生"，因此交换剂经再生后可反复使用。

离子交换过程通常分为五个阶段：

（1）待交换离子从溶液扩散通过颗粒表面外层的液膜——膜扩散；

（2）进入颗粒，在颗粒内部孔隙内进行扩散——粒扩散；

（3）达到交换位置后进行交换——交换反应；

（4）交换下来的离子经过微孔扩散到达交换剂颗粒外表面——粒扩散；

（5）从交换剂表面穿过液膜而扩散进入溶液中——膜扩散。

上述过程中，交换速度是很快的，因此整个过程的速率主要决定于扩散速率。对强酸、强碱性树脂而言，一般情况下粒扩散速度较大，所以在稀的电解质溶液中，起决定作用的常常是膜扩散的速率，当浓度逐渐增大时，膜扩散和粒扩散将同时产生影响，当浓度很高时，粒扩散起决定性的作用。

离子交换剂是一种具有多孔性海绵状结构的物质，它带有电荷，并与反离子相吸引，离子交换的反离子与溶液中符号相同的反离子在两相之间进行再分配，这就是离子交换动力学的一种扩散过程。但是离子交换剂又具有选择性，它对某些离子具有更高的亲和性，所以离子交换过程又与一般的扩散过程有所不同。

　　离子交换的机理与吸附有相似之处，即交换剂和吸附剂都能从溶液中吸取其溶质，但也有不同之处，离子交换是一个化学计量过程，交换剂能从溶液中与一定量的符号相同的反离子进行交换，从而取代出原存于交换剂的一定量的反离子，吸附则不是一个化学计量过程。

　　离子交换剂的种类很多，20世纪初，天然和合成的沸石即开始应用于水的软化。20世纪30年代出现了由煤经磺化而成的磺化煤。1945年英国人Adams和Holmas首先合成了离子交换树脂，由于其具有稳定性高、交换容量大的特点而得到广泛的应用。离子交换树脂在冶金废水的处理方面已经有较多的应用，表3-10列出了一些应用方法。

表3-10　离子交换树脂在处理冶金废水方面的应用

废水种类	有害离子或化合物	离子交换树脂类型	废水用途	再生剂	再生液出路
电镀（铬）废水	CrO_4^{2-}	大孔型阴离子交换树脂	循环使用	食盐或烧碱	用氢型阳离子树脂除钠后回用
电镀废水	Cr^{6+}、Cu^{2+}		循环使用	18%、20%硫酸	蒸发浓缩后回用
含汞废水	Hg^{2+}	氢型强碱性大孔阴离子树脂	中和后排放	盐酸	回收汞
放射性废水	各种放射性离子	强酸性阳离子和强碱性阴离子树脂	排放	硫酸、盐酸和烧碱	进一步处理

　　人工合成的离子交换树脂由树脂本体（又称母体）和活性基团两个部分组成。树脂母体通常是由具有线型结构的高分子有机化合物——聚苯乙烯和一定数量的二乙烯苯所组成的。二乙烯苯也称交联剂，它的作用是使线状聚合物之间相互交联，成立体网状结构。

　　活性基团由固定离子和活动离子组成，固定离子固定在树脂的网状骨架上，活动离子（又称交换离子）则依靠静电引力与固定离子结合在一起，两者电性相反，电荷数相等。

　　a　离子交换树脂类型

　　离子交换树脂种类很多，按其性能和孔结构的不同可有以下三种分类方法：按性能可分为阴离子树脂和阳离子树脂；按树脂官能团的离解程度可分为强酸性、弱酸性、强碱性和弱碱性树脂；按孔结构可分为大孔型和凝胶型树脂。

　　离子交换树脂的基本性能有以下三种：

　　（1）全交换容量。这是指树脂内全部可交换的活性基团的数量；

　　（2）平衡交换容量。这是指在一定外界溶液条件下，达到平衡状态时，交换树脂所能交换的离子数量；

　　（3）工作交换容量。这是指树脂在交换柱内进行交换工作过程中，当出水中开始出现需要脱除的离子时，所能达到的实际交换容量。

　　上述三种基本性能中，全交换容量最大，平衡交换工作容量次之，工作交换容量最小。离子交换容量通常以单位湿树脂体积所具有的交换离子数量表示，也可用单位干树脂重量所具有的交换离子数量表示。

　　b　离子交换的工艺和设备

　　离子交换的操作方式有：

　　（1）间歇式把交换剂与被处理溶液混合加以适当搅拌，使之达到交换平衡。设备简单，操作要求不严，常用于实验室及小批量废水处理中。

（2）连续式固定床交换剂置于交换柱内不动，被处理液不断流过，此法设备简单，操作方便，适用范围广，是最常用的一种方式。缺点是交换剂利用率低，再生费用大，阻力损失大。

（3）连续式移动床离子交换把树脂输送在不同装置中分别完成交换、再生、清洗等过程。优点是提高了树脂利用率，降低了树脂投资，减少了再生剂消耗。缺点是设备多，投资大，管理复杂。

（4）连续式流动床离子交换树脂和被处理的溶液、再生剂、洗水都处于流动状态。树脂呈"沸腾状"，在不同部位连续进行交换、再生及清洗作用。该法的优点是效率高，装置小，树脂利用率高，投资少，再生剂用量少，易管理。缺点是设计及操作条件要求高，树脂磨耗量大。

3.2.3.2　萃取法

在废水处理中，采用液液萃取是一项重要的单元操作。此法用与水不互溶，但能良好溶解污染物的萃取剂，使其与废水充分混合接触后，利用污染物在水和溶剂中的溶解度或分配比的不同，来达到分离、提取污染物和净化废水的目的。采用的溶剂称为萃取剂，被萃取的污染物称为溶质；萃取后的萃取剂称为萃取液（萃取相），残液为萃余液（萃余相）。

分配系数（或称分配比）D就是溶质在有机相中的总浓度y与在水相中总浓度x的比值，即$D = y/x$。可见，D值越大，即表示被萃取组分在有机相中的浓度越大，也就是它越容易被萃取。

萃取法处理废水适用的情况：

（1）能形成共沸点的恒沸混合物，而不能用蒸馏、蒸发的方法分离的废水。

（2）对热敏感的物质，在蒸发和蒸馏的高温条件下，易发生化学变化或易燃易爆的物质。

（3）对沸点非常接近的、难以用蒸馏方法分离的废水。

（4）对挥发度差的物质，用蒸发法需消耗大量热能或需用高真空蒸馏的废水，例如含醋酸、苯甲酸和多元酚的废水。

（5）对某些成本高、处理复杂的化学方法。例如，对含铀和钒的洗矿水和含铜冶炼废水，可采用有机溶剂萃取、分离和回收。

A　萃取剂的选择

选择萃取剂主要考虑以下几个方面：萃取能力要大，即分配系数越大越好。萃取法的实质是利用溶质在水中和有机溶剂中的溶解度有着明显的不同来进行组分分离。只有溶质在溶剂中的溶解度远大于其在水中的溶解度时，溶质才能从水中转入到溶剂中去。另外也要满足萃取容量大、选择性强、在水溶液中的溶解度小、黏度与密度和水的差别要大、使用运输要安全、化学稳定性强、毒性小、来源方便、价格低廉等要求。

萃取也是一种可逆过程。溶解在有机溶剂中的溶质，在一定的条件下（如蒸馏、蒸发、投加某种盐类能使溶质不溶于萃取剂中），来转移到另一种介质或溶剂中，回收溶剂或去除污染物以实现反萃取。萃取和反萃取的效果主要决定于过程中的各项条件（如废水的pH值、溶质浓度、萃取剂与反萃取剂的浓度、温度和其他操作参数）。

萃取工艺流程包括以下三个主要工序：混合—分离—回收。

根据萃取剂（或称有机相）与废水（或称水相）接触方式的不同，萃取作业可分为间歇式和连续式两种，根据二者接触次数（或接触情况）的不同，萃取流程可分为单级萃取和多级萃取两种，后者又分为混流式和逆流式两种。萃取操作按两相接触方式，则可分为分段接触式和连续接触式。

图 3-9 所示为单级萃取流程，这种方式主要用于实验室或生产规模不大的萃取过程。

　B　萃取装置

萃取设备同时具有使两相充分混合接触和充分分离的功能。萃取设备的发展很快，新型高效的萃取器不断地出现和被推广使用。萃取设备可分为箱式、塔式和离心机式等。图 3-10 所示为箱式（混合澄清槽），混合澄清槽是由混合器及澄清器两部分组成的，混合器内装有搅拌器。原料液及溶剂同时加入混合器内，经搅拌后流入澄清器，进行沉降，即重相沉至底部形成重相层，而轻相浮入器上部，形成轻相层。轻相层及重相层分别由其排出口引出，若为了进一步提高分离程度，可将多个混合澄清器按错流或逆流的流程组合成多级萃取设备，所需级数多少随工艺的分离要求而定。

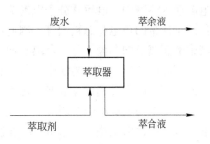

图 3-9　单级萃取过程示意图

图 3-11 所示为填料萃取塔，塔内充填适宜的填料，塔两端装有两相进出口管。重相由上部进入，从下端排出，而轻相由下端进入，从顶部排出。连续相充满整个塔，分散相由分布器分散成液滴进入填料层，在与连续相逆流接触中进行萃取。在塔内，流经填料表面的分散相液滴不断地破裂与再生。当离开填料时，分散相液滴又重新混合，促使表面不断更新。

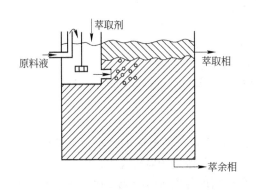

图 3-10　混合澄清槽示意图

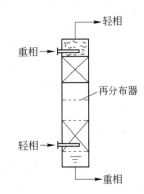

图 3-11　填料萃取塔

3.2.3.3　电解法

电解是利用直流电进行溶液氧化还原的过程。污水中的污染物在阳极被氧化，在阴极被还原，或者与电极的反应产物相作用，转化为无害成分被分离除去，或形成沉淀析出或生成气体逸出，电解能够一次去除多种污染物，如氰化镀铜污水经过电解处理时，CN^- 在阳极被氧化的同时，Cu^{2+} 在阴极被还原沉淀。

若以铝或铁金属为阳极，通电后的电化学腐蚀作用，可使铝或铁以离子的形式溶解于水中，经过水解生成的氢氧化铝或氢氧化铁，可对废水中的胶体和悬浮物质起到吸附和凝聚的作用。而且在电解的过程中，在阴阳两极产生的氢气和氧气，都以微小的气泡逸出，在上升的过程中黏附在水中的微粒杂质或油类于表面，从而将其带到水面，起到电解气浮的作用。

电解装置紧凑，占地面积小，节省投资，容易形成自动化。药剂用量少，废液量少。通过调节槽电压和电流，可以适应较大幅度的水量和水质的变化冲击。但电耗和可溶性的阳极材料消耗较大，副反应较多，电极易钝化。

　A　电解法处理废水的基本原理

电解法处理冶金废水时，极板被浸在废水中，接通直流电源后，废水中就有电流通过，在电解质水溶液中，电解质分子电解为正离子和负离子，由于溶液中正离子所带的正电荷总数和负离子所带的负电荷总数相等，因此电解质溶液呈电中性。接通电源后，在电场的作用下，溶液中的正离子向阴极迁移，负离子向阳极迁移，产生电流。

当有电流通过时，溶液中的每一种离子都不同程度参加了电迁移过程，每种离子所迁移的电流与离子的运动速度呈正比。在锌、铁、铜、银等金属盐的溶液中，当有一定的电流通过时，溶液中的金属离子在阴极上吸收电子并以原子态金属的形式析出；在碱金属、碱土金属溶液中以及酸性溶液中，大多是 H^+ 在阴极上释放电子而析出氢气；如果阳极为惰性金属（铂等）或非金属石墨等，溶液中的负离子会在阳极上放电，对于硝酸盐、硫酸盐、磷酸盐等溶液，硝酸根离子、硫酸根离子、磷酸根离子等会在阳极上放电而析出氧气；而卤素化合物的溶液中，可能在阳极上析出卤素单质（氟化物除外）；若阳极为一种较活泼的金属（如铁、铜、镍、锌等）时，这些阳极的金属原子会释放电子，以金属离子状态溶解而进入液相中。

例如用电解方法处理含铬废水时，以金属铁作为阳极，在电解过程中铁失去电子以二价铁离子的形式进入液相中，溶液中生成的二价铁离子在酸性条件下，将六价铬离子还原为三价铬离子，同时溶液中的 H^+ 在阴极上获取电子析出氢气，使溶液的 pH 值逐渐上升，溶液由酸性变为近似中性，三价铬形成氢氧化物沉淀而从液相中除去。

阳极反应为：
$$Fe = Fe^{2+} + 2e$$
阴极反应为：
$$2H^+ + 2e = H_2$$
溶液中 Fe^{2+} 还原 Cr^{6+} 为 Cr^{3+}：
$$3Fe^{2+} + Cr^{6+} = Cr^{3+} + 3Fe^{3+}$$
$$Fe^{3+} + 3OH^- = Fe(OH)_3$$
最后将水和沉淀物分离，从而达到了去除水中六价铬的目的。

B　电解法的影响因素

电解法的影响因素有：

（1）电流密度。阳极板电流密度是指单位阳极面积上通过的电流的大小，阳极板所需要的电流密度随着所处理废水的污染物浓度而变化。当污染物浓度相对较大时，应适当提高电流密度；污染物浓度较小时，可适当降低电流密度。电流密度与电解时间成反比关系。当废水中污染物浓度一定时，增加电流密度，则电压相对升高，污水处理速度加快，但同时增加了电能的消耗；而如果采用较小的电流密度，相应减小了电的消耗量，但电解速度减慢。

（2）槽电压。槽电压受所处理废水的电阻率和极板间距离的影响，废水的电阻率一般控制在 $1200\Omega/cm$ 以下，当所处理废水的导电性差时，需要投加一定数量的食盐来改善其导电性能，同时也能相应地减少电能消耗，但多加不但是浪费，而且增加了水中氯离子含量，破坏了水质。电解法处理含铬废水时，食盐的投加量一般控制在 $1 \sim 1.5g/L$；电极间距一般为 $5 \sim 20mm$，多采用 10mm。间距大则所需的电解时间长、耗电量大、电极效率低，而如果间距太小，安装和维修都不方便。

（3）阳极钝化。在用电解法处理废水的过程中常常会发生阳极钝化现象，为减少这一现象的发生，可采用电极换向、降低 pH 值、投加食盐、增加电极间的液体流动速度等一系列措施。电极换向时间一般为 15min，也可以是 $30 \sim 60min$ 换向一次。

（4）废水 pH 值。在电解法处理废水的过程中，废水的 pH 值对阳极电流效率有很大影响。pH 值低则阳极电流效率高，电解时间短，而且铁阳极溶解速度快，电解效率高，同时阳极的钝化程度小；而在碱性条件下铁阳极非常容易钝化，局部阳极表面有时会发生氢氧根离子放电析出氧气的反应，而析出的氧将二价铁离子氧化为三价铁离子，从而使二价铁离子还原六价铬离子的作用减弱。同时二价铁离子还原六价铬离子的反应速度随着反应体系 pH 值的降低而加快。但是并不是溶液的 pH 值越低越好，因为如果 pH 值太低，会使处理后废水中的 Fe^{3+}、Cr^{3+} 不能形成氢氧化物沉淀，从而影响废水处理的效果。

（5）空气搅拌。空气搅拌促进了离子的对流和扩散，降低了极化现象，缩短了电解的时间；同时防止了沉淀物在电解槽中的沉降，起到清洁电极表面的作用。但是要特别注意，电解槽工作时压缩空气的量不宜太大，以不使沉淀物在电解槽内沉淀为准，这是因为如果电解槽内空气量太大，空气中的氧会将 Fe^{2+} 氧化成 Fe^{3+}，影响处理效果。

3.2.3.4 膜分离法

膜分离法是利用特殊的薄膜对液体中的某些成分进行选择性透过的一类方法的总称。溶质透过膜的过程称为渗析，溶剂透过膜的过程称为渗透。膜可以是气相、液相和固相，废水处理中应用最广泛的膜常是固相，常用的膜分离法有反渗透法、电渗析法、超滤法、微孔过滤、隔膜电解法和液膜法等。

A 电渗析

电渗析是在直流电场作用下，以电位差为推动力，利用离子交换膜的选择透过性把电解质从溶液中分离出来的过程。电渗析主要用于海水淡化、制取饮用水和工业纯水，目前也开始在重金属废水、放射性废水处理中得到应用。

电渗析的原理可用图 3-12 来说明。在电渗析槽中交错放置两种类型的交换树脂膜——阳离子膜和阴离子膜。阳离子膜带有固定的负电荷，它只允许阳离子通过而排斥阴离子；阴离子膜带有固定的正电荷，允许阴离子通过而排斥阳离子。在两电极接上直流电源之后，则形成电场，槽内各室中的阴阳离子在电场力的作用下发生定向移动。在一、三两室中，阳离子向左移动，穿过阳离子膜分别进入阴极室和二室。而阴离子向右移动穿过阴离子膜分别进入二室和阳极室内。总的结果则使一、三两室离子浓度大大降低，使其中水得以"淡化"。在二室则相反，阳离子向左移动但受到阴离子膜阻挡而留在室内，阴离子向右移动但受到阳离子膜阻挡也留在室内，同时一、三两室的阴阳离子还要进入二室，总结果便造成了二室的离子的积聚，使水得以"浓缩"，将待处理水不断送入二室（浓室），从一、三两室（淡室）便可排出处理过的废水。电渗析法可有效地浓缩工业废水中的无机酸、碱、金属盐及有机电解质等。即使废水得到净化，又可回收有用物质。与反渗透法相比，它的优点是膜对热和化学作用的稳定性更好，并可得到较高浓度的浓缩比。电渗析法虽可以用来处理各种废水，但其成本高，且只能除去水中盐分，对有机物不能去除，某些高价离子和有机物还会污染膜，因而应用受到一定限

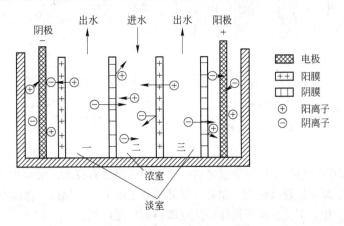

图 3-12 电渗析原理示意图

制。改进制膜技术，降低膜的成本，生产新型的离子交换膜是这一方法的发展方向。

电渗析器有板框型（压滤型）和螺旋卷式两种。目前国内外广泛使用的是板框型，它由交换膜、隔板、电极、极框及压紧装置所组成，两端为电极，中间为阴、阳膜和用隔板间隔交替排列的浓、淡室，电极与膜之间设置极框。

（1）离子交换膜。离子交换膜是一种由高分子材料制成的、具有离子交换基团的薄膜，内有一定数目的孔隙，以供离子通过。离子交换膜可分为阳离子交换膜和阴离子交换膜两种，简称阳膜和阴膜。

阳离子交换膜，常有酸性活性基团（如 $R—SO_3H$），在水中可离解成固定在高分子膜上带负电的阴离子 $R—SO_3^-$ 和可移动阳离子 H^+，膜中固定基团 $R—SO_3^-$ 构成了足够强的负电场，因此能吸引阳离子让其通过而排斥阴离子，阻止其通过。

阴离子交换膜，带有碱性活性基团，如 $R—CH_2N+(CH_3)_2OH$，固定在高分子膜上的是带正电的阳离子 $R—CH_2N+(CH_3)_2$ 和可移动的 OH^-，固定基团构成强烈正电场，故它能吸引阴离子让其通过而排斥阳离子。

可见离子交换膜所发生的作用并不是离子交换，而是离子的选择性透过。因此，离子交换膜应称为离子选择性透过膜更为合适。

（2）隔板和隔网。隔板的用处是使阴、阳膜间保持一定距离，并使布水均匀，上面有配水孔、布水槽、流水道、填充网。网的作用是使液体产生湍流，提高效率。隔板可由聚氯乙烯硬板、聚丙烯、合成橡胶等材料制成，厚度为 0.5～2.5mm。根据隔板在膜堆中使用的情况，又分为浓室隔板和淡室隔板，它们和阴阳离子交换膜交替排列，构成了淡水室和浓水室。

（3）电极。电极的作用是直接连接电源，位于膜堆两侧。它的质量直接影响电渗析效果。常用的有石墨电极、铅板电极、钛涂钌电极、不锈钢电极（只能做阴极）等，国外还有钛镀铂或钽涂铂电极。

（4）电极框。电极框用以保持电极与膜堆间的距离，是集水的通道，它必须保持电极室内水流均匀流畅，及时排除电极反应产生的气体及沉淀，以防止电极和膜的腐蚀。

板框型电渗析器的组装形式如图3-13所示。

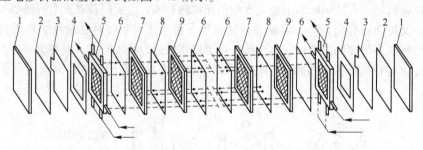

图 3-13　电渗析器的基本组装形式

1—压紧板；2—垫板；3—电极；4—垫圈；5—导水、集水板；
6—阳膜；7—淡水隔板框；8—阴膜；9—浓水隔板框

B　反渗透

反渗透法是 20 世纪 60 年代发展起来的一项新型隔膜分离技术，最早用于海水淡化，以后发展到软水制备、废水处理及化工、制药、食品工业上的分离、提纯、浓缩技术。因其具有设备简单、能耗低、相态不变、易于操作等优点而得到广泛应用。

反渗透是自然渗透的逆过程，它的原理，如图3-14所示。若将两种不同浓度的溶液用一种只能透过水而不能透过溶质的半透膜隔开,淡水则会自然地从低浓度溶液一侧透过膜渗透到高浓度溶液的一侧,这一现象叫渗透,渗透达到平衡时的平衡压力称渗透压。

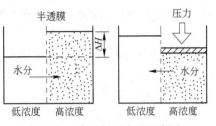

图 3-14 渗透与反渗透示意图
ΔH—渗透压

若在高浓度一侧加上一大于渗透压的压力,其中的水分则会透过半透膜反向渗透,这一过程叫反渗透。反渗透是在膜两侧的液体对膜的压力不等,当压力超过渗透压时,压力大的一侧的水就会流向压力小的一侧,直到压力平衡。实现反渗透的必备条件:一是必须具有高度选择性和高透水性的半透膜;二是操作压力必须高于溶液的渗透压。

反渗透膜是一种半透膜,所谓半透膜是指只能通过溶液中某种组分的膜,水处理中所用的半透膜要求只能通过水分子,但也可能有少量的其他离子或小分子通过。半透膜的厚度一般小于 $0.1\mu m$,分平膜和中空纤维膜两种。中空膜的外径为 $45\mu m$,内径为 $25\mu m$,单位体积中空纤维膜所提供的过滤面积比平膜要大 $15\sim50$ 倍,但其透水通量要比平膜低。良好的反渗透膜是实现反渗透技术的关键。好的反渗透膜必须有多种性能:选择性好,单位面积的透水量大,脱盐率高;机械强度好(抗压、抗拉);耐磨、热稳定性和化学稳定性好,耐酸、碱的腐蚀和微生物的侵蚀,耐辐射和氧化;结构均匀一致,尽可能地薄;寿命长,成本低。但是,要制备具有上述多种性能的膜目前还做不到。当前最广泛使用的是醋酸纤维素膜(CA 膜),它对水有较大渗透性,而对大多数水溶性化合物渗透性低,且易于制造。

常用的反渗透装置有四种形式:板式、管式、卷式和空心纤维式,以下就两种形式作以介绍。对反渗透装置的要求是:单位容积中具有的膜面积大,耐高压性能好,便于装卸和清洗膜面上的黏着物,进水流速稳定,浓差极化小。

(1)板式反渗透器。板式反渗透器类似于板框压滤机,其结构如图 3-15 所示,它是由几块或几十块圆形承压板(用不锈钢或环氧玻璃钢制成)组成,承压板外环有密封圈支撑,使内部组成压力容器,两板之间是多孔性材料用以支撑膜并引出分离出的水,每块板面都装有反渗透平膜。高压废水以湍流状态通过反渗透膜表面,分离出的水由承压板中流出。这类装置结构简单、体积小但装卸复杂,单位体积膜表面积小。

(2)管式反渗透器。管式反渗透器类似排管式热交换器,由若干直径 $10\sim20mm$、长 $1\sim3m$ 反渗透管状膜装入多孔高压管内,膜与高压管之间衬以尼龙布或其他纤维网,组成管状膜单元,然后将多根管状膜单元装入高压容器内成为内压管式。管式反渗装置还有套管式,其结构如图 3-16

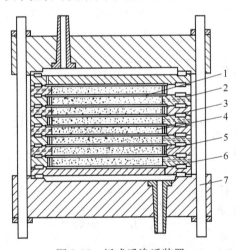

图 3-15 板式反渗透装置
1—膜;2—水引出孔;3—橡胶密封圈;4—多孔性板;
5—处理水通道;6—膜间流水道;7—双头螺栓

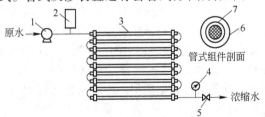

图 3-16 管式反渗透装置
1—高压水泵;2—缓冲器;3—管式组件;4—压力表;
5—阀门;6—玻璃钢管;7—膜

所示。管式反渗透装置的特点是水力条件好,安装、清洗、换膜维修方便,但膜的有效面积小。

　　C　超滤

　　超滤是利用孔径为2～20nm的半透膜,让流体以一定压力和流速通过膜的表面将流体中的高分子和低分子分开。超滤法与反渗透法相似,也是以压力差为推动力的液相膜分离过程。但是两者的作用实质并不完全相同。超滤的机理目前尚不完善,一般认为,超滤是一种筛孔分离过程。超滤膜具有选择性表面层的主要因素是它具有一定大小的孔隙,比孔隙小的分子和粒子可以在压力差的作用下,从高压侧透过膜到低压侧,而大粒子则被膜所阻挡,从而达到选择性分离的目的。

　　超滤膜是超滤工艺的关键,要求它有较好的分离性能,透水率高,化学稳定性好,强度高。大多数超滤膜都是聚合物或共聚物的合成膜,如醋酸纤维素和芳香聚酰胺等,在膜材料的选择和制备上和反渗透膜有许多类似的地方。所以有人认为超滤膜就是具有较大平均孔径的反渗透膜。

　　超滤法所截留的污染物粒子比反渗透法所截留的粒子要大得多,前者为2～10000μm,而后者为0.44～600μm。超滤法也要加压,以使废水能克服滤膜的阻力而透过滤膜,但这个压力比反渗透法要小,一般为101.3～709.3kPa。

　　超滤设备同反渗透相似,主要有板框式、管式、螺旋卷式和中空纤维式。超滤在工业污水处理方面的应用很广,如用电泳涂漆污水、含油污水、纸浆污水、颜料和颜色污水、放射性污水等的处理及食品工业污水中蛋白质、淀粉的回收,国外早已大规模地运用于生产中。

3.2.4　生物化学处理法

　　生物化学处理法是利用自然界中存在的微生物,利用微生物的代谢作用,将污水中有机杂质氧化分解,并将其转化为无机物的方法,要采取一定的人工设施,创造出适合微生物生长繁殖的环境,加速微生物及其新陈代谢的生理功能,从而使有机物得以降解、去除。

　　在好氧条件下,有机污染物质最终被分解成CO_2、H_2O和各种无机酸盐;在厌氧条件下污染物质最终形成CH_4、CO_2、H_2S、N_2H_2、H_2O以及有机酸和醇等。生物化学处理法根据微生物的生长环境可分为好氧生物处理和厌氧生物处理,根据微生物的生长方式可分为活性污泥法和生物膜法。生物化学处理法具有费用低、便于管理等优点,是目前处理有机污染废水的主要处理方法。

3.2.4.1　活性污泥法

　　活性污泥法是以活性污泥为主体的污水好氧生物处理技术。向生活污水注入空气进行曝气,每天保留沉淀物,更换新鲜污水。这样,持续一段时间后,在污水中即将形成一种呈黄褐色的絮凝体。这种絮凝体主要是由大量繁殖的微生物群体所构成,它易于沉淀与水分离,并使污水得到净化、澄清。这种絮凝体就被称为"活性污泥"。活性污泥法处理系统实质上是水体自净的人工强化模拟。传统活性污泥法处理流程见图3-17。

　　活性污泥是活性污泥处理系统中的主体作用物质。活性污泥上栖息着具有强大生命力的微生物群体,活性污泥微生物群体的新陈代谢作用将有机污染物转化

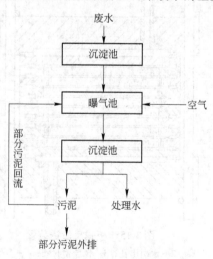

图3-17　活性污泥法处理流程

为稳定的无机物质，故此称之为"活性污泥"。正常的处理城市污水的活性污泥是在外观上呈黄褐色的絮凝颗粒状，又称之为"生物絮凝体"，其颗粒尺寸取决于微生物的组成、数量、污染物质的特征以及某些外部环境因素，如曝气池内的水温及水动力条件等，一般介于 $0.02 \sim 0.2$ mm 之间。活性污泥的表面积较大，1mL 活性污泥的表面积大体上介于 $20 \sim 100$ cm^2 之间。活性污泥含水率很高，一般都在 99% 以上。其相对密度则因含水率不同而异，介于 $1.002 \sim 1.006$ 之间。

活性污泥反应进行的结果是污水中的有机污染物得到降解、去除，污水得以净化，由于微生物的繁衍增殖，活性污泥本身也得到增长。

3.2.4.2 生物膜法

与活性污泥法并列的污水好氧生物处理技术是生物膜处理法。这种处理法的实质是使细菌和真菌一类的微生物和原生动物、后生动物一类的微型动物附着在滤料或某些载体上生长繁育，并在其上形成膜状生物污泥——生物膜。生物膜上的微生物以污水中的有机污染物作为营养物质，微生物自身繁衍增殖的同时，污水得到净化。

3.2.5 废水的水质水量调节

无论是工业废水还是城市污水或生活污水，水量和水质在 24h 之内都有波动。一般说来，工业废水的波动比城市污水大中小型工厂的波动就更大，甚至在一日内或班产之间都可能有很大的变化。这种变化对污水处理设备，特别是生物设备正常发挥其净化功能是不利的，甚至还可能遭到破坏。同样对于物化处理设备，水量和水质的波动越大，过程参数难以控制，处理效果越不稳定；反之，波动越小，效果就越稳定。在这种情况下，应在废水处理系统前，设置均化调节池，用以进行水量和水质均化以保证废水处理的正常进行，此外，酸性废水和碱性废水可以在调节池内中和；短期排出的高温废水也可通过调节平衡水温。另外，调节池设置是否合理，对后续处理设施的处理能力、基建投资、运转费用等都有较大的影响。

废水处理设施中调节作用的目的是：

(1) 提高对有机物负荷的缓冲能力，防止生物处理系统负荷发生急剧变化；

(2) 控制 pH 值，以减小中和作用中化学品的用量；

(3) 减小对物理化学处理系统的流量波动，使化学品添加速率和加料设备的定额减小；

(4) 当工厂停产时，仍能对生物处理系统继续输入废水；

(5) 控制向市政系统的废水排放，以缓解废水负荷的变化；

(6) 防止高浓度有毒物质进入生物处理系统。

均化是用以尽量减小污水处理厂进水水量和水质波动的过程。其构筑物为均化池，也称调节池。调节池的形式和容量的大小，随废水排放的类型、特征和后续污水处理系统对调节、均和要求的不同而异。主要起均化水量作用的均化池，称为水量均化池，简称均量池；主要起均化水质作用的均化池，称为水质均化池，简称均质池。

常用的均量池实际是一座变水位的贮水池，来水为重力流，出水用泵抽。池中最高水位不高于来水管的设计水位，水深一般 2m 左右，最低水位为死水位。最高水位和最低水位之间的容积即为均量池调节容积。

在一个池中同时进行均质和均量作用，就成为均化池，在池中设置搅拌装置，依靠重力流入，出水由水泵提升，可以同时具有均质和均量的双重作用。均化池采用两组以上，交替使用，每个池子按 $1 \sim 2$ 个周期设计。

此外，事故池是为防止水质出现恶性事故破坏污水处理设施的正常运行而设置的专为储存事故出水的均化池。这种池子进水必须自动，平时必须放空，而且容积要足够，利用率极低。

3.3　钢铁企业废水处理

钢铁工业生产过程包括采选、烧结、炼铁、炼钢（连铸）、轧钢等工艺。钢铁冶金废水通常按下述方法分为三类：

第一类，按所含的主要污染物性质通常可以分为含有机污染物为主的有机废水和含无机污染物（主要为悬浮物）为主的无机废水以及仅受热污染的冷却水。例如，焦化厂的含酚氰污水是有机废水，炼钢厂的转炉烟气除尘污水是无机废水。

第二类，按所含污染物的主要成分分类有：含酚氰污水、含油废水、含铬废水、酸性废水、碱性废水和含氟废水等。

第三类，按生产和加工对象分类有：烧结厂废水、焦化厂废水、炼铁厂废水、炼钢厂废水和轧钢厂废水等。

炼铁厂在钢铁联合企业中是用水量比较多的部门，按产品计，每生产 1t 的生铁要用水 100 ~ 300t，主要是高炉冷却水。由于高炉炉体温度很高，为了延长高炉寿命，防止内衬和炉壳被烧坏，采用水冷却或汽化冷却。热风炉、鼓风机等温度很高，也需水冷却。这些水都是间接冷却水，用后的废水经过冷却后可循环使用。此外，还有原料运输用水，破碎、除尘用水和高炉煤气洗涤用水等。高炉煤气洗涤水、高炉炉渣粒化废水和铸铁机废水都含有污染物质。高炉煤气洗涤废水是在对高炉煤气冷却洗涤时产生的，是炼铁厂产生废水的主要污染源。直接冷却水含有大量的悬浮物以及酚、氰、硫酸盐等，经处理后可循环使用。间接冷却水在冷却后可循环使用，也可以与其他设备串级使用。

3.3.1　焦化废水处理

3.3.1.1　焦化废水的分类及来源

焦化废水主要分为两类：一类是来自化工产品的回收、焦油等车间，主要是蒸馏氨水、煤气水封溢流水和冷凝水、冲洗设备和地面用水以及焦油车间排水等，就是通常所说的含酚废水。这部分水中含有大量的酚和悬浮物、氨及其化合物、氰化物、硫氰化物、油类等多种有毒物质，必须经过处置方可外排。另外就是熄焦污水，主要含有大量的悬浮物，经沉淀处理后可循环使用，也可用于地面抑尘。

据统计，焦化厂排出的含酚废水总量每吨干煤约为 0.28 ~ 0.3t。以生产 1t 焦炭计算，约产生 0.25 ~ 0.30t 的含酚废水。焦化厂的含酚废水中，含有各种有机物和无机物，多达 70 多种有害物质，对人、水源、鱼类、水生物和农作物都有害，不能直接外排，必须经过治理后才能排放。

焦化废水来源与钢铁工业中的其他行业不同，主要有三个方面：首先是装入炼焦炉煤的水分。炼焦煤中的水分是煤在高温干馏过程中，随着煤气逸出、冷凝形成的。煤气中有成千上万种有机物，凡能溶于水或微溶于水的物质均在冷凝液中形成极其复杂的剩余氨水，这是焦化废水中最大的一股废水。其次是煤气净化过程中，如脱硫、除氨和提取精苯、提取萘和粗吡啶等过程中形成的废水。再次是焦油加工和粗苯精制中产生的废水，这股废水数量不大，但成分复杂。

3.3.1.2　焦化废水的处理方法

焦化废水含有高浓度的酚和其他污染物，因为酚是一种重要的化工原料，因此必须在进行必要的预处理后，进行酚的回收。回收酚以后的污水要进行二级处理，以达到达标排放的目的。然后视具体情况进行深度处理，以提高出水水质。

焦化污水的预处理的目的是去除水中的苯、焦油等生化处理有害的物质，通常包括水的均和、吹脱（以除去氮）、除油。

除油主要采用重力沉降法和过滤法。重力沉降法多采用各种类型的沉淀池，密度低于水的清油浮在水面，而密度较大的焦油沉于池底。一般重力沉降法的效率可达到70%，而对于污水中粒径较小的焦油，一般可采用过滤法进行处理，滤料可使用重焦油、炉渣、铁屑、焦炭等。

高浓度含酚废水中酚的回收目前较常用的方法是溶剂萃取法和汽提法。萃取法脱酚的主要优点是处理量大、脱酚效率高，目前得到了广泛的应用。在萃取法中，萃取剂的选择是一个关键因素，进行广泛研究和实际应用的萃取剂包括苯、清油、醋酸丁酯、异丙醚、磷酸三甲酚、苯乙酮等。蒸汽脱酚法适用于挥发酚含量较高的污水（一般在1000mg/L以上），主要优点是处理量大、回收酚的质量好，但是回收效果较差。蒸汽脱酚法是利用水酚间的沸点差加热，将污水中的挥发酚蒸发到蒸汽中，然后用氢氧化钠溶液与蒸汽中的酚作用生成酚钠而进入液相。

一般高浓度含酚污水经过脱酚处理后，仍需要进行二级生化处理。焦化污水的二级处理主要采用活性污泥法，水中酚、氰、油、BOD均能得到有效的控制，但COD仍然较高，一般在 $300 \sim 700$ mg/L，远远不能满足排放要求，是目前冶金工业污水处理中的一个难题。主要原因是焦化污水中存在大量的苯、甲苯、二甲苯、二联苯、吡啶和甲基吡啶、联苯、烷基吡啶等，这些有机物难以生物降解。某些有毒物质浓度较高时会抑制生化处理过程中的微生物的生长。此外，焦化污水中的 NH_3—N 也比较难以去除，比较经济的去除污水中 NH_3—N 的方法是生物脱氮法，目前尚处于试验研究阶段。

3.3.1.3　焦化酚氰污水的处理和利用

焦化酚氰污水的处理技术有：

（1）活性污泥法。我国自1960年陆续建起了一批以活性污泥法处理焦化废水的工程，由于焦化废水成分复杂，含有多种难以生物降解的物质，因此，在已建的活性污泥法处理工程中，大多数采用鼓风曝气的生物吸附曝气池，少数采用机械加速曝气池。近几年来，有的新建或改建成了二段延时曝气处理设施。由于活性污泥法的处理工艺有多种组合形式且所采用的预处理方法也有较大差异，因而其处理流程和设计、运行参数也不尽相同。一般情况下，活性污泥法处理焦化含酚废水的流程是：废水先经预处理——除油、调匀、降温后，进入曝气池，曝气后进入二次沉淀池进行固液分离，处理后废水含酚质量浓度可降至0.5mg/L左右，废水送回循环利用或用于熄焦，活性污泥部分返回曝气池，剩余部分污泥进行浓缩脱水处理。活性污泥处理的关键是保证微生物正常生长繁殖，为此须具备以下条件：一是要供给微生物各种必要的营养源，如碳、氮、磷等，若以 BOD_5 代表含碳量，一般应保持 BOD_5：N：P = 100：5：1（质量比），焦化废水中往往含磷量不足，一般仅 $0.6 \sim 1.6$ mg/L，故需向水中投加适量的磷；二是要有足够的氧气；三是要控制某些条件，如 pH 值以 $6.5 \sim 9.5$、水温以 $10 \sim 25$℃为宜。另外，应将重金属离子和其他破坏生物过程的有害物质严格控制在规定的范围之内，以保证微生物生长的有利环境。

（2）生物铁法。生物铁法是在曝气池中投加铁盐，以提高曝气池活性污泥浓度，充分发挥生物氧化和生物絮凝作用的强化生物处理方法。生物铁法已被国内普遍用于焦化废水的处理。

由于铁离子不仅是微生物生长必需的微量元素，而且对生物的黏液分泌也有刺激作用。铁盐在水中生成氢氧化物与活性污泥形成絮凝物共同作用，使吸附和絮凝作用更有效地进行，从而有利于有机物富集在菌胶团的周围，加速生物降解作用。该法大大提高了污泥浓度，其质量浓度由传统活性污泥法的 2~4g/L 提高到 9~10g/L，降解酚氰化物的能力也大大加强。当氰化物的质量浓度在高达 40mg/L 条件下，仍可取得良好的处理效果，对 COD 的降解效果也较传统方法好。该法处理费用较低，与传统法相比，只是增加一些处理药剂费。

生物铁法工艺包括三个部分：废水的预处理、废水的生化处理和废水的物化处理。废水预处理包括重力除油、均调、气浮除油。此工序的目的在于通过物理方法去除废水中的焦炭微粒、煤尘、焦油和其他油类。这些被除去的污染物对活性污泥中的微生物有抑制和毒害作用。

废水的生化处理过程包括一段曝气、一段沉淀、二段曝气、二段沉淀。这是生物铁法的核心工序。由鼓风机供给曝气池中的好氧菌足够的空气，并使之混合均匀，这样含有大量好氧菌和原生动物的活性污泥对废水中的溶解状和悬浮状的有机物进行吸附、吸收、氧化分解，从而将废水中的有机物降解成无机物（CO_2、H_2O 等）。经过一段曝气池降解的废水和污泥流入一段二沉池，将废水与活性污泥分离。上部废水再流入二段曝气池，对较难降解的氨氮等进一步降解。一段二沉池下部沉淀的污泥再回到一段曝气池的再生段，经再生后进入曝气池与废水混合，多余污泥通过污泥浓缩后混入焦粉中供给烧结配料用。二段曝气池、二段沉淀池的工况与一段相仿，二段生化处理可使活性污泥中的微生物菌种组成相对较为单纯，能处理含不同杂质的废水。

废水的理化处理工艺流程包括旋流反应、混凝沉淀和过滤等工序。经过二段生化处理后的废水还含有较高的悬浮物，为此，又让二段二沉池上部的废水自流入旋流反应槽，再投加适量的 $FeCl_3$ 混凝剂，经混合后流入混凝沉淀池，经过沉淀后的上部废水自流入吸水井，再经泵将水送至单阀滤池，过滤后再外排或回用。

（3）炭-生物法。目前，国内一些焦化厂生化处理装置由于超负荷运行或其他原因，处理后的水质不能达标，炭-生物法是在原传统的生物法的基础上再加一段活性炭生物吸附、过滤处理。老化的活性炭采用生物再生。

某钢铁总厂焦化厂的废水处理分两个部分：一是普通生化处理装置；二是继生化处理后的炭生物法处理装置。生化处理后废水中污染物尚未达到排放标准，采用了炭-生物法进一步处理而提高废水的净化程度。其废水处理工艺流程如图 3-18 所示。

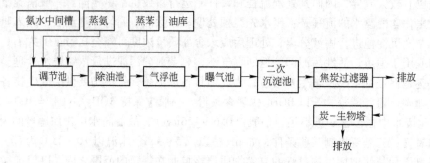

图 3-18 焦化厂酚氰废水炭-生物法治理工艺流程

在实际运行中，生化处理装置的运行情况直接影响到炭-生物法的处理效果。除负荷变化外，开始时需要用生化处理的活性污泥，可缩短其挂膜驯化时间；投入运行后则应减少生化处理中的活性污泥对炭-生物法的影响，改善炭-生物塔进水水质。

炭-生物法中的生物膜的新陈代谢，也会因生物膜脱落而增加阻力，所以，要定时反冲洗。为减少阻力和堵塞，炭-生物塔宜采用升流膨胀床。

该工艺简便，操作方便，设备少，投资低。由于炭不必频繁再生，故可减少处理费用。对于已有生物处理装置处理后水质不符合排放标准的处理厂，采用炭-生物法进一步处理以提高废水净化程度也是一种有效的方法。

对于提高焦化废水处理效果，其主要途径是减少污泥负荷。减少污泥负荷有两种方法：一是提高曝气池污泥浓度；二是加大曝气池容积。对于后者，要再加大曝气容积一般很难达到，而提高曝气池污泥浓度一般较容易达到。国内外均有一些强化生化处理方法，如流化床法、深井曝气法等。在曝气池中投加硬质和软质填料和在曝气池中投加活性炭法等，因其处理费用较高，很难在中小型焦化厂推广使用。在曝气池中投加生长素（如葡萄糖-氧化铁粉）对焦化厂废水生化处理，不论是高浓度和低浓度都很有效。尤其是对酚氰的去除率较高，对 COD 的去除率也比普通方法高。该法不仅能提高容积负荷和降低污泥负荷即增加污泥浓度，而且成本低，适宜在中小型焦化厂废水处理中推广使用。该项生化处理技术的关键是细菌的繁殖与生长。细菌内存在着各种各样的酶，酶分解污染物的过程，主要是借助于酶的作用，因为酶是一种生物催化剂，若酶系统不健全，则生物降解不彻底。投加生长素的目的不仅是对微生物细胞起营养、供碳、提供能源作用，而且是为了健全细菌的酶系统，从而使生物降解有效进行。投加氧化铁粉的目的是降低 SVI 值，显著提高 MLSS。

该法运行成本低，工艺简单，操作容易，比较适用于焦化厂污水处理装置挖掘设备潜力，提高处理效果所进行的废水处理系统的强化和改造。该法已有应用，并收到较好的效果，但该方法对 COD 和 NH_3—N 的去除不够理想，有待进一步研究。

（4）萃取脱酚。萃取脱酚是一种液-液接触萃取、分离与反萃取再生结合的方法。该法是在废水中加入一种能够溶解大量酚而不溶于水的萃取溶剂，两者在萃取设备中经过一段时间的充分接触，废水中一部分酚转移到溶剂中而得到净化。该法脱酚效率高，可达95%以上，而且运行稳定，易于操作，运行费用也较低，在我国焦化行业废水处理中应用最广。新建焦化厂都采用溶剂萃取法，萃取剂多为苯溶剂油（重苯）和 N-503 煤油溶剂，萃取效果的好坏与所用的萃取剂和设备密切相关。萃取脱酚的工艺流程如图 3-19 所示。

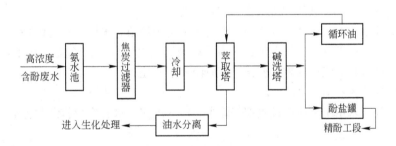

图 3-19　萃取脱酚的工艺流程图

从厂区送来的焦化废水经氨水池调节，在焦炭过滤器中过滤焦油后，经冷却器冷却至550℃。冷却后的废氨水进入萃取塔的焦油萃取段，与部分轻油逆流接触，进一步除去氨水中的焦油。

从焦油萃取段出来的氨水，自流入酚萃取段，而含焦油的轻油自流入废苯槽。在酚萃取段，氨水与轻油逆流接触，氨水中的酚被轻油所萃取，萃取后的氨水经分离油后，用泵送往氨水蒸馏装置进一步处理。由酚萃取段排出的含酚轻油进入脱硫塔上段的油水分离段，分离水后的轻油流入中段，经与碱或酚盐作用除去油中的 H_2S。脱硫后的轻油流入富油槽，再用泵经管道混合器送入分离槽，在此轻油中的酚被 NaOH 中和生成酚钠盐，并与轻油分离后，一部分送到脱硫塔，另一部分送到化工产品酚精制装置进一步加工。离开分离槽的轻油再送入萃取塔循环使用。为保证循环油质量，连续抽出循环油量的 2% ~ 3% 与废苯槽中的废苯一起送到溶剂回收塔处理，所得到的轻油送回循环溶剂油中。

为防止放散气对大气的污染，将各油类设备的排放气集中送入放散气冷却器，使之冷凝成轻油，加以回收利用。

3.3.2 高炉煤气洗水处理

高炉煤气洗涤废水是炼铁厂的主要废水，每生产 1t 铁会产生 3 ~ 20m³ 的废水，其中的主要污染物为烟尘、无机盐及少量的酚、氰等有害物质，其处理目的主要是达到水的回用，为此需要进行悬浮物去除、水质稳定、冷却处理等工序。目前我国多数大型炼铁厂在废水中投加混凝剂，沉淀池采用辐流式，沉淀污泥经过浓缩和过滤脱水后成为滤饼，可作为烧结原料。处理后的废水可循环使用，若外排，需要去除氰化物。

3.3.2.1 高炉煤气洗涤废水来源

从高炉顶引出的煤气，一般温度在 350℃ 以下，含尘量（标准状态下）为 5 ~ 60g/m³。煤气要经过洗涤、降温才能使用，其中除含有大量灰尘外，气体组成（体积分数）大约是：CO 为 23% ~ 30%，CO_2 为 9% ~ 12%，N_2 为 55% ~ 60%，H_2 为 1.5% ~ 3%，O_2 为 0.2% ~ 0.4%，烃类为 0.2% ~ 0.5%，以及少量的 SO_2、NO_x 等。荒煤气先经过重力除尘，去除大颗粒的灰尘，含尘量大大减少，此时煤气含尘量一般已降到常压高炉约为 12g/m³，高压高炉不大于 6g/m³，然后进入煤气洗涤设备，经过清洗后煤气温度应小于 45℃，其含尘量（标准状态下）应小于 10mg/m³。煤气的洗涤和冷却是通过在洗涤塔和文氏管中水、气对流接触而实现的，由于水与煤气直接接触，煤气中的细小固体杂质进入水中，水温随之升高，一些矿物质和煤气中的酚、氰等有害物质也被部分地溶入水中，形成了高炉煤气洗涤水。两种常用的高炉煤气洗涤系统及其基本组成如下：

（1）洗涤塔—文氏洗涤器—减压阀；

（2）文氏洗涤器—文氏洗涤器—余压发电装置。

高炉的炉顶冶炼有高压和常压之分。现代化大高炉炉顶煤气压力都在 0.19MPa 以上。为了有效地利用余压，应设置余压发电装置。当设有余压发电装置时，洗涤系统对水温要求不严，从而引起对洗涤水处理流程的重大变化。其原因如下所述。

A 煤气洗涤水循环系统

高炉煤气洗涤水系统一般应设置烟气除尘、污水沉淀、水的冷却、水质稳定、污泥脱水和系统监控等设施。

为保证循环率达到 95% 以上，一般新建高炉煤气湿式除尘系统采用的是先进的用水量少的双文氏管串联洗涤工艺，其工艺流程见图 3-20。

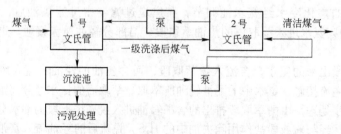

图 3-20 双文氏管串联洗涤工艺

用双文氏管串联供水再加余压发电的煤气净化工艺中，高炉煤气的最终冷却不是靠冷却水，而是在经过两级文氏管洗涤之后，进入余压发电装置的，在此过程中，煤气骤然膨胀降压，煤气自身的温度可以下降20℃左右，达到了使用和输送、贮存时的温度要求。所以清洗工艺对洗涤温度无严格要求，可以不设置冷却塔。但没有高炉煤气余压发电装置的两级文氏管串联洗涤系统，仍要设置冷却塔。

采取洗涤塔、文氏管和减压阀组成的并联供水系统，应设置冷却塔，以保证洗涤水供水温度不高于35℃，工艺流程见图3-21。

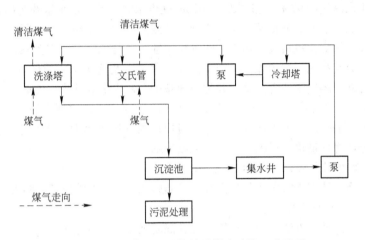

图3-21 洗涤塔、文氏管并联供水洗涤工艺流程

串联供水洗涤工艺比并联供水洗涤工艺用水量小。双文氏管串联供水加余压发电煤气净化工艺每1000m³煤气（标准状态下）耗水1.6m³，而并联供水洗涤工艺每1000m³煤气（标准状态下）耗水4.3m³。

B 洗涤水的供水温度控制

煤气洗涤水的温度与煤气质量、热风炉的热风温度乃至高炉的生产都是相关的。实践证明，水温高时，洗涤器内的饱和蒸汽压也高，这时水的表面张力小，有利于湿润煤气中的尘粒并把它们捕捉起来，于是除尘的效果就好一些。而水温低，相应的效果就差些。因此，对一级洗涤器的供水水温应适当高些。

从处理洗涤污水的角度分析，水温高时，溶解在水中的CO_2就会少些，根据重碳酸盐在水中的溶解平衡关系，水中的重碳酸盐含量会减少，这样就减轻了处理洗涤废水的负荷。由此看来，在第一级洗涤器内，供水温度高些是有利的。第二级洗涤器内，供水仍然起着除尘和冷却煤气两个作用。但经过第一级洗涤后，进入第二级洗涤器时，煤气已经比较干净而且不太热，如果没有余压发电装置的煤气洗涤流程，经过第二级洗涤后的煤气就将被使用，其供水温度应低些，故应该由冷却塔来控制水温。

在清洗和冷却煤气的过程中，产生了大量的洗涤废水，主要来源于洗涤塔和文氏洗涤器。洗涤塔是一个圆柱形的钢筒，筒内装有若干层喷嘴，筒内的煤气自下而上流动，水则自上而下喷淋，在气水两相接触中，达到除尘和冷却煤气的目的。洗涤后的污水汇集在塔的下部，通过水封连续地排出。文氏洗涤器由文氏管和灰泥捕集器组成。设在文氏管喉口处的喷嘴向喉口喷水，煤气在流经喉口时速度很快，水滴在高速煤气流剧烈撞击中被雾化，使气水两相充分接触，从而达到除尘和冷却煤气的目的。洗涤后的废水汇集在灰泥捕集器里，通过水封连续排出。减压阀为防止阀板积尘，需要不断用水冲洗，冲洗后的废水汇集在脱水器的下部，通过水封连续排出。

C　高炉煤气洗涤废水特点

由洗涤塔—文氏洗涤器—减压阀组成的洗涤系统，每清洗 $1000m^3$ 煤气（标准状态下），其用水量依次为 $3.5 \sim 4.5m^3$、$0.5 \sim 1.0m^3$、$0.24 \sim 0.27m^3$。该系统的污水排放总量约为用水总量的98%。由一级可调文氏洗涤器—二级可调文氏洗涤器—余压发电装置组成的洗涤系统，当文氏洗涤器串联供水时，每清洗 $1000m^3$ 煤气（标准状态下），所需用水量为 $1.6 \sim 2.0m^3$，其污水量约为用水总量的97%。当文氏洗涤器并联供水时，其总用水量约为串联供水的2倍。

高炉煤气洗涤污水的成分很不稳定。不同高炉或即使同一座高炉在不同工况下产生的煤气洗涤污水，其成分的变化也很大。污水的物理化学性质虽与原水有一定关系，但主要还是取决于高炉炉料的成分及状况、炉顶煤气压力、洗涤用水量以及洗涤水的温度等。当高炉100%使用烧结矿时，可减少煤气中的含尘量，并相应地减少由灰尘带进洗涤水的碱性物质。溶解在洗涤污水中的CO的含量与炉顶煤气压力以及洗涤水的温度有关，炉顶压力小，洗涤水温度高，则污水中的CO含量就少，反之亦然。另外，当炉顶煤气压力高时，煤气中含尘量相应减少，洗涤污水中的悬浮物含量也相对减少，而且粒度较细。

3.3.2.2　高炉煤气洗涤水处理工艺

高炉煤气洗涤水处理工艺主要包括沉淀（或混凝沉淀）、水质稳定、降温（有炉顶发电设施的可不降温）、污泥处理四部分。

洗涤废水的沉淀处理方法可分为自然沉淀和混凝沉淀。攀枝花钢铁公司、湘潭钢铁公司和上海第一钢铁厂等的高炉煤气洗涤水均采用以自然沉淀为主的处理方法。莱芜钢铁厂高炉煤气洗涤废水过去靠两个 $D = 12m$ 的浓缩池处理，未达到工业用水及排放标准，后来改为平流式沉淀池进行自然沉淀，沉淀效率达90%左右，出水悬浮物含量（质量浓度）小于 $100mg/L$，冷却以后水温约40℃，水的循环率达90%左右，处理后的废水基本可达标排放。

A　废水处理与水质稳定工艺

高炉煤气洗涤废水治理的基本原则应从经济运行、节约水资源和保护水环境三方面考虑，对污水进行适当处理，最大限度地予以循环使用。为保证高炉煤气洗涤废水循环系统正常运行，必须采取水质稳定措施，改革洗涤工艺，以干法净化代替湿法净化，减少用水量和废水排放量。

a　循环废水处理

如前所述，对于双文氏管串联煤气洗涤工艺，第二级洗涤器用过的水可不经过处理（如果第二级洗涤后的废水中，仍然含有大量悬浮物，也必须进行处理）直接用泵送至第一级洗涤器循环使用。而经第一级洗涤器用过的洗涤废水，则必须进行处理方能保证系统正常运行。是否将两级洗涤器用后的洗涤废水合并处理，需要具体研究。大量测定资料表明，不同工厂的高炉煤气洗涤水悬浮物的粒度和组成差别很大。即使同一工厂，污水悬浮物的粒度和组成也不一致。高炉煤气洗涤水中部分悬浮物的沉降速度比较缓慢，要求沉淀出水悬浮物含量小于 $150mg/L$ 时，沉降速度宜按不大于 $0.25mm/s$ 考虑，相应的沉淀池的水力负荷为 $1 \sim 1.25m^3/(m^2 \cdot h)$。采用投加絮凝剂的混凝沉淀工艺，其沉淀池的水力负荷可适当提高，以 $1.5 \sim 2.0m^3/(m^2 \cdot h)$ 为宜，相应的沉淀池出水悬浮物含量可小于 $1000mg/L$。采用聚丙烯酰胺絮凝剂，可加速沉降过程。如果聚丙烯酰胺与铝盐或铁盐并用，可进一步提高悬浮物的沉降速度（可达 $3mm/s$ 以上），水力负荷为 $2m^3/(m^2 \cdot h)$ 时，其相应的沉淀池出水悬浮物含量仍可小于 $80mg/L$。大、中型高炉煤气洗涤水净化，一般采用普通的辐流沉淀池。如果采用带絮凝池的沉淀池，效果更好。沉淀池应设机械排泥装置。

 b 水质稳定

 经过沉淀和冷却的水，直接在煤气洗涤系统中循环使用，往往会出现严重的结垢现象。炼铁厂高炉煤气洗涤系统中产生的水垢成分与冶炼用的原料有关。矿石不含锌时，垢的成分以 Ca^{2+} 和 Mg^{2+} 为主；当矿石含锌时，ZnO 占 40% ~ 50%，Fe_2O_3 占 20% ~ 25%，CaO 和其他成分占 25% ~ 40%。从高炉顶引出的煤气具有一定的压力，在煤气洗涤过程中，上述成垢盐类和煤气中的 CO_2 一起溶解在水中。CO_2 的溶解使水的 pH 值降低，上述成垢盐类在酸性条件下，达到溶解平衡。Zn 是一种两性金属，在酸性条件下，其盐类的溶解度远远大于中性偏碱性条件下的溶解度，在大量 CO_2 存在或加酸的情况下均是这样。洗涤污水在沉淀池中，只能除去悬浮杂质，而在冷却塔中，溶解在水中的 CO_2 被吹脱，盐类物质的溶解平衡遭到破坏，大量超过其溶度积的部分被析出、结晶，形成水垢。解决水垢和腐蚀的方法即在污水进入沉淀池前加碱（一般加 NaOH），提高污水的 pH 值，使其控制在 7.8 ~ 8.5 之间。在这种弱碱性的环境下，CO_2 溶于水所形成的弱酸得到中和，这样使得水中的 HCO_3^- 和 CO_3^{2-} 浓度升高，从而产生各种不溶性或微溶性的碳酸盐类，与悬浮杂质一道被沉积于沉淀池底。在沉淀池前还可以同时投加助凝剂或絮凝剂，以帮助去除悬浮杂质和成垢盐类。沉淀处理以后的水中再投加水质稳定剂，彻底消除水在循环过程中的结垢因素，实现高度循环供水。

 B 工艺流程

 国内采用的工艺流程有如下几种，去除悬浮物多采用辐射式沉淀池，效果较好。

 (1) 石灰软化-碳化法工艺流程。洗涤煤气后的废水经辐射式沉淀池加药混凝沉淀后，80% 的出水送往降温设备（冷却塔），其余 20% 的出水泵进入加速澄清池进行软化，软化水和冷却水混合流入加烟井，进行碳化处理，然后由泵送回煤气洗涤设备循环使用。从沉淀池底部排出泥浆，送至浓缩池进行二次浓缩，然后送真空过滤机脱水。浓缩池溢流水回沉淀池或直接去吸水井供循环使用。瓦斯泥送入贮泥仓，供烧结作原料。

 (2) 投加药剂法工艺流程。洗涤煤气后的废水经沉淀池进行混凝沉淀，在沉淀池出口的管道上投加阻垢剂，阻止碳酸钙结垢，同时防止氧化铁、二氧化硅、氢氧化锌等结合生成水垢，在使用药剂时应调节 pH 值。为了保证水质在一定的浓缩倍数下循环，应定期向系统外排污，不断补充新水，使水质保持稳定。

 (3) 酸化法工艺流程。从煤气洗涤塔排出的废水经辐射式沉淀池自然沉淀（或混凝沉淀），上层清水送至冷却塔降温，然后由塔下集水池输送到循环系统，在输送管道上设置加酸口，废酸池内的废硫酸通过胶管适量均匀地加入水中。沉泥经脱水后，送烧结利用。

 (4) 石灰软化药剂法工艺流程。本处理法采用石灰软化（20% ~ 30% 的清水）和加药阻垢联合处理。由于选用不同水质稳定剂进行组合配方，可达到协同效应，增强水质稳定效果。

 (5) 排污水处理。不论采用哪一种循环水处理方法，即使达到 95% 以上的循环率，高炉煤气洗涤循环水系统中也总有一定的排污产生。对排污水的处理，首先应在炼铁厂或整个钢铁厂中找到不外排的综合治理办法，如直接排入冲渣系统作补充用水等。如果厂内无法综合利用这一部分排污水时，必须严格处理后排放，主要是去除其中的氰化物。

 (6) 污泥处理。

 1) 一般污泥处理。高炉煤气洗涤水在沉淀处理时，沉淀池内积聚了大量的污泥。污泥的主要成分是铁的氧化物和焦炭粉。这些污泥如果不加处理任意弃置，既浪费资源又给环境带来严重污染。通过污泥处理，可以回收含铁分很高的、相当于精矿粉品位的有用物质，国内外的炼铁厂都十分注意对这部分污泥的处理和利用。常用的处理方法是用泥浆泵抽取沉淀池下部的污泥, 送至真空过滤机脱水, 然后将脱水后的泥饼运至烧结厂, 作为烧结矿的掺和料加以利用。真空过滤机的滤液返回到沉淀池再处理。

2) 含锌污泥处理。在结垢物质中, 有时 ZnO 的含量很高, 说明洗涤水中有时含有锌。洗涤污水处理后, 水中 ZnO 大部分转移到污泥中, 最终进入脱水后的泥饼中。由于烧结和高炉对入炉中的锌含量有一定的要求, 锌一方面与耐火材料发生化学反应并侵蚀之; 另一方面, 附着在高炉内壁的耐火材料上形成 "结瘤", 极易损坏高炉内的耐火砖。高炉内耐火材料的损坏意味着缩短高炉寿命, 因此高炉对于其原料烧结矿中的锌含量有比较严格的要求, 从而对作为掺和料的回收污泥的锌含量也就有一定的要求。一般要求回收污泥的锌含量应小于 1%。为此, 世界上不少大型高炉都在纷纷增加污泥脱锌设施, 我国宝钢 1 号高炉也有这种设施。所谓脱锌设施, 就是将沉淀池污泥中的锌与铁进行分离的装置。

脱锌的原理是利用铁和锌密度的不同, 把沉淀池的污泥浆充分搅拌, 以一定的浓度将其送入压力式水力旋流器, 当铁和锌的混合泥浆沿切线方向进入旋流器时, 密度较大的含铁泥浆下降到旋流器底部, 并通过一定的方式, 使其在受控的条件下流出来; 密度较小的含锌泥浆, 则汇集到旋流器底部, 并通过一定的方式, 使其在受控的条件下溢流出去, 经过旋流器的分离作用, 分别获得铁和锌。经一级旋流分离, 可使脱锌率达到 70%。如经三级分离, 则脱锌率可达 90% 以上。分离后的含铁和含锌的泥浆, 分别进行脱水处理, 含铁泥饼送至烧结厂, 含锌泥饼另外开发利用。脱锌和过滤脱水后的滤液以及冲洗水, 都应返回到沉淀池再处理, 不应随意外排。

3.3.3　炼钢烟气净化废水

炼钢厂废水主要有除尘污水、冷却水、煤气管道含酚水污水。除尘污水含有大量悬浮物, 氧气转炉湿法烟气净化的污水特性 (水质、水温、含尘量、烟尘粒度、烟尘密度、沉降特性等) 与烟气净化方式 (未燃法、燃烧法) 有关。同时, 在整个冶炼过程中, 随不同冶炼期的炉气变化而变化。烟气净化系统中各净化设备 (一文、二文、喷淋塔等) 的污水特性也有较大差异, "一文" 的污水含尘量及水温最高。处理炼钢烟气除尘废水主要采用自然沉降、絮凝沉降和磁力分离。污水经混凝等方法可以除去悬浮物。

炼钢烟气除尘废水主要含有大量的悬浮物, 如一般中型氧气顶吹转炉烟气净化废水中悬浮物含量 (质量浓度) 可高达 3000 ~ 20000mg/L。

3.3.3.1　炼钢除尘废水

炼钢过程是一个铁水中的碳和其他元素氧化的过程。铁水中的碳与吹氧发生反应, 生成 CO, 随炉气一道从炉门冒出。回收这部分炉气, 作为工厂能源的一个组成部分, 这种炉气称为转炉煤气; 这种处理过程, 称为回收法, 或叫未燃法。如果炉口处没有密封, 大量空气通过烟道口随炉气一起进入烟道, 在烟道内, 空气中的氧气与炽热的 CO 发生燃烧反应, 使 CO 大部分变成 CO_2, 同时放出热量, 这种方法称为燃烧法。这两种不同的炉气处理方法, 给除尘废水带来不同的影响。含尘烟气一般均采用两级文丘里洗涤器进行除尘和降温。使用过后, 通过脱水器排出, 即为转炉除尘废水。

转炉除尘废水的排放量, 一般 1t 钢为 5 ~ 6m³。但对于每一个炼钢厂, 由于除尘工艺不同, 水处理流程不同, 其污水量也有很大的差别。原则上, 除尘污水量相当于其供水量。但在供水流程上, 如果采用串联供水, 则较之并联供水, 其水量几乎减少一半。如宝钢炼钢厂 300t 纯氧顶吹转炉, 采用二文—一文串联供水, 其污水量设计值仅约为 1t 钢 2m³。仅就污水量而言, 水量小, 污染也小, 治理起来比较容易。所以水量问题与工艺密切相关, 不研究工艺, 是做不到减少污水量的。

纯氧顶吹炼钢是个间歇生产过程，它由装铁水—吹氧—加造渣料—吹氧—出钢等几个步骤组成。这几个步骤完成后，一炉钢冶炼完毕，然后再按上述顺序进行下一炉钢的冶炼。目前先进的纯氧顶吹转炉炼一炉钢大约需要 40min，其中吹氧大约 18min。由于这些工艺方面的特点，炉气量、温度、成分等都在不断变化，因此除尘废水的性质也在随时发生相应的变化。

3.3.3.2 转炉除尘废水治理

转炉除尘废水的治理，以实现稳定的循环使用为目的，最终达到水的闭路循环。转炉除尘污水经沉淀处理后循环使用，其沉淀污泥由于含铁量较高，具有较高的应用价值，应采取适当的方法加以回收利用。

对于转炉除尘废水，其处理的关键技术主要有三个方面：一是悬浮物的去除；二是水质稳定问题；三是污泥的脱水与回收。

（1）悬浮物的去除。纯氧顶吹转炉除尘废水中的悬浮物杂质均为无机化合物，采用自然沉淀的物理方法，虽能使出水悬浮物含量达到 150～200mg/L 的水平，但循环利用效果不佳，必须采用强化沉淀的措施。一般在辐射式沉淀池或立式沉淀池前加混凝药剂，或先通过磁凝聚器经磁化后进入沉淀池。最理想的方法应使除尘废水进入水力旋流器，利用重力分离的原理，将大于 60μm 的大悬浮颗粒去掉，以减轻沉淀池的负荷。废水中投加 1mg/L 的聚丙烯酰胺，即可使出水悬浮物含量达到 100mg/L 以下，效果非常显著，可以保证正常的循环利用。由于转炉除尘废水中悬浮物的主要成分是铁皮，采用磁凝聚器处理含铁磁质微粒十分有效，氧化铁微粒在流经磁场时产生磁感应，离开时具有剩磁，微粒在沉淀池中互相碰撞吸引凝成较大的絮凝体从而加速沉淀，并能改善污泥的脱水性能。

（2）水质稳定问题。由于炼钢过程中必须投加石灰，在吹氧时部分石灰粉尘还未与钢液接触就被吹出炉外，随烟气一道进入除尘系统，因此，除尘废水中 Ca^{2+} 含量相当多，它与溶入水中的 CO_2 反应，致使除尘废水的暂时硬度较高，水质失去稳定。采用沉淀池后投入分散剂（或称水质稳定剂）的方法，在螯合、分散的作用下，能较成功地防垢、除垢。投加碳酸钠也是一种可行的水质稳定方法。Na_2CO_3 和石灰反应，形成 $CaCO_3$ 沉淀和 $NaOH$，而生成的 $NaOH$ 与水中 CO_2 作用又生成 Na_2CO_3，从而在循环反应的过程中，Na_2CO_3 得到再生，在运行中由于排污和渗漏所致，仅补充一些量的 Na_2CO_3 保持平衡。该法在国内一些厂的应用中有很好效果。

利用高炉煤气洗涤水与转炉除尘废水混合处理也是保持水质稳定的一种有效方法。由于高炉煤气洗涤水含有大量的 HCO_3^-，而转炉除尘废水含有较多的 OH^-，使两者发生反应：

$$Ca(OH)_2 + Ca(HCO_3)_2 \Longrightarrow 2CaCO_3 + 2H_2O$$

生成的碳酸钙正好在沉淀池中除去，这是以废治废、综合利用的典型实例。在运转过程中如果 OH^- 与 HCO_3^- 量不平衡，可以适当在沉淀池后加些阻垢剂做保证。

总之，水质稳定的方法是根据生产工艺和水质条件，因地制宜地处理，选取最有效、最经济的方法。

（3）污泥的脱水与回收。转炉除尘废水经混凝沉淀后可实现循环使用，但沉积在池底的污泥必须予以恰当处理，否则循环仍是空话。转炉除尘废水污泥含铁高达 70%，有很高的利用价值。处理此种污泥与处理高炉煤气洗涤水的瓦斯泥一样，国内一般采用真空过滤脱水的方法，由于转炉烟气净化污泥颗粒较细，含碱量高，透气性差，真空过滤机脱水性能比较差，脱水后的泥饼很难被直接利用，如果制成球团可直接用于炼钢，如图 3-22 所示。目前真空过滤脱水使用较少，而采用压滤机脱水，由于分批加压脱水，因此对物料适用性广，滤饼含水率较低，但设备费用较高。

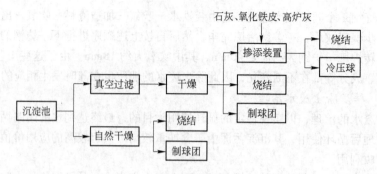

图 3-22　污泥的处理与回收途径

3.3.3.3　废水处理工艺流程

目前，转炉烟气除尘废水处理流程一般有以下几种：

（1）混凝沉淀-水稳定剂处理流程。从一级文氏管排出的含尘量较高的废水经明渠流入粗粒分离槽，在粗粒分离槽中将质量分数约为15%的、粒径大于60μm的粗颗粒杂质通过分离机予以分离，被分离的沉渣送烧结厂回收利用；剩下含细颗粒的废水流入沉淀池，加入絮凝剂进行混凝沉淀处理，沉淀池出水由循环水泵送二级文氏管使用。二级文氏管的排水经水泵加压，再送一级文氏管串联使用，在循环水泵的出水管内注入适量防垢剂（水质稳定剂），以防止设备、管道结垢。加药量视水质情况由试验确定。沉淀池下部沉泥经脱水后送往烧结厂小球团车间造球回收利用。

（2）药磁混凝沉淀-永磁除垢工艺。转炉除尘废水经明渠进入水力旋流器进行粗细颗粒分离，粗铁泥经二次浓缩后，送烧结厂利用；旋流器上部溢流水经永磁场处理后进入污水分配池与聚丙烯酰胺溶液混合，随后分流到立式（斜管）沉淀池澄清，其出水经冷却塔降温后流入集水池，清水通过磁除垢装置后加压循环使用；立式沉淀池泥浆用泥浆泵提升至浓缩池，污泥浓缩后进真空过滤机脱水，污泥含水率达40%～50%，送烧结利用。具体流程见图3-23。

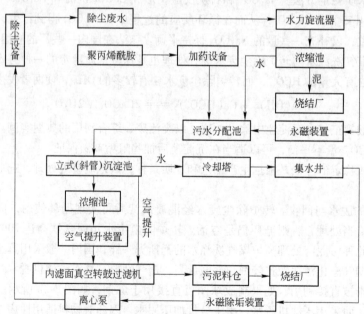

图 3-23　药磁混凝沉淀-永磁除垢装置工艺流程图

（3）磁凝聚沉淀-水稳药剂工艺。转炉除尘废水经磁凝聚器磁化后，流入沉淀池，沉淀池出水中投加 Na_2CO_3 解决水质稳定问题，沉淀池沉泥送过滤机脱水（箱式压滤机已在转炉除尘废水处理工艺流程中应用，泥饼一般可使含水率为 25%～30%，优于真空过滤机）。

3.4 有色冶金企业废水处理

有色金属的采矿和冶炼需消耗大量的水，从采矿、选矿到冶炼，以至成品加工的整个生产过程中，几乎所有工序都要用水，都有废水排放。1989 年我国有色冶金行业用水量为 21.32 亿吨，占全国总用水量的 3.5%，而其废水排放量达到 5.18 亿吨。到 1997 年，全国工业废水排放量 415.81 亿吨，冶金企业的废水年排放量增至 25.8 亿吨。我国有色金属冶炼过程中单位产品用水量见表 3-11。

表 3-11 有色金属冶炼过程中单位产品用水量

产品名称	铝	铜	铅	锌	锡	锑	镁	钛	汞
吨产品用水量/m^3	230	290	309	309	2633	837	1328	4810	3135

有色金属冶炼废水可分为重有色金属冶炼废水、轻有色金属冶炼废水、稀有色金属冶炼废水。按废水中所含污染物的主要成分，有色金属冶炼废水也可分为酸性废水、碱性废水、重金属废水、含氰废水、含氟废水、含油类废水和含放射性废水等。

有色金属工业废水造成的污染主要有无机固体悬浮物污染、有机耗氧物质污染、重金属污染、石油类污染、醇污染、碱污染、热污染等。有色金属采选或冶炼排水中含重金属离子的成分比较复杂，因大部分有色金属和矿石中有伴生元素存在，所以废水中一般含有汞、镉、砷、铅、铜、氟、氰等。这些污染成分排放到环境中去只能改变形态或被转移、稀释、积累，却不能降解，因而危害较大。有色金属排放的废水中的重金属在单位体积中含量不是很高，但是废水排放量大，向环境排放的绝对量大。

由于有色金属种类繁多，矿石原料品位贫富有别，冶金工艺技术先进与落后并存，生产规模大小不同，所以生产单位产品的排污指标及排水水质的差别是很大的。有色金属工业是对水环境造成污染最严重的行业之一，因此对有色金属工业废水的治理工作是十分重要的。

有色金属通常分为重有色金属、轻有色金属、稀有色金属三大类。重有色金属包括铜、铅、锌、镍、钴、锡、锑、汞等；轻有色金属主要指铝、镁；稀有色金属包括钛、钨、钼、锂、铷等。

有色冶金废水的来源为设备冷却水、冲渣水、烟气净化系统排出的废水及湿法冶金过程排放或泄漏的废水。其中冷却水基本未受污染，冲渣水仅轻度污染，而烟气净化废水和湿法冶金过程排出的废水污染较严重，是重点治理对象。

有色冶金企业所排放的废水，与提取金属种类，矿石等原料的含金属品位、成分，主体生产流程，生产设备，生产管理水平等因素有关，其水质水量变化也十分复杂，没有典型的废水处理流程，一般是针对水质、水量，采用适当的几种处理方法，形成封闭循环系统，尽可能提高循环利用率。

3.4.1 重有色冶炼废水处理

3.4.1.1 重有色金属冶炼生产工艺与废水来源

典型的重有色金属如 Cu、Pb、Zn 等的矿石一般以硫化矿分布最广。铜矿石 80% 来自硫化矿，冶炼以火法生产为主，炉型有白银炉、反射炉、电炉或鼓风炉以及近年来发展起来的闪速炉；目前世界上生产的粗铅中90%采用熔融还原熔炼，基本工艺流程是铅精矿烧结焙烧，鼓风炉熔炼得粗铅，再经火法精炼和电解精炼得到铅；锌的冶炼方法有火法和湿法两种，湿法炼锌的产量约占总产量的75%～85%。

重有色金属冶炼废水中的污染物主要是各种重金属离子，其水质组成复杂、污染严重。其废水主要包括以下几种：

（1）炉窑设备冷却水是冷却冶炼炉窑等设备产生的，排放量大，约占总量的40%；

（2）烟气净化废水是对冶炼、制酸等烟气进行洗涤产生的，排放量大，含有酸、碱及大量重金属离子和非金属化合物；

（3）水淬渣水（冲渣水）是对火法冶炼中产生的熔融态炉渣进行水淬冷却时产生的，其中含有炉渣微粒及少量重金属离子等；

（4）冲洗废水是对设备、地板、滤料等进行冲洗所产生的废水，还包括湿法冶炼过程中因泄漏而产生的废液，此类废水含重金属和酸。

3.4.1.2　重有色金属冶炼废水控制方法

重有色金属冶炼废水的处理常采用石灰中和法、硫化物沉淀法、吸附法、离子交换法、氧化还原法、铁氧体法、膜分离法及生化法等。这些方法可根据水质和水量单独或组合使用。以下仅介绍其中的几种方法。

（1）中和法。这种方法是向含重有色金属离子的废水中投加中和剂（石灰、石灰石、碳酸钠等），使金属离子与氢氧根反应，生成难溶的金属氢氧化物沉淀，再加以分离除去。石灰或石灰石作为中和剂在实际应用中最为普遍。

沉淀工艺有一次沉淀和分步沉淀两种方式。一次沉淀就是一次投加石灰乳，达到较高的pH值，使废水中的各种金属离子同时以氢氧化物沉淀析出；分步沉淀就是分段投加石灰乳，利用不同金属氢氧化物在不同pH值下沉淀析出的特性，依次沉淀回收各种金属氢氧化物。石灰中和法处理重有色金属废水具有去除污染物范围广、处理效果好、操作管理方便、处理费用低廉等特点；但其缺点是泥渣量大、含水率高、脱水困难。

（2）硫化物沉淀法。这种方法是向含金属离子的废水中投加硫化钠或硫化氢等硫化剂，使金属离子与硫离子反应，生成难溶的金属硫化物，再予以分离除去。硫化物沉淀法的优点是通过硫化物沉淀法把溶液中不同金属离子分步沉淀，所得泥渣中金属品位高，便于回收利用；此外，硫化法还具有适应pH值范围大的优点，甚至可在酸性条件下把许多重金属离子和砷沉淀去除，但硫化钠价格高，处理过程中产生的硫化氢气体易造成二次污染，处理后的水中硫离子含量超过排放标准，还需作进一步处理；另外，生成的细小金属硫化物粒子不易沉降。这些都限制了硫化法的应用。

（3）铁氧体法。往废水中添加亚铁盐，再加入氢氧化钠溶液，调整pH值至9～10，加热至60～70℃，并吹入空气，进行氧化，即可形成铁氧体晶体并使其他金属离子进入铁氧体晶格中。由于铁氧体晶体密度较大，又具有磁性，因此无论采用沉降过滤法、气浮分离法还是采用磁力分离器，都能获得较好的分离效果。铁氧体法可以除去铜、锌、镍、钴、砷、银、锡、铅、锰、铬、铁等多种金属离子，出水符合排放标准，可直接外排。

（4）还原法。投加还原药剂，可将废水中金属离子还原为金属单质析出，从而使废水净化，金属得以回收。常用的还原剂有铁屑、铜屑、锌粒和硼氢化钠、醛类、联胺等。采用金属屑作还原剂，常以过滤方式处理废水；采用金属粉或硼氢化钠等作还原剂，则通过机械或水力混合、反应方式处理废水。

含铜废水的处理可采用铁屑过滤法，铜离子被还原成为金属铜，沉积于铁屑表面而加以回收。含汞废水可采用钢、铁等金属还原法，废水通过金属屑滤床或与金属粉混合反应，置换出金属汞而与水分离，此法对汞的去除率可达90%以上。为了加快置换反应速度，常将金属破碎成2~4mm的碎屑，除去表面油污和锈蚀层并适当加温。为了减少金属屑与氢离子反应的无价值消耗，用铁屑还原时，pH值应控制在6~9范围内；而用铜屑还原时，pH值在1~10之间均可。

3.4.2 轻金属冶炼废水处理

3.4.2.1 轻有色金属冶炼生产工艺与废水来源

铝、镁是最常见也是最具代表性的两种轻金属。废水来源于各类设备的冷却水、石灰炉排气的洗涤水及地面等的清洗水等。废水中含有碳酸钠、NaOH、铝酸钠、氢氧化铝及含有氧化铝的粉尘、物料等，危害农业、渔业和环境。

金属铝采用电解法生产，其主要原料是氧化铝。电解铝厂的废水主要是由电解槽烟气湿法净化产生的，其废水量、废水成分和湿法净化设备及流程有关，吨铝废水量一般在1.5~15m³之间。废水中主要污染物为氟化物。

菱镁矿在采用氯化电解法生产镁的工序中作为原料参与生成氯化镁，在氯化镁电解生成镁的工序中氯气从阳极析出，并进一步参加氯化反应。在利用菱镁矿生产镁锭的过程中氯是被循环利用的。镁冶炼废水中能对环境造成危害的成分主要是盐酸、次氯酸、氯盐和少量游离氯。以热还原法生产镁的过程中产生的废水主要是冷却水。

3.4.2.2 轻有色金属冶炼废水控制方法

铝冶炼过程含氟废水的处理方法有混凝沉淀法、吸附法、离子交换法、电渗析法及电凝聚法等，其中混凝沉淀法应用较为普遍。按使用药剂的不同，混凝沉淀法可分为石灰法、石灰铝盐法、石灰镁盐法等。吸附法一般用于深度处理，即先把含氟废水用混凝沉淀法处理，再用吸附法作进一步处理。

石灰法是向含氟废水中投加石灰乳，把pH值调整至10~12，使钙离子与氟离子反应生成氟化钙沉淀。这种方法处理后的水中含氟量可达10~30mg/L，其操作管理较为简单，但泥渣沉淀缓慢，较难脱水。

石灰铝盐法是将废水pH值调整至10~12，投加石灰乳反应，然后投加硫酸铝或聚合氯化铝，使pH值达到6~8，生成氢氧化铝絮凝体吸附水中氟化钙结晶及氟离子，经沉降而分离除去。这种方法可将出水含氟量降至5mg/L以下。此法操作便利，沉降速度快，除氟效果好。如果加石灰的同时加入磷酸盐，则与水中氟离子生成溶解度极小的磷灰石沉淀 $[Ca_2(PO_4)_3F]$，可使出水含氟量降至2mg/L左右。

3.4.3 稀有金属与贵金属冶炼废水处理

稀有金属和贵金属由于种类多（约50多种）、原料复杂、金属及化合物的性质各异，再加上现代工业技术对这些金属产品的要求各不相同，故其冶金方法相应较多，废水来源和污染物种类也较为复杂，这里只作一概略叙述。

在稀有金属的提取和分离提纯过程中，常使用各种化学药剂，这些药剂就有可能以"三废"形式污染环境。例如在钽、铌精矿的氢氟酸分解过程中加入氢氟酸、硫酸，排出水中也就会有过量的氢氟酸。稀土金属生产中用强碱或浓硫酸处理精矿，排放的酸或碱废液都将污染环境。含氰废水主要是在用氰化法提取黄金时产生的。该废水排放量较大，含氰化物、铜等有害物质的浓度较高。此外，某些有色金属矿中伴有放射性元素时，提取该金属所排放的废水中就会含有放射性物质。

稀有金属冶炼废水主要来源为生产工艺排放废水、除尘洗涤水、地面冲洗水、洗衣房排水及淋浴水。废水特点是废水量较少，有害物质含量高；稀有金属废水往往含有毒性，但致毒浓度限制未曾明确，尚需进一步研究；不同品种的稀有金属冶炼废水，均有其特殊性质，如放射性稀有金属、稀土金属冶炼厂废水含放射性物质，铍冶炼厂废水含铍等。

稀有金属和贵金属冶炼废水的治理原则和方法与重金属冶炼废水有许多相似之处。但是，稀有金属和贵金属种类繁多，原料复杂，不同生产过程产生的废水极具"个性"，因而处理和回收工艺要注意针对废水的特点，因地制宜地采取相应的方法。

3.5　金属矿山废水处理

3.5.1　矿山酸性废水处理

3.5.1.1　矿山酸性废水的特点

大多数黑色金属矿、有色金属矿和煤矿等含有一定量的硫或金属的硫化物，在开采的过程中，大量尾矿、剥土堆放于露天，在氧化铁硫杆菌、氧化硫硫杆菌等微生物的催化作用下，尾矿及剥土中的硫和金属硫化物被氧化，经过雨水冲刷，便形成了含有硫酸和硫酸盐的矿山酸性废水，即所说的矿山酸性废水，这就是所说的"自然浸出过程"。矿山酸性废水在形成过程中由于产生了硫酸致使废水呈酸性，同时硫酸根离子浓度也很高，通常达到每升数百至数千毫克，硬度也高，废水中的 Fe^{3+} 水解生成氢氧化铁而使得废水呈红褐色。概括而言，矿山酸性废水有以下特点：

（1）呈酸性并含有多种金属离子。黄铁矿一般都含有少量的有色金属硫化物，有的还会有锰、铝；有色金属，特别是重有色金属，大部分属于硫化金属矿床，这类矿床的矿体和围岩往往也含有相当数量的黄铁矿，它们在水中溶解氧和细菌的作用下，生成硫酸、硫酸亚铁和硫酸铁。这些生成物进一步与其他金属硫化物和氧化物作用，生成的硫酸盐溶于水中，形成含有多种重金属离子的酸性废水。

（2）水量大、水流时间长。矿山废水水量大，据统计，每开采 1t 矿石，废水的排放量约为 $1m^3$，不少矿山每天排放数千至数万立方米的水。由于矿山废水主要来源于地下水和地表降水，矿山开采完毕，这些水仍然继续流出，如果不采取措施，将长期污染环境和水体。

（3）水量与水质波动大。矿山废水的水量与水质随着矿床类型、赋存条件、采矿方法和自然条件的不同而异，即使同一矿山，在不同的季节由于雨水的丰沛情况不同也有很大的差异。同一类型矿藏，由于矿石组成、形成的条件等因素的差异，形成的废水的组成及其浓度均不同。

矿山酸性废水的危害主要来自于酸污染和重金属污染：

（1）矿山酸性废水大量排入河流、湖泊，使水体的 pH 值发生变化，破坏了水体的自然缓冲作用，抑制细菌和微生物的生长，妨碍水体自净，影响水生物的生长，严重的导致鱼虾的死亡、水草停止生长甚至死亡；天然水体长期受酸的污染，将使水质及附近的土壤酸化，影响农作物的生长，破坏生态环境。江西永平铜矿是多金属硫化物矿床，矿区酸性污水流量平均达 4000t/d，造成其附近交集河口以下 5km 河段形成含大量重金属的酸性水，给生态环境带来了严重后果。

（2）矿山废水含重金属离子和其他金属离子，通过渗透、渗流和径流等途径进入环境，污染水体。经过沉淀、吸收、络合、螯合与氧化还原等作用在水体中迁移、变化，最终影响人体的健康和水生物的生长。矿山废水进入农田，一部分被植物吸收和流失，大部分重金属在我国的各种硫化矿床的酸性废水中未经处理就直接就地排放，由此造成的环境污染非常严重，带来的经济损失也极大。

矿山酸性废水排放于地表之后，污染了土壤，造成了土壤理化性质的破坏，土壤的团粒结构遭到破坏，酸度和硫酸盐含量的增加将导致土壤微生物特别是硝化细菌和固氮细菌的活度降低，从而造成农产品歉收。另外，一些重金属离子还能通过粮食、蔬菜、水果等作物蓄积，被人畜食用而危害人畜健康。由于土壤中微生物的自然生态平衡受到破坏，病菌也能乘机繁殖和传播，引起疾病的传染与蔓延。

3.5.1.2　矿山酸性废水的处理方法

A　沉淀法

根据所用沉淀剂的种类及其后续工艺，沉淀法可分为中和沉淀、硫化沉淀和沉淀浮选三类。

(1) 中和沉淀法。中和沉淀法是投加碱性中和剂，使废水中的金属离子形成溶解度小的氢氧化物或碳酸盐沉淀而除去的方法。常用的中和剂有碱石灰、消石灰、飞灰、碳酸钙、高炉渣、白云石、Na_2CO_3、$NaOH$ 等，此类中和剂可去除汞以外的重金属离子，工艺简单，处理成本低。但经过此种方法处理后所产生的中和渣存在渣量大、易造成二次污染及含水率高等缺点。为了克服这些缺点，在沉淀的过程中可以考虑添加絮凝剂，加快沉降速度，降低中和渣的含水率。为了回收某些有用物质，根据金属离子在不同 pH 值沉淀完全的差异，可以采用分段中和沉淀法，既达到废水处理的目的，同时可回收有用金属。在许多文献中都对中和沉淀法处理矿山酸性废水有较为详细的叙述。中和沉淀的另一种应用是把酸性废水与选矿废水或尾矿溢流液中和处理，或直接进入尾矿库中和沉淀，这种方法在南山铁矿和德兴铜矿都曾经使用过。此外，二段中和处理和流化床反应器等改进工艺也是提高处理效率的有效途径。张志等人采用微电解-中和沉淀法处理矿山酸性废水，在强酸性条件下把重金属去除，再进行中和处理，使废水达标排放，取得了较好效果。

(2) 硫化沉淀。硫化物沉淀法是加入硫化剂使废水中金属离子成为硫化沉淀的方法。常用的硫化剂有 Na_2S、$NaHS$、H_2S 等。该法的优点是硫化物的溶解度小、沉渣含水率低、不易返溶而造成二次污染。由于硫化物沉淀的优越性，该法在一些矿山的废水处理中得到应用。该法采用的硫化剂具有毒性、价格较贵，若硫化剂过量，易造成污染，因而其应用受到限制。利用资源丰富的硫铁矿（Fe_2S）制备硫化剂 FeS，可以避免硫化沉淀过程中产生 H_2S，排水可再处理，使硫化法得到改进。为了充分利用资源，采用硫化物的碱性废水作硫化剂进行以废治废，也收到了一定的效果。

(3) 沉淀浮选。沉淀浮选的基本过程是首先对废水中的金属离子进行沉淀或选择性沉淀，再加入捕收剂，然后向废水中通入大量微细气泡，使其与沉淀物相互黏附，形成密度小于水的浮体，在浮力作用下沉淀上浮至水面，实现固液分离。沉淀浮选的优点是可加快固液分离速度，处理后出水水质好，排出的浮泥含水率远低于沉淀法排出的泥浆，一般污泥体积比为 1/10 ~ 1/2，这给污泥的进一步处理和处置带来了极大的方便，同时还可节省费用。采用选择性沉淀浮选技术，还可回收利用废水中的有用成分，变废为宝，实现废水处理的综合利用。

根据沉淀剂的分类，可以把沉淀浮选分为中和沉淀浮选和硫化沉淀浮选两类，采用中和沉淀得到的沉淀物（金属氢氧化物）可浮性较差，处理效果不好，而硫化沉淀得到的沉淀物（金属硫化物）可浮性较强，成为沉淀浮选的首选。江西理工大学周源等人通过控制体系的 pH 值实现了铜和铁离子的分步沉淀，利用黄药浮选硫化铜，沉淀去除率达 99.46%；用脂肪酸钠皂浮选除铁，沉淀去除率达 99.86%；得到的铜渣含铜 28.50%，含锌 5.20%，铁渣含铁 14.56% 。

    B   生物法

    由于其自身同化作用和生长的结果，许多微生物都具有吸收或沉积各种离子于其表面的亲和力。因此，这将使它们能够大量地从外界富集各种离子而被用于有色金属的浸出提取及矿山废水的处理中。目前，在有色金属矿山废水治理过程中研究较多的有氧化亚铁硫杆菌和硫酸盐还原菌。

    氧化亚铁硫杆菌是一种无机化能自养细菌，对 Fe^{2+} 有强烈氧化作用，把 Fe^{2+} 氧化成 Fe^{3+} 后加入石灰或碳酸钙进行中和处理，可以大大减少中和剂和沉淀物的量，节约处理成本。这种方法在德兴铜矿和武山铜矿有过半工业试验。

    硫酸盐还原菌是一组进行硫酸盐还原代谢反应的有关细菌的通称。根据不同的生理生化特性，它们可以分为异化硫酸盐还原细菌和异化硫还原细菌（"异化"的意思是指还原的硫酸盐组分并未同化为细菌的细胞组分，而是作为产物释放）。前者可以利用乳酸盐、丙酮酸盐、乙醇等作为碳源和能源，还原硫酸盐生成硫化物；后者则不能还原硫酸盐，只能还原元素硫或其他含硫化合物（如亚硫酸盐、硫代硫酸盐）。一般的研究多限于异化硫酸盐还原菌。

    利用硫酸盐还原菌处理矿山酸性废水的原理是：把废水中的 SO_4^{2-} 还原为 H_2S 和 S^{2-}，再通过生物氧化作用把 H_2S 氧化为单质硫，而 S^{2-} 与废水中的重金属离子发生反应生成硫化沉淀。李亚新等人利用生活垃圾酸性发酵产物作为碳源，研究了在初级厌氧阶段 SRB 处理酸性矿山废水的性能和工艺特点。结果表明，在 35℃ 条件下 SO_4^{2-} 还原率达到 87% 以上。

    虽然生物处理由于成本低、无二次污染、可回收有用成分等优点受到人们的青睐，但由于微生物生长和管理等方面固有的特点，该法目前基本上处于实验室研究或半工业试验阶段，离真正的工业应用尚有一段距离。

    C   离子交换法

    废水中重金属离子基本上是以离子状态存在的，用离子交换法处理能有效地除去和回收废水中的重金属离子，该法因具有处理容量大、出水水质好、能回收水等特点而得以应用，此法用于含锌、铜、镍、铬等重金属阳离子废水的治理以及处理含放射性的碱性物质均取得了较好的效果。Tae-Hyoung Eom 等采用离子交换法处理电镀废水，镍的去除效率高达 99%，并采用硫磺酸处理交换树脂使其再生。徐新阳等采用离子交换法处理某铜矿山酸性废水，获得了理想的处理效果，处理后的废水达到国家排放标准。但离子交换中所用的交换树脂需要频繁地再生，使操作费用较高，因此在选择此法时要充分考虑其工业费用。

    D   吸附法

    吸附法是一种简单、易行的废水处理方法，是应用多孔吸附材料吸附处理废水中重金属，传统吸附剂是活性炭和磺化煤等。近年来人们逐渐开发出具吸附能力的材料，包括凹凸棒石、硅藻土、浮石、麦饭石、三聚氰胺-甲醛-DTPA 螯合树脂及各种改性材料。如利用褐煤处理矿山酸性废水，有效地去除了废水中的重金属离子，并通过硝酸解吸回收了金属；以活性炭来处理某酸性废水，效果十分显著；以水淬渣-累托石为吸附剂对含 Cu^{2+} 的冶金废水进行处理时 Cu^{2+} 的去除率高达 99.8%，对 Cu^{2+} 的吸附容量为 0.302mg/g，处理后的水符合国家污水综合排放一级标准。

    E   膜分离法

    膜分离法包括渗析、电渗析、反渗透和超滤等。如利用超低压反渗透膜处理经二级处理的矿山酸性废水，当系统的工作压力为 0.8 ~ 0.9MPa、pH 值为 3 时，超低压反渗透膜对重金属离子的截留率大于 99%，渗透液中的 Ni^{2+}、Cu^{2+}、Zn^{2+}、Pb^{2+} 的质量浓度均低于 0.4mg/L，满足回用水的要求，浓缩液可进一步回收利用。

3.5.2 选矿废水处理

选矿厂碎磨和选别过程中外排的废水称为选矿废水。在有色金属选矿中，处理 1t 矿石浮选法用水 4～7m³，重选用水 20～26m³，浮磁联选用水 23～27m³，重浮联选用水 20～30m³，除去循环使用的水量，绝大部分消耗的水量伴随尾矿以尾矿浆的形式从选矿厂流出。尤其在浮选过程中，为了有效地将有用组分选出来，需要在不同的作业加入大量的浮选药剂，主要有捕收剂、起泡剂、有机和无机的活化剂、抑制剂、分散剂等，同时，部分金属离子、悬浮物、有机和无机药剂的分解物质等，都残存在选矿废弃溶液中，形成含有大量有害物质的选矿废水。直接排放该选矿废水，将对环境造成严重污染，这使得我国有色金属矿山每年采矿与选矿排出的污水达 12～15 亿吨，占有色金属工业废水的 30% 左右。如何防止选矿废水对水体和农田的污染，是当前人们关注的热点问题之一。

3.5.2.1 选矿废水的来源

一般而言，选矿废水并非单指选矿工艺中排除的废水，还包括一定的地面冲洗水、冷却水等等。选矿废水可以依据其排放源分为两类：浓缩精矿及中矿用的浓缩脱水设备的溢流，其水量一般少于选厂总水流量的 5%；浮选等选矿过程的水流（包括某些冲洗水），其总量占总废水量的 95% 以上。其主要来源如下：

（1）碎矿过程中湿法除尘的排水，碎矿及筛分车间、皮带走廊和矿石转运站的地面冲洗水。这类水主要含原矿粉末状的悬浮物，一般经沉淀后即可排放，沉淀物可进入选矿系统回收其中的有用矿物。

（2）洗矿废水。这类水含大量悬浮物，通常经沉淀后澄清水回用于洗矿，沉淀物根据其成分进入选矿系统后排入尾矿系统。有时洗矿废水呈酸性并含有重金属离子，则需作进一步处理，其废水性质与矿山酸性废水相似，因而处理方法也相同。

（3）冷却水。这类水指碎、磨矿设备油冷却器的冷却水和真空泵排水，其只是水温较高，往往被直接外排或直接回用于选矿。

（4）石灰乳及药剂制备车间冲洗地面和设备的废水。这类废水主要含石灰或选矿药剂，应首先考虑回用于石灰乳或药剂制备，或进入尾矿系统与尾矿水一并处理。

（5）选矿废水。这类废水包括选矿厂排出的尾矿液、精矿浓密溢流水、精矿脱水车间过滤机的滤液、主厂房冲洗地面和设备的废水，有时还有中矿浓密溢流水和选矿过程中脱药排水等。这是选厂废水的主要来源，其有害成分基本相同，尾矿液更含有大量的悬浮物。

3.5.2.2 选矿废水的治理与循环利用

针对上述废水中的污染，可以采用的处理单元分别如下所述。

（1）悬浮物：主要采用预沉淀、混凝/沉淀法。

（2）酸碱性废水：废水相互中和法、尾矿碱度中和酸性。

（3）重金属离子：调节原水 pH 值共沉淀或浮选技术、硫化物沉淀、石灰-絮凝沉淀、吸附技术（包括生物吸附）、螯合树脂法、离子交换法、人工湿地技术。

（4）黄药、黑药：铁盐混凝/沉淀法、漂白粉氧化、Fenton 氧化降解法、人工湿地技术。

（5）氰化物：自然净化法、次氯酸盐/液氯氧化、过氧化氢氧化法、铁络合物结合法、难溶盐沉淀法、酸化-挥发-再中和法、硫酸锌-硫酸法、二氧化硫-空气氧化法、电解氧化法、臭氧氧化法、离子交换法、生物降解法、人工湿地技术。

（6）硫化物：与含重金属废水互相沉淀、吹脱法、空气氧化法、化学沉淀法、化学氧化法、生化氧化法。

（7）化学耗氧物：混凝/沉淀、生物降解、高级氧化、吸附法。

矿业废水是一个混合体系，其中的污染物几乎囊括了上述列出的种类，因此针对这种废水的处理工艺是要将各单元技术有机地配合使用，而且在其中要考虑到矿山中相关资源的合理利用，譬如碱性尾矿中和酸性废水、矿山中石灰用于调节原水 pH 值和沉淀的药剂等。在废水处理过程中，首先可以采用预沉淀和混凝-沉淀技术去除悬浮物，然后再考虑水中剩余的污染物的控制技术。至于废水处理过程中产生的污泥，如果含有可利用的金属资源，就可以返回选矿工艺中进行重新分选，如果有用成分很少，就可以进行污泥脱水和稳定化，然后按照常规的污泥处置技术进行处理。

4 冶金固体废物处理

4.1 固体废物的基本概念

固体废物是指在生产、生活和其他活动中产生的丧失原有利用价值或者虽未丧失利用价值但被抛弃或者放弃的固态、半固态和置于容器中的气态物品、物质，以及法律、行政法规规定纳入固体废物管理的物品、物质。

固体废物一词中的"废"字具有相对性或两重性，它们是相对于某一过程或在某一方面没有使用价值而被舍弃的物质。应当看到，这些物质并非在一切过程或一切方面都没有使用价值，某一过程的废物，往往是另一过程的原料，从这个意义上说，固体废物是"放在错误地点的原料"。

固体废物主要来源于人类的生产和消费活动。人们在开发资源和制造产品的过程中，必然产生废物，任何产品经过使用和消费后，都会变成废物。如投入使用的罐头盒、饮料瓶等，平均几个星期就成为废物，汽车平均九年半成为废物，建筑材料的使用期限最长，但一百年或几百年后也变成废物。

4.1.1 固体废物的分类

固体废物的成分复杂，种类繁多，性质不一，因而它的分类方法很多，按固体废物的化学性质可分为有机废物和无机废物；按它的危害状态可分为有害废物和一般废物；按它的形状分为固体的（颗粒状、粉状、块状）和泥状的（污泥）等。为便于管理，通常按其来源分为工业固体废物、城市生活垃圾、放射性固体废物及其他废物等。

4.1.1.1 工业固体废物

工业固体废物是在工业生产活动中产生的固体废物。废物产生的主要行业有冶金、化工、煤炭、电力、交通、轻工、石油、机械加工等，其范围包括：冶炼渣、化工渣、燃煤灰渣、采矿废石、尾矿、建筑废料和其他工业固体废物。工业固体废物组成情况见表4-1。

表 4-1 工业固体废物组成情况

来　源	主要组成物
冶金、金属结构、交通、机械等工业	金属、渣、砂石、模型、芯、陶瓷、涂料、管道、绝缘垫和绝缘材料、黏结剂、污垢、废木、塑料、橡胶、纸、各种建筑材料、烟尘
建筑材料工业	金属、水泥、黏土、陶瓷、石膏、石棉、砂石、纸、纤维等
食品加工业	肉、谷物、蔬菜、硬壳果、水果、烟草等
橡胶、皮革、塑料等工业	橡胶、塑料、皮革、布线、纤维、染料、金属等
石油化工工业	化学药剂、金属、塑料、橡胶、陶瓷、沥青、污泥、油毡、石棉、涂料等
电器、仪器仪表等工业	金属、玻璃、木、橡胶、塑料、化学药剂、研磨料、陶瓷、绝缘材料等
纺织服装业	布头、纤维、金属、橡胶、塑料等
造纸、木材、印刷等工业	刨花、锯末、碎木、化学药剂、金属、填料、塑料等

4.1.1.2　城市生活垃圾

城市生活垃圾是在日常生活或者为日常生活提供服务的活动中产生的固体废物，以及法律、行政法规规定视为生活垃圾的固体废物。城市垃圾主要来自居民的消费、市政建设和维护，以及商品活动。其主要组成物是食品垃圾、金属、玻璃、纸张、塑料、燃料灰渣、粪便、建筑材料、脏土、污泥等。

4.1.1.3　放射性废物

在国家《辐射防护规定》（GB 8703—88）中规定，凡放射性核素含量超过国家规定限值的固体、液体和气体废物，统称为放射性废物。从处理和处置的角度，按比放射性活度和半衰期将放射性废物分为高放长寿命、中放长寿命、低放长寿命、中放短寿命和低放短寿命五类。放射性固体废物主要来源于铀、钍等放射性物质的开采、冶炼和再处理过程以及核电站、大型核研究所、医疗单位等，其主要成分是含放射性的废石、废渣。

4.1.1.4　其他废物

固体废物的分类除以上三者之外，还有来自农业生产、畜禽饲养、农副产品加工以及农村居民生活所产生的废物。在我国的《固废法》中，对此未单独列项作出规定，而仅对其中农用薄膜的污染问题作出了规定。其他废物主要来自农业生产和禽畜饲养。其主要组成物是农作物秸秆、家畜粪便、禽畜尸体和骨骼、树枝、树皮等。

4.1.2　冶金固体废物的危害

冶金固体废物是指金属在采矿、选矿、冶炼和加工等生产过程及其环境保护设施中排出的固体或泥状的废弃物。冶金固体废物产生量大，成分复杂，这些固体废物中还常含有微量的有毒元素，如铜、铅、铝、汞、砷等。这些元素往往会通过各种途径迁移、转化，对环境造成危害。据统计，目前我国冶金固体废弃物年产生量约 $4.3 \times 10^8 t$，综合利用率为 18.03%。其中，工业尾矿产生量为 $2.84 \times 10^8 t$，利用率为 1.5%；高炉渣产生量为 $7.6 \times 10^7 t$，利用率为 65%；钢渣产生量为 $3.8 \times 10^7 t$，利用率为 10%；化铁炉渣产生量为 $6.0 \times 10^5 t$，利用率为 65%；尘泥产生量为 $1.7 \times 10^7 t$，利用率为 98.5%；自备电厂粉煤灰和炉渣产生量为 $4.94 \times 10^6 t$，利用率为 59%；铁合金渣产生量为 $9.0 \times 10^5 t$，利用率为 90%；工业垃圾产生量为 $4.36 \times 10^6 t$，利用率为 45%。

过去，冶金工业生产部门只关注对主元素的提取利用，而将伴生的资源丢弃，造成资源的巨大浪费。随着生产技术水平的提高与发展，原来不能被利用的这部分废料现在也作为新的资源进行开发利用。从冶金固体废物中回收有用金属，将是未来冶金固体废物治理和利用的发展方向。

在冶金工业的固体矿物原料中，除含一种主要金属矿物以外，一般还伴生其他一些金属矿物或其他有害成分。这部分物质在一定的条件下会发生物理、化学或生物的转化，对周围环境、生物等会造成一定的影响。如果采取的处理方法不当，其中的有害物质将通过大气、水、土壤、食物链等不同途径危害环境与危害人体健康。它的危害主要有以下几个方面：

（1）污染水体。在世界范围内，冶金固体废物大多数伴生有很多金属，这些金属元素在长期的堆存过程中会发生物理或化学变化，随着雨水的冲刷，有可能会发生元素的溶解或者发生其他作用而进入水中，含有金属污染物的水随着地表径流进入江河，或者渗透进入地下水，这样会造成水体的污染，同时这些污染物还会影响水生生物的生存和水资源的利用。另外，当冶金固体废物倾倒于河流、湖泊、海洋时，将会使水域的面积大幅度减小。

（2）污染大气。冶金固体废物堆中的尾矿、粉煤灰、干污泥的尘粒会随风飞扬，加重大气污染，如粉煤灰、尾矿堆场遇4级以上风力，可剥离1~1.5cm，灰尘飞扬高度达20m，使可见度大为降低，影响交通。另外，有些冶金固体废物本身会散发毒气和臭气，影响环境。

（3）占有土地，污染土壤。冶金固体废物产生以后，需占地堆放，堆积量越大，占地越多。据估算，每堆积1×10^4t废渣，需占地667m²。现仍有上升的趋势。这就出现了固体废物与工农业生产争地的矛盾。废弃物不仅占地，而且污染土壤，受污染的土壤面积往往大于堆渣占地面积的1~2倍，经日晒、雨淋，有害成分向地下渗透，破坏土壤微生物的生存条件，有碍植物根系生长，或者这些有害成分会在植物体内积蓄。

4.2 冶金固体废物处理的方法

要树立以可持续发展理念为核心的"科学发展观"，推行循环经济发展模式，构建节约型社会，对固体废物综合利用，妥善处置。冶金固体废物处理的原则是：

（1）减量化，是指采取措施减少固体废物的产生量和排放量。其目的是减少最终处置的固体废物的数量和体积，减轻对处理固体废物所需场地的巨大压力和对环境的潜在污染威胁。

（2）无害化，是指对已产生但无法或暂时尚不能进行综合利用的固体废物进行消除和降低环境危害的安全处置，以减轻这些固体废物的污染影响。无害化技术主要是针对危险废物而言，如炼铬渣、不锈钢酸洗污泥等。危险废物不能或暂时不能资源化综合利用或减量化处置时，就要使用无害化技术使其稳定化并进行安全填埋，以保证环境和人类健康的安全。

（3）资源化，是指对已经产生的冶金固体废物进行回收、加工、循环利用和其他再利用。这方面的工作开展得比较多，如在铅的烧结过程中，将自身产生的一些烟尘、冶炼过程中产生的烟尘等进行回收，作为烧结的原料继续使用。

4.2.1 无毒冶金固体废物的处理方法

无毒冶金固体废物常用的处理方法有以下三种：

（1）堆存法。把固体废物堆积在地表上存放的方法称为堆存法。堆存法是最古老、最简单的一种处理方法，目前应用最广泛。按其处理方法的不同又可分为一般堆存法、覆盖堆存法、防渗堆存法、围隔堆存法等。

1）一般堆存法适用于难溶解、不扬尘、不腐烂变质、不散发臭气或毒气的固体废物，如高炉渣、钢渣、采矿废石、煤矸石等。

2）覆盖堆存法适用于易飞扬的固体废物，如颗粒状废料、废煤渣、粉煤灰等。固体废物堆存后用土覆盖在表层或在表层喷洒固化剂，可减少固体废物的二次飞扬。

3）防渗堆存法适用于固体废物中含有可溶性污染物质的情况，这类固体废物堆存时需将堆场底部夯实或做其他防渗处理，避免固体中的有害物质溶解后渗入地下，危害地下水环境。

4）围隔堆存法适用于含水的尾矿粉、赤泥、水冲灰等泥状固体废物。它采用筑坝的方法把固体废物局限在坝内，这样有利于增大堆存量，节约用地，保存暂时不能利用的资源。

堆存法简单易行，投资很少。但当堆置不当时，会使环境受到二次污染；当固体废物数量大、堆放时间长时，应选择山沟、山谷、荒地作为堆存场，尽量不占用农田。

（2）填埋法。填埋法是利用自然坑洼地或人工坑凹填埋固体废物。用填埋法处理固体废物时，可于填埋后在表面覆盖土层，使坑凹地变为平地，这样这块地仍可用来植树种草，变为农田牧场，这样有利于充分利用土地，维持生态平衡。需要注意的是，填埋地上不宜修造建筑物和构筑物，并且要采取措施防止雨水浸泡填埋处后对地下水的污染。填埋法可用于污泥、粉尘、废屑、废渣等的处理。这种处理方法一般投资不高。

（3）焚化法。焚化法是有控制地焚烧废物以减少废物体积，便于填埋，有条件时还可回收热能及废物。在焚烧过程中，废物中的有机物能转变为水和二氧化碳，许多病菌和有害物能转变为无害物质，大大减少这些固体废物的危害性。焚化法可用来处理冶金生产过程中产生的含有机物的固体废物、废水处理站的污泥等。焚化设备为焚化炉，焚化炉应配备除尘设备，以防止焚化过程中可能造成的二次污染。

4.2.2　有害冶金固体废物的处理方法

有害冶金固体废物是指有毒渣、易燃易爆渣、有腐蚀性渣、可产生化学反应废渣、放射性废物等。有害固体废物的处理方法为：

（1）填筑法。将有害固体废物进行陆地填筑是行之有效的方法。用填筑法处理有害固体废物应注意合理选择填埋场地，有针对性地设计填筑场，严格填埋操作，并做好填筑场周围的监测与保护工作。

填筑场要考虑废物的体积和性质，保证不污染水体，填筑场的底部、侧边应设置天然不透水层或人工薄膜隔水层，还应设置排水、排气设施。表层上需用黏土层封盖住。填筑场可种植植物，若种浅根植物需覆盖 50cm 厚表土，若种深根植物则需覆盖 90cm 厚表土。

（2）化学法。根据固体废物中有害物质的化学性质，采取加入相应的化学物质、改变反应条件等方法使有害物发生化学变化，转化为无害或少害的物质。可发生的化学反应有中和、氧化、还原、分解、聚合、络合等。这种处理方法多用于处理固体废物数量不大，但其中污染物潜在危害较大的场合。

（3）固化法。它是将有害固体废物与固化剂（如水泥）或黏结剂混合后发生化学反应而形成坚硬的固状物，使有害物质固定在固状物内或是用物理方法将有害废物密封包装起来，这两种方法均能降低废物的渗透性，然后再将固状物以隔绝方式掩埋，使有害废物不致危害环境。下面介绍几种常用的固化法：

1）硅酸盐胶凝材料固化法。此法是使用硅酸盐水泥或粉煤灰、高炉渣、火山灰等硅酸盐类的胶凝材料，将废物制成岩石状物质，然后堆存或填埋。

2）石灰法。利用石灰、粉煤灰、水泥窑灰等的凝结和硬化性能，将废物制成具有抗渗性和一定强度的最终产品，但其凝结和硬化能力较前法低些。

3）热塑法。用热塑性物质在一定温度下对固体废物进行黏附固化，使热塑性物质与固体废物紧密联结。处理后的固体废物能经受多数水溶液的浸蚀。其污染物转移率比其他固化法低。

4）有机物聚合法。将单体有机物与废物充分混合，加入催化剂使单体生成聚合物，同时将所联结的固体废物固化在一起。

5）密封包装法。用水泥或金属制成容器，将有毒废物装入容器后再进行密封，然后将整个装有有毒废物的密封容器运往干燥不易积水处填埋。此法有时用来处理多氯联苯废物。用此法时，需注意密封包装材料应不与被包装废物发生反应，且遇潮后不易锈蚀。

适用于固化法处理的固体废物类型见表4-2。

表4-2　适用于固化法处理的固体废物类型

方　法	固体废物类型	方　法	固体废物类型
硅酸盐胶凝材料固化法	有毒无机物，烟囱除尘污泥	有机物聚合法	有毒无机物
石灰法	有毒无机物，烟囱除尘污泥	密封包装法	有毒及可溶无机物、多氯联苯
热塑法	有毒无机物		

4.3　钢铁企业固体废物处理

冶金企业生产过程中排出的固体废物主要有矿山剥离废石，选矿尾矿，冶炼渣，冶炼过程产生的尘泥、粉煤灰、工业垃圾等，这里主要就冶炼渣、工业尘泥和粉煤灰的处理作简单介绍。冶炼渣中着重介绍高炉渣、钢渣、铁合金渣和粉煤灰的处理及利用。

4.3.1　高炉渣的处理与利用

4.3.1.1　高炉渣的产生和分类

高炉炼铁时产生的废渣称为高炉渣。高炉渣的产生量与铁矿石的品位、焦炭中的灰分多少、石灰石的质量等因素有关，也和冶炼工艺有关。通常每炼 1t 生铁，可产生 0.3 ~ 0.9t 高炉渣。高炉渣中因碱性氧化物（氧化钙、氧化镁）与酸性氧化物（二氧化硅、氧化铝）的比例不同而使本身的性质有所不同。高炉渣的主要成分为：氧化钙、氧化镁、二氧化硅、氧化铝和氧化锰等，特种生铁渣中还含有二氧化钛和五氧化二钒等。

通常按照高炉渣的碱度大小将高炉渣分为碱性炉渣、酸性炉渣和中性炉渣，我国高炉渣大部分接近中性；也可按照所冶炼的生铁种类将高炉渣分为铸造生铁渣、炼钢生铁渣和特种生铁渣；按照处理方式可将高炉渣分为急冷矿渣和慢冷矿渣；按照高炉渣的形态可将其分为粒状矿渣、浮石状矿渣、块状矿渣和粉状矿渣。

4.3.1.2　高炉渣的处理方法与综合利用

在高炉炼铁生产中，炉渣的处理工艺主要分为干渣法和水渣法两种。干渣法是将高炉渣放进干渣坑用空气冷却，并在渣层面上洒水，采用多层薄层放渣法，冷却后破碎成适当粒度的致密渣块。水渣法是在炉前用高压水或机械将炉渣冲制成水渣，再经过渣水分离，冲渣水循环使用。水渣法与干渣法相比，水渣法的优点非常明显，主要有：渣粒度小，易粉碎，生产方法集中，并可在离高炉较远处进行，生产能力较高。根据水渣的过滤方式的不同，水渣法可分为滤池过滤、脱水槽脱水、机械脱水等。

高炉渣的利用已有成熟的技术：将其水淬成粒状矿渣（即高炉水渣）是生产水泥、矿渣砖瓦和砌块的原料；用适量水处理的高炉渣可形成浮石状物质；经急冷加工成膨胀矿渣珠或膨胀矿渣，可作轻质混凝土骨料；熔渣用气体可吹制成矿渣棉并制造各种隔热、保温材料及隔音材料；热浇铸成形可作耐磨、耐腐蚀的矿渣铸石；慢冷成块的重矿渣可以代替普通石材用于建筑工程中。

　A　高炉水淬渣的利用

熔渣经水淬急冷，来不及形成矿物结晶而把其中的化学能储存于形成的玻璃体中，因而具有较高的潜在活性。当磨细以后，在水泥熟料、石灰、石膏等激发剂作用下，它与水作用可生成水硬性的胶凝材料。

我国大部分水泥厂生产矿渣硅酸盐水泥，少量生产石膏矿渣水泥和石灰矿渣水泥。大多数水泥厂用 1t 高炉水渣和 1t 水泥熟料，加入适量石膏磨细生产超过 2t 325 号以上的矿渣硅酸盐水泥。高炉水渣与生石灰混合还可制造矿渣砖，其中高炉水渣占 85% ~ 90%。

　B　高炉重矿渣的利用

高炉重矿渣就是高温熔融矿渣在空气中自然冷却形成的一种坚硬石质材料。重矿渣经开采、破碎、筛分后可得到不同粒径的分级矿渣（简称矿渣碎石），粒径在 5mm 以下的细粒称为矿渣砂，未经破碎筛分的称为混合矿渣。

高炉矿渣碎石与天然石料一样可作粗骨料配制混凝土，称为矿渣碎石混凝土（简称矿渣混凝土）。它不仅具有与普通混凝土相似的物理性能，而且还具有良好的保温隔热、耐热、抗渗和耐久性能，被广泛应用于建筑工程中。如普通矿渣混凝土应用于大型屋面板、墙板、平台板、挡矿板、平台梁、预应力屋架、预应力混凝土轨枕等，在离心构件上有预应力电杆、方管柱、方管屋架等。

高炉重矿渣具有 2~3 级石料的力学强度，耐磨性能也不次于石灰岩，可作筑路材料。混合矿渣可用于修筑各种道路的基层，分级矿渣可用于修筑各种道路的路面层。高炉重矿渣碎石作铁路道砟，称为矿渣道砟。应用时要严格控制矿渣道砟中渣粉含量，施工中要避免矿粉集中，以避免铁道道床板结。

C 热泼矿渣碎石的处理工艺和利用

将熔融高炉渣泼成 5~10cm 厚的渣层，喷以适量的水，凝固后经破碎和筛分成为碎石，该碎石比天然碎石、卵石密度小，颗粒形状好，耐腐蚀，耐火性好，可作混凝土骨料和道路材料。国内外已广泛将矿渣碎石应用于公路、桥梁、机场、工业和民用建筑工程中。

D 生产膨胀矿渣珠或膨胀矿渣

高炉熔渣与少量水作用可形成块状或粒状膨胀矿渣珠或膨胀矿渣。它们是价廉物美的建筑材料，是良好的轻混凝土骨料。膨胀矿渣珠还是空心砌块的优质原材料。

E 生产矿渣棉

矿渣棉是以矿渣为主要原料，经熔化、高速离心法或喷吹法制成的一种白色棉丝状矿物纤维材料。矿渣棉可用作保温材料，可加工成保温板、保温毡、保温筒、保温带等。

矿渣棉可用作隔热材料，用矿渣棉加入黏结剂，制成板状，即矿渣棉隔热板。矿渣棉制造的耐火板或耐火纤维在 700℃ 下使用不变质。矿渣棉也是吸音材料，可制成吸音板用作室内的天花板。

矿渣棉制品具有很多优点，如不燃烧，质轻，导热系数低，隔热性能好，吸音性能好，耐氧化性能好，电绝缘性能好，对金属不腐蚀等，并且有成本低、原料来源广、生产工艺简单等优点，是很有前途的一类产品。

F 用高炉渣浇铸铸石制品

适当控制熔融高炉渣的冷却速度，可浇铸铸石制品。由于铸石强度高，耐磨性好，可代替钢材使用。

用高炉渣作铸石原料，由于含氧化钙较多，容易出现硅酸盐分解的问题。由于硅酸钙的高温 β-变体向低温 γ-变体过渡时体积变化较大，使铸石制品在冷却时易分解破碎。为了避免硅酸盐分解，可在炉料中加入氟磷灰石作为稳定剂。用高炉渣生产铸石可以制出单一辉石矿相的铸石，但要根据炉渣的化学组成，配适当附加材料补足辉石的需要，并要进行适当的热处理。

G 生产高炉矿渣微晶玻璃

在固定式或回转式炉中，将高炉矿渣与硅石和结晶促进剂一起熔化成液体，用吹、压等一般玻璃成形方法成形，可制成高炉矿渣微晶玻璃。微晶玻璃具有耐腐蚀、耐热、耐磨、强度高、绝缘性好的特点，可用于冶金、化工、电力、光学等工业部门。

4.3.2 钢渣的处理与利用

钢渣是炼钢时产生的一种工业废渣，其数量一般为粗钢产量的 12%~20%。2006 年，我国的钢产量达到了 4.5×10^8 t，钢渣产生量约 0.7×10^8 t。据不完全统计，我国钢渣利用率仅约 20%，大量钢渣的弃置堆积不仅占用了大量的土地，也是造成环境污染的源头。因此，将钢渣作为二次资源进行开发利用是钢铁企业发展循环经济、实现可持续发展的必然趋势。

4.3.2.1 钢渣的产生与特点

钢渣就是炼钢过程排出的熔渣,主要是金属炉料中各元素被氧化后生成的氧化物、被侵蚀的炉衬料和补炉材料、金属炉料带入的杂质和为调整钢渣性质而特意加入的造渣材料,如石灰石、白云石、铁矿石、硅石等。按炼钢工艺不同钢渣可分为转炉渣和电炉渣;按冶炼过程不同一般可分为初期渣、精炼渣、出钢渣和浇铸渣;按形成形态不同可分为水淬粒状钢渣、块状钢渣和粉状钢渣。

钢渣的性质随化学成分的变化而变化,由于化学成分及冷却条件不同造成钢渣外观形态、颜色差异很大。碱度较低的钢渣呈灰色,碱度较高的钢渣呈褐灰色、灰白色。钢渣块松散不黏结,质地坚硬密实,孔隙较少。我国主要钢厂转炉钢渣的化学成分见表4-3。

表4-3 我国主要钢厂转炉钢渣的化学成分(质量分数) (%)

化学成分	CaO	SiO_2	Fe_2O_3	Al_2O_3	MgO	MnO	FeO	P_2O_5
一 厂	52.66	12.26	6.12	3.04	9.12	4.59	10.42	0.62
二 厂	45.37	8.84	8.79	3.29	7.98	2.31	21.38	0.72
三 厂	52.35	13.22	7.26	2.81	6.29	1.06	13.29	1.30
四 厂	58.22	16.24	3.18	2.57	2.28	4.48	7.9	1.17
五 厂	43.15	15.55	5.19	3.84	3.42	2.31	19.22	4.08

钢渣的主要矿物组成为硅酸三钙、硅酸二钙、钙镁橄榄石、钙镁蔷薇辉石、铁酸二钙、代表镁铁锰等的氧化物所形成的固溶体、游离石灰等。钢渣的矿物组成决定了钢渣具有一定的胶凝性,主要源于其中一些活性胶凝矿物的水化,如 CaO 的质量分数较高时,常生成硅酸三钙、硅酸二钙和铁铝酸盐。钢渣中游离的 CaO、MgO 的质量分数较高,因而稳定性差。此外,钢渣中铁和锰的质量分数也比较高,由于铁、锰离子具有极化能力,对氧有很大的亲和力,因此氧离子能脱离正硅酸钙(锰)四面体,破坏正硅酸盐结构,使四面体互相连接起来,生成巨大而复杂的硅氧团,从而降低其易磨性。

4.3.2.2 钢渣的处理方法与综合利用

A 回收废钢

钢渣中一般含有10%左右(质量分数)的金属铁,通过破碎、磁选、筛分工艺可以回收其中的金属铁。一般钢渣破碎的粒度越细,回收的金属铁越多。

B 作烧结熔剂

烧结矿中配加钢渣代替熔剂,不仅可回收钢渣中的残钢、氧化铁、氧化钙、氧化镁、氧化锰等有益成分,而且可以提高烧结矿的产量。烧结矿中适量配入钢渣后,能使结块率提高,粉化率降低,成品率增加。再加上水淬钢渣疏松、粒度均匀、料层透气性好,也有利于烧结造球及提高烧结速度。此外,由于钢渣中 Fe 和 FeO 的氧化放热,节省了烧结矿中钙、镁碳酸盐分解所需要的热量,烧结矿燃料消耗降低。高炉使用配入钢渣的烧结矿,由于强度高,粒度组成有所改善,尽管铁品位略有降低,炼铁渣量略有增加,但高炉操作顺行,焦比有所降低。我国多个厂家利用钢渣作烧结熔剂,经过长期的实践,其主要的优点有:

(1)烧结矿强度提高。钢渣中因含有一定数量的 MgO,在烧结矿中容易熔化,因而改善了烧结矿的黏结性能和液晶状态,有利于烧结矿强度的提高,粉化率降低到2%以内。

(2)烧结矿还原性能显著提高。配加钢渣的烧结矿,随配料碱度的提高,其还原性较未配钢渣的烧结矿显著提高。当碱度为1.4时,配加钢渣其还原率高达75%,不配加时仅有 65%。

（3）配入 6% 的钢渣后，烧结矿中 FeO 的质量分数可升高 2%。钢渣中因含有大量的金属铁和低价氧化铁，在烧结过程中，不仅可使其 FeO 的质量分数升高，而且还因其发生氧化放热反应，使烧结矿的配碳量降低约 0.5%~1%。

C　作高炉熔剂

钢渣作高炉熔剂的主要优点有：

（1）回收利用了渣中大量的金属铁，减少了烧结矿和石灰石用量。

（2）可使高炉的脱硫能力提高 3%~4%。

（3）钢渣中因含有较多的 Mn 和 MnO，能使高炉的流动性和稳定性变好，提高料柱的透气性。

（4）经济效益好。

D　作炼钢添加料

转炉炼钢使用含磷较低的高碱度返回钢渣并配合使用白云石，可以使炼钢成渣早，减少初期渣对炉衬的侵蚀，有利于提高炉龄，降低耐火材料消耗，同时可替代部分萤石。在生产中使用少量钢渣返回转炉冶炼，可以取得很好的技术经济效果。国内某厂采用转炉脱磷脱碳的双联法工艺，即在转炉内进行铁水脱磷处理，出半钢后再进行脱碳处理，可以稳定地生产磷的质量分数低于 0.008% 的超低磷钢。在双联法工艺中，由于脱磷负荷主要由脱磷炉分担，因此脱碳炉的钢渣磷比较低，因而可以返回转炉利用。通过适当的工艺，合理地将钢渣返回转炉利用，可以有效地促进转炉冶炼过程的前期化渣，降低附加原料的消耗，达到增加效益的目的，而且钢渣的返回利用不会对钢水质量产生负面影响。

E　生产钢渣微粉

钢渣微粉是钢渣经过加工、筛选、干燥后磨细并掺加适量的添加剂加工混合而成的产品。目前配制高标号混凝土主要采用降低水胶比、添加高效减水剂和超细粉体的方法，与普通混凝土相比水泥用量偏多，对混凝土的耐久性有不利影响。中高碱度的钢渣因含有硅酸三钙、硅酸二钙等胶凝性矿物，不仅可直接磨粉生产钢渣水泥，而且也可作为活性混合材在水泥生产中作为添加剂应用。研究表明，在混凝土拌和过程中掺加适量的钢渣微粉取代部分水泥，可以提高其结构的致密度和力学强度。我国一些公司已在道路、场坪、制品等多方面广泛应用。经过多年实践验证，钢渣微粉性能稳定可靠，而且掺钢渣微粉可使混凝土抗冻性能大幅提高。

F　作道路工程或回填材料

钢渣碎石的硬度和颗粒形状都很适合道路材料的要求，其性能好、强度高、自然级配好，是良好的筑路回填材料。钢渣在铁路和公路路基、工程回填、修筑堤坝、填海造地等工程中使用，国内外已有相当广泛的实践，欧美各国钢渣约有 60% 用于道路工程。

钢渣作为回填材料近年来得到越来越广泛的应用，经过加工处理后的钢渣按照试验配比与少量水泥及其他辅料配制而成，其密度、含水率、放射性等各项技术指标均符合国家规范要求。

G　作农用肥料

钢渣中的钙、硅、磷等在冶炼过程中经过高温煅烧，其溶解度大大改善，容易被植物吸收，可用作既速效又有后劲的复合矿质肥料。目前，我国用钢渣生产的磷肥品种有钢渣磷肥和钙镁磷肥。衡量用作磷肥的钢渣质量取决于有效 P_2O_5 含量，因此，在钢冶炼过程，提高有效 P_2O_5 的含量是提高钢渣磷肥质量的关键。钢渣磷肥不仅在酸性土壤施用效果好，在缺磷的碱性土壤上施用也可获得增产；不仅在水田施用效果好，在旱田肥效也较好；另外，钢渣粉可直接作为肥料施用。

H 作废水处理吸附剂

国外 20 世纪 90 年代中期分别研究了钢渣作为吸附剂对废水中镍、铅、铜等的吸附行为，曾报道过钢渣作为吸附剂去除废水中硝酸盐和磷酸盐以及钢渣处理废水中铜离子、镍离子、铬离子、铅离子等。国内也曾有钢渣对铜、铅、铬、锌、砷等重金属离子和有机物吸附特征以及钢渣改性吸附性能的报道。研究表明，钢渣用作工业水处理吸附剂的核心问题是解决钢渣的造粒问题。钢渣直接冷却后，大小块度极不均匀，最大块度可达 1m 以上，而且钢渣中因含有少量的铁导致钢渣脆性下降，韧性加强，因此，利用常规破碎技术产品粒度不均匀，有不少会过磨，粒度难以控制，很难生产出疏松多孔的产品，而且粉磨会破坏原有的孔隙，从而导致吸附效果下降。钢渣在炼钢过程中处于熔融状态（液态），具有液体的一些特点，有流动性，液体分子间引力较小，切割容易，可无限分割，遇水急剧冷却凝固，如果处理方法得当，在熔融状态下的粒化加工处理比固态下加工容易得多。另外，钢渣在液态下更容易控制加工粒度，使生产出的产品颗粒大小适宜，粒度均匀。再次，如果往液态熔液中添加改性剂和孔隙强化材料，因液态钢渣具有流动性，较易混合均匀。因此，钢渣吸附剂的开发关键在于如何在液态下对其直接进行造粒。

I 制备微晶玻璃等陶瓷产品

微晶玻璃由于具有机械强度高、耐磨损、耐腐蚀、电绝缘性优良、介电常数稳定、膨胀系数可调、热稳定和耐高温等特点，除广泛应用于光学、电子、宇航、生物等高新技术领域作为结构材料和功能材料外，还可大量应用于工业和民用建筑作为装饰材料或防护材料。由于生成微晶玻璃的化学组成有很宽的选择范围，而钢渣的基本化学组成就是硅酸盐成分，其成分一般都在微晶玻璃形成范围内，能满足制备微晶玻璃化学组分的要求。利用钢渣制备性能优良的微晶玻璃对于提高钢渣的利用率和附加值，减轻环境污染具有重要的意义。据报道，利用钢渣制造富 CaO 的微晶玻璃，具有比普通玻璃高 2 倍的耐磨性及较好的耐化学腐蚀性。也可用钢渣制造出透明玻璃和彩色玻璃陶瓷，用作墙面装饰块及地面瓷砖等。

4.3.3 铁合金渣的处理与利用

在铁合金生产过程中排出的固体废物称为铁合金渣，主要是大量炉渣。铁合金炉渣可用于自身的铁合金生产中，也可用于炼钢、炼铁、建筑工业、筑路、农业、机械制造和建材工业。

4.3.3.1 硅铁渣的回收利用

硅铁采用无渣法生产，产生的渣量很少，渣铁比为 0.05。硅铁渣可直接回收利用，即将硅铁渣返回硅铁炉或硅锰炉进行再熔化，回收金属。

4.3.3.2 硅锰合金炉渣的利用

硅锰合金炉渣可经破碎成为碎石加以利用，也可用水淬法使硅锰渣粒化。硅锰渣可有以下几种利用方法：

（1）作为冶炼材料。碎石状硅锰炉渣可返炉作为冶炼材料，回收利用炉渣中的硅和锰，其终渣再作其他利用。

（2）作建筑材料。硅锰合金渣可作为骨料生产水磨石砖；也可破碎后作为砂石使用。粒化的硅锰渣可作为混凝土填料用。

（3）作肥料添加剂。硅锰合金渣中含有锰，可作为肥料添加剂加入肥料中制造特殊的混合肥料。

4.3.3.3 铬铁渣的利用

在铬铁合金生产中及金属铬生产中均产生含铬废渣，其成分与蛇纹石相近，可有以下利用途径：

（1）用铬铁渣制砖。将铬铁渣干燥、粉碎，按铬铁渣：黏土 = 2 : 3 的比例配料制砖，入窑焙烧即成普通建筑砖。焙烧过程中六价铬转变为无毒的三价铬，可满足建房要求。

（2）用铬铁渣作铸石。按 30% 铬铁渣、25% 硅酸盐、45% 煤渣和适量氧化铬配料，经高温烧铸和结晶退火即制成铸石。铸石强度高，耐磨损，耐腐蚀，在工业与建筑上应用较广。

（3）用铬铁渣作钙镁磷钾肥。将水浸废铬铁渣作原料可代替蛇纹石生产钙镁磷钾肥。生产中铬铁渣经配料、烧结为球团，然后进入高炉生产钙镁磷钾肥。在高炉的还原性气氛中，渣中的六价铬被还原成无害的三价铬与金属铬。

（4）用铬渣作玻璃着色剂。利用铬渣中的六价铬在高温时可被还原为三价铬的特点，将铬渣作为玻璃着色剂生产玻璃制品。三价铬呈翠绿色，所得玻璃制品即显翠绿色。

4.3.4　含铁尘泥的处理与利用

4.3.4.1　含铁尘泥的产生和组成

钢铁冶炼过程中，烧结机、高炉、中转炉及其他冶金炉都排出大量高温烟气，其中含有大量烟尘。这部分烟尘经干式除尘器收集下来变为粉尘，经湿式除尘器收集下来后成为污泥，所收集下来的粉尘和污泥中均含有相当数量的铁和氧化铁，再加上轧钢铁皮，统称为含铁尘泥。含铁尘泥主要由铁、铁的氧化物、氧化钙、二氧化硅等组成。

含铁尘泥的矿物组成因冶炼方法不同而有所不同。转炉尘泥中主要为磁铁矿，其次为赤铁矿；轧钢铁皮中则几乎全是铁的氧化物。

4.3.4.2　含铁尘泥的利用

含铁尘泥目前主要是返回烧结机与烧结矿混合后进入高炉炼铁，也可处理后直接用于炼钢。

（1）含铁尘泥用于烧结。将含水 26% ~ 30% 的尘泥与烧结厂的返矿混合成含水率小于 10% 的小球，加入烧结料中可提高混合料的透气性，改善烧结过程。

（2）含铁尘泥用于转炉炼钢。将氧气顶吹转炉除尘污泥脱水，使含水率降到 25% ~ 30%，与废石灰粉混合搅拌后静置至水分低于 15%。然后由压球机压制成球，在 150 ~ 250℃ 温度下烧成尘泥球团。此球团可直接返回转炉作造渣剂和冷却剂。

4.3.5　粉煤灰的处理与利用

钢铁企业所属的热电厂、工业锅炉和采暖锅炉都产生大量粉煤灰。粉煤灰是一种火山灰质材料，以二氧化硅和氧化铝为主要成分，它与石膏、石灰等按一定比例配合后可加工为粉煤灰水泥、粉煤灰砖、粉煤灰砌块和粉煤灰混凝土大型墙板等。粉煤灰可加工成粉煤灰陶粒，还可作为混凝土掺和料和细骨料用作普通混凝土、轻质混凝土、加气混凝土和轻质耐热混凝土。此外，粉煤灰还可用于筑路，制造钙镁磷肥及制造分子筛。

4.4　有色冶金企业固体废物处理

有色金属渣是有色金属矿物在冶炼中产生的废渣，是冶金废渣的一种。有色金属渣按生产工艺可分两类：火法冶炼中形成的熔融炉渣和湿法冶炼中排出的残渣。有色金属渣按金属矿物的性质，可分为重金属渣（如铜渣、铅渣、锌渣、镍渣等）、轻金属渣（如提炼氧化铝产生的赤泥）和稀有金属渣。长期以来对有色金属渣采用露天堆置的处理方法，不仅占用大量土地，还会受大气侵蚀和雨水的淋浸，对土壤、水体和大气造成污染。含有铅、砷、镉、汞等有害物质的有色金属渣，对堆置地区的居民和环境造成威胁。目前对铜、铅、镍炉渣的处理与利用较多，赤泥也部分得到利用，而稀有金属渣则大都未得到有效的处理和利用。

4.4.1 赤泥的处理与利用

赤泥是氧化铝工业排放的红色粉泥状废料，属强碱性有害残渣，含水率高，密度为 $700 \sim 1000 kg/m^3$，比表面积为 $0.5 \sim 0.8 m^2/g$。其组成和性质复杂，并随铝土矿成分、生产工艺（烧结法、混联法或拜耳法）及脱水、陈化程度有所变化。赤泥的典型化学成分见表 4-4。

表 4-4 赤泥的典型化学成分（质量分数）　　　　　　　　　　（%）

化学成分	Fe_2O_3	Al_2O_3	SiO_2	CaO	Na_2O	TiO_2	K_2O	MgO	灼 减
烧结法	10.97	7.68	22.67	40.78	2.93	3.26	1.38	1.77	11.77
混联法	12.10	8.10	20.56	44.86	2.77	5.09	1.35	2.02	8.18
拜耳法	32.20	19.10	9.18	14.02	4.38	9.39	0.039	1.36	6.35

2004 年，我国赤泥排放量已超过 $5.5 \times 10^6 t$（每生产 1t 氧化铝约排放 $1.0 \sim 1.5t$ 赤泥），历年来的堆存量已达数亿吨。目前多采取赤泥库（坝）湿法存放或脱水干化处理，不仅侵占农田，污染环境，存在溃坝隐患，还使赤泥中的有用成分不能得到合理利用，造成资源的二次浪费，因此，对其进行综合利用和无害化处理十分必要。

赤泥的主要利用途径有：生产建筑材料，用于路坝修筑与工程回填，制备新型功能性材料，改良土壤，以及从中回收有用物质等。近年来，赤泥的环保功能也已引起广泛关注。

4.4.1.1 赤泥的综合利用

A 生产建筑材料

赤泥可生产硅酸盐水泥、油井水泥及抗硫酸盐水泥等多种型号的水泥，工艺流程和技术参数与普通硅酸盐水泥基本相似。每生产 1t 水泥可利用赤泥约 400kg，且具有早强、抗硫酸盐腐蚀、抗冻等特点，在高速公路、机场、桥梁等处的使用效果良好。

利用赤泥为主要原料，添加石膏、矿渣等活性物质，可生产免烧砖、空心砖、绝热蜂窝砖、琉璃瓦、保温板材、陶瓷釉面砖等多种墙体材料。它们不仅性能优越，生产工艺简单，而且符合国家新型建材的发展方向。

以烧结法赤泥制釉面砖为例，所采用的原料组分少，除赤泥作为基本原料外，仅辅以黏土质和硅质材料。其主要工艺流程为：原料→预加工→配料→料浆制备（加稀释剂）→喷雾干燥→压型→干燥→施釉→煅烧→成品。

B 用于路坝修筑及工程回填

赤泥滤饼放入回转窑中烘干烧结，可制得化学稳定性好、密度大（$2.67 \sim 3.12 g/cm^3$）、强度高（约大于 100MPa，即大于 $1000 kg/cm^2$）的骨料，加上其胶结作用，经压实后具有很高的承载强度和耐久性，用来铺设公路，完全符合沥青路面表层、中层和底层的要求。

赤泥还是一种非常理想的筑坝材料，通过管道输送，按设计端面有组织地排放、自然沉积，经陈化、干燥，即可形成一个结构强度较高、总体刚度较大的赤泥堆放体或坝体，以满足灰渣排放和堆存的要求。

赤泥回填铝土矿采空区的实践表明：胶结充填技术可靠、经济合理，可提高矿石回收率23%，并且在控制采场地压、保护地表建筑等方面探索出一条成功道路。

C　农用

赤泥中除含有较高的硅、钙、钾、磷等成分外，还含有数十种农作物必需的微量元素。赤泥脱水后，在 120~300℃ 烘干活化并磨细至粒径为 90~150μm，即可配制硅钙农用肥。它可使植物形成硅化细胞，增强作物生理效能和抗逆性能，有效提高农作物产量，改善粮食品质，同时降低土壤酸性，作为基肥改良土壤。

山东铝厂生产的硅钙肥在济宁等地的缺硅土壤中的试验表明：该肥对水稻、玉米、红薯、花生等农作物均有增产效果，一般增产 8%~10%。但目前很少使用这一技术，其原因是长期使用容易引起渗漏，造成地下水污染。

D　制备新型功能性材料

赤泥是塑料制品优良的补强剂和热稳定剂，在与其他常用的稳定剂并用时，具有协调效应，使填充后的塑料制品具有优良的抗老化性能，可延长制品的寿命长达 2~3 倍，并可生产赤泥塑料阻燃膜和新型塑料建材。

以赤泥为主要原料，在不外加晶核剂的情况下，可制得抗折和抗压强度高、化学稳定性好的微晶玻璃。它不仅是建筑装饰材料，还可作为化工、冶金工业中的耐磨、耐蚀材料。

此外，还可用赤泥制备人工轻骨料混凝土、红色颜料、水煤气催化剂、橡胶填料、赤泥陶粒、微孔硅酸钙保温材料、流态自硬砂硬化剂、防渗材料和杀虫剂载体等新型材料。

E　回收有用物质

从赤泥中综合回收有用物质的原则是：采用现有较为成熟的工艺，优先回收铁、铝，在回收钛的同时，兼顾钪、锆、钽、铌等稀有金属及稀土元素的回收，避免在工序上造成损失；同时，必须对回收过程中的酸碱废液、浸出废渣进行妥善处置。

平果铝业以拜耳法赤泥为原料，经还原焙烧后磁选，能有效地回收铁。铁以海绵铁的形态产出，回收率为 87%，可代替废钢作为炼钢的原料；磁选尾矿经酸处理后进行焙烧、浸出，从浸出液中可萃取钪，钪以 Sc_2O_3 的形态产出，萃取率为 90.6%，进一步制取可获得 Sc_2O_3 为 99.95% 的产品；在萃取钪的余液中，经碱中和生成沉淀后提铝，Al_2O_3 的回收率为 85%；钠以硫酸钠的形态产出。赤泥提取有价金属后的酸浸渣约占赤泥总量的 2/3，其中含钙、硅较高，可用于烧制硫铝酸盐水泥，用于快速施工和各种抢修工程中。

4.4.1.2　赤泥在环境保护中的应用

A　废气治理

赤泥颗粒细微，比表面积大，有效固硫成分（Fe_2O_3、Al_2O_3、CaO、MgO、Na_2O 等）含量高，对 H_2S、SO_2、NO_x 等污染气体有较强的吸附能力和反应活性，因此可代替石灰或石灰乳对废气进行处理。由于赤泥尚有部分溶解性的碱，因此其废气净化效果更佳。

赤泥治理废气的方法可分为干法、湿法两种。干法是利用赤泥表面矿物的活性直接吸附废气；湿法则是利用赤泥中的碱成分与酸性气体反应。两者均已有实践应用。据报道，拜耳法赤泥干法脱硫时，1kg 赤泥可吸收 $SO_2$11.3g，脱硫率约 50%；湿法脱硫时，1kg 赤泥吸附 $SO_2$16.3g，脱硫率约 90%。

德国的研究表明，赤泥的烟气脱硫效率可达 80%，若在赤泥中添加 Na_2CO_3，更有利于对 SO_2 的吸附。日本曾将活化后的赤泥在 500℃ 下吸附来自火力发电厂、制造业烟囱中的 SO_2，脱硫效率为 100%，循环 10 次后，脱硫效率仍达 93.6%。谷天野用赤泥制备的脱硫剂对城市煤气中的 H_2S 进行吸附，其脱除率可达 98% 以上。我国宣化煤气公司、大同煤矿集团的赤泥脱硫实践也已获得成功应用。

B　废水治理

以赤泥为原料，经水洗、酸洗、焙烧活化等步骤后，可制备性能良好的水处理剂，它既可部分吸附废水中的 Cs、Sr、U、Th 等放射性物质，As^{3+}、Cd^{2+}、Zn^{2+}、Cu^{2+}、Ni^{2+}、Pb^{2+} 等重金属离子，PO_4^{3-}、F^- 等非金属有害物质及某些有机污染物，也可用于废水的脱色和澄清。

由于赤泥物性组成复杂，在对废水有害物质的吸附过程中，势必会对水的浊度和毒性有一定的影响，因此，赤泥在净化废水之前，还需进行必要的改性、活化处理。

C 修复污染土壤

赤泥对受到重金属污染的土壤有良好的修复作用。赤泥的施用能显著提高土壤中微生物的含量，降低土壤孔隙水、农作物种子、叶子中的重金属含量。经修复后，孔隙水中锌的质量浓度由原来的 50 ~ 100mg/L 几乎下降为 5mg/L。莴苣中锌的质量分数由原来的 3833×10^{-4}% 下降为 111×10^{-4}%，镍的质量分数由 333×10^{-4}% 下降为 3.1×10^{-4}%，铜的质量分数由 452×10^{-4}% 下降为 8.1×10^{-4}%。其修复作用机理是赤泥对土壤中的 Cu^{2+}、Ni^{2+}、Zn^{2+}、Pb^{2+}、Cd^{2+} 等有较好的固着性能，使其从可交换状态转变为键合氧化物状态，从而使土壤中重金属离子的活动性和反应性降低，有利于微生物活动和植物的生长。

实际上，赤泥因富含大量的 Fe_2O_3、Al_2O_3、SiO_2、CaO、MgO 等有用成分及多种微量元素和稀土元素，从而可作为潜在资源加以回收利用。

赤泥的综合利用应着眼于废物处理量大、制品附加值与技术含量高、兼具环境效益与经济效益、有示范带动效应的深层次利用途径。在巩固其用作建材原料、铺路筑坝、工程回填、农业利用等传统消纳方式的基础上，要加强复合型功能材料的开发和推广，并且统筹考虑赤泥中有用物质的多级分批回收工艺，确保经济可行，且避免二次污染。

当前，用赤泥作环境修复材料处理废气、废水及土壤中的有机和无机污染，具有成本低、工艺简单、以废治废等优点。而对赤泥微观结构、吸附过程、焙烧活化机理、改性工艺等方面的深入研究，将大力推进赤泥在环保领域中的应用范围。

4.4.2 铜渣的处理与利用

由于我国炼铜工业的持续发展，铜矿资源已日趋枯竭，目前含铜 0.2% ~ 0.3%（质量分数）的铜矿已被开采利用，而在铜冶炼过程中产出的炉渣中的铜含量（质量分数）却在 0.5% 以上。受传统炼铜工艺的限制，其铜渣中的残余铜的含量不断增加，如何高效回收利用这部分铜资源已成为现阶段处理铜冶炼渣及落实中央大力发展循环经济、提高资源的循环利用、提高铜生产集约化发展的重要举措。当前，铜冶炼渣中的大部分贵金属是与铜共生的，回收铜的同时也能回收大部分的贵金属和稀有金属。因而，对铜渣的深入研究是非常有价值的。

4.4.2.1 我国铜渣的主要来源及种类

随着我国铜冶金工艺的不断发展，传统炼铜工艺，如鼓风炉熔炼、反射炉熔炼和电炉熔炼等，正逐渐被闪速熔炼工艺所取代；与此同时，熔池熔炼工艺，如诺兰达法、瓦纽科夫法、艾萨法，因其工艺自身的优势而逐渐被人们所重视。冶炼厂转炉、闪速熔炼等炉渣含铜较高（尤其是含砷等有害元素较高的炉渣），返回处理困难，日本、芬兰等冶炼厂都采用选矿工艺处理铜冶炼渣。

我国的铜渣主要为火法熔炼渣，每年产出 1.5×10^6t 以上，目前累计超过 2.5×10^7t，此外，还有相当数量的转炉渣和湿法炼铜浸出渣。我国铜资源目前的保守储量为 7.048×10^7t，已开发 4.1×10^7t，其余尚未利用的储量中，富矿少，贫矿多，原矿品位低，难采难选，建设条件和开发效益差，回收利用困难。相反，铜冶炼产生的冶炼渣中铜、铁等金属含量却较高，如大冶有色金属公司的诺兰达渣中铜的质量分数达到 4.57%，铁的质量分数高达 46%。如何有效地回收铜渣中的有价组分，实现铜渣资源化，创造可观的经济效益是当前研究的重要课题。

4.4.2.2　铜渣的典型矿物组成及岩相特征

铜渣主要由铁硅酸盐和磁铁矿相组成，铁的质量分数在 40% 以上。由于受现代铜冶炼工艺不同的影响，其所产生的铜渣的矿物组成也不同。本节着重叙述一般铜渣的主要组分，如铁橄榄石、磁铁矿、铜锍等。

A　铁橄榄石（$Fe_2[SiO_4]$）

铁橄榄石的化学组成为 $2FeO \cdot SiO_2$；物理性质是：斜方晶系，晶体常呈短柱状或平行 (100) 的板状。硬度为 6.5，显微硬度为 $6000 \sim 7000MPa$，密度为 $4.32g/cm^3$，熔点为 1205℃，强磁性，ASTM 卡片 9～307。颜色深灰，呈柱状，粒状产出，晶粒大小不一，结晶良好的呈连续条柱状晶体，在长度方向有时可达数毫米，晶粒间隙为玻璃相。

B　磁铁矿（Fe_3O_4）

磁铁矿的化学组成（质量分数）为 FeO 31.03%，Fe_2O_3 68.97%；物理性质是：等轴晶系，晶体常呈八面体或菱形十二面体。通常为粒状或不规则状，若呈树枝状则称为柏叶石。硬度为 5.5～6，显微硬度为 $5000 \sim 6000MPa$，密度为 $5.175g/cm^3$，熔点为 1597℃，强磁性。居里点为 860℃，低温电阻率为 $0.01\Omega \cdot cm$。颜色呈浅灰色，属高熔点矿物，是渣中最早析出的结晶相，呈大颗自形晶、半自形晶，有的呈树枝状、针状，粒度范围为 $20 \sim 70\mu m$ 不等，多数为独立体分布于玻璃相基质中，部分与铜锍复合包裹。

C　铜锍

铜锍为 Cu_2S-FeS 固溶体，亮白色。渣中存在各种粒径的铜锍粒子，多数为独立体，呈圆形、椭圆形或不规则状。有的铜锍粒子被磁性氧化铁包裹，或与磁性氧化铁相互嵌连生长，少量铜锍附着于气泡表面。部分未聚集长大的铜锍粒子（小于 $10\mu m$）分散在玻璃相和铁橄榄石相中。铜锍是重金属硫化物的共熔体，从工业生产的铜锍看，其中除主要成分 Cu、Fe 和 S 外，还含有少量的 Ni、Co、Zn、Ag 和 Au。

4.4.2.3　铜渣利用的化学处理工艺

铜渣利用的化学处理工艺主要指通过对铜渣采用贫化工艺而提取渣中的有用元素，最终达到对铜渣贫化利用的目的。目前世界上工业应用的对铜渣的贫化处理方法有电炉贫化和炉渣选矿两种。

选矿法的弃渣中铜的质量分数为 0.51%，电炉法的弃渣中铜的质量分数为 0.66%，这表明这两种工艺在工业应用时，弃渣中铜的质量分数是较高的。从铜渣中回收金属有多种化学工艺，这些化学工艺主要分为浮选、浸出和焙烧三类。

采用浮选、浸出和焙烧工艺来贫化铜渣中的有价元素，可提取其可利用组元。铜渣浮选原则上与硫化铜矿浮选相同，由于铜渣中的铜是以氧化物形式存在，少量浸染在渣的基质中，因此，应用浮选法处理铜渣受到了限制，只能有效地浮选金属铜和硫化铜矿物，不能有效回收镍、钴和氧化铜。浸出是从渣中回收金属的另外一种方法。在所研究的湿法冶金工艺中，有用硝酸、高氯酸、二氯化铁、硫酸铁、氰化物、二氧化硫直接浸出的，也有先焙烧后浸出的。包括采用加硫酸亚铁、硫酸铁、黄铁矿、硫酸铅和硫酸焙烧，接着用水浸出等工艺从铜渣中回收有价金属。

以下着重讲述采用化学工艺来贫化铜渣中的有价元素，对其有价元素进行回收利用的方法。

A　转炉渣浮选工艺

浮选工艺是依据有价金属赋存相的表面亲水、亲油性质和磁学性质的差别，通过磁选和浮选分离、富集有价金属。渣的黏度大，阻碍含铜相晶粒的迁移聚集，晶粒愈细小，铜相中硫化铜的含量愈少，铜浮选难度愈大。弱磁性铁橄榄石比例越大，磁选时精矿降硅就越困难。炉渣中晶粒的大小、自形程度、相互关系及主要元素在各相中的分配与炉渣的冷却方式密切相关。缓冷过程中，炉渣熔体的初析微晶可通过溶解—沉淀形式成长，形成结晶良好的自形晶或半自形晶，聚集并长大成相对集中的独立相。

从富氧熔炼渣（如闪速炉渣）和转炉渣中浮选回收铜在炼铜工业上已得到广泛应用。浮选法除铜回收率高、能耗低外（较电炉贫化），与炉渣返回熔炼相比，可以将 Fe_3O_4 及一些杂质从流程中除去，吹炼过程中的石英用量将大幅减少。我国铜陵有色公司用浮选法处理铜的质量分数大于 2% 的转炉渣，使炉渣中钴富集于铜精矿，钴的回收率达 81.4%。西北矿冶研究院对白银有色公司原来堆存的铜反射炉渣进行了浮选研究，铜浮选回收率可达 60% 以上。但是浮选法只能处理硫化态的铜渣或铜矿，因此，对强氧化熔炼产生的炉渣（其中铜有 1/3 呈氧化形态存在）中的铜，用浮选法时铜的回收率不高。

B　电炉贫化工艺

用电炉贫化可以提高熔渣温度，使渣中铜的质量分数降低，有利于还原熔融渣中氧化铜、回收细颗粒的铜粒子。电炉贫化不仅可以处理各种成分的炉渣，而且可以处理各种返料。

C　湿法冶金及其他处理工艺

从炉渣中浮选出铜精矿，再将铜精矿置于阳极区进行电解，阴极产出铜粉，电解液除杂质后用萃取法分离铜，锌生产硫酸锌，铜总回收率为 90%，锌总回收率为 81%～83%。也可以利用铜渣直接进行电解，铜渣为阳极，铜板为阴极，在 180～200A/m² 的电流密度下电解生产铜。从铜冶炼炉渣中回收金，用常温氯化浸出法，日处理铜渣 180kg，铜渣含金 5.978g/t，浸出后产出金泥，金富集比为 5000～6000 倍，金浸出率为 93%～95%，提金后的渣含金 0.3～0.38g/t，金总回收率超过 89%。日本也使用了电解法处理铜渣，它是以铜浮选渣作阳极进行电解，电流密度为 400A/m²，所得电铜中铜的质量分数为 97.8%，但其他杂质含量较高，如铅的质量分数为 1.8%，砷的质量分数为 0.9%。印度采用焙烧—浸出法处理镍的质量分数为 1.989% 的铜转炉渣回收镍，镍回收率为 85%。

D　火法贫化工艺

使用各种废渣和尾矿作熔剂，对转炉渣和反射炉渣进行贫化处理，以达到以废治废的目的。某厂用电弧炉熔炼铜的质量分数为 0.94% 的炉渣，用黑色冶金炉渣作熔剂，加入量为处理炉料的 40%，熔炼温度为 1290℃，产出物金属主要是铁，质量分数达 90% 以上，可送去炼铁。从挥发物中回收有色金属，熔炼产生的二次炉渣生产水泥。用回转窑贫化铜转炉渣时，加入锌窑渣作贫化剂，贫化后弃去渣中铜的质量分数为 0.96%，进入冰铜的回收率为 68%，锌窑渣中贵金属经过贫化处理进入冰铜。还有的用炼锌渣作还原剂，用铅浮选的尾矿作硫化剂，在 1300℃ 下贫化处理铜转炉渣，保留铜的质量分数为 8.3%～11.4% 的冰铜，贫化后弃渣中铜的质量分数为 0.33%～0.34%。对含硫化物精矿自热熔炼产出的炉渣（铜的质量分数为 1% 左右）进行火法贫化，在 1523K 和惰性气体保护条件下，采用高温重熔和气体搅拌的方法可使渣中铜的质量分数明显下降（铜的质量分数为 0.6%），当采用碳质还原剂，用铜精矿、磁黄铁矿和黄铁矿等硫化剂进行贫化处理，并适当添加 SiO_2、CaO 等熔剂改善渣型时，可使渣中铜的质量分数降低至 0.2% 左右。

针对上述渣中铜的质量分数高的原因，火法强化贫化技术通过对炉渣采取硫化、还原、鼓风搅拌及提高炉渣温度等措施，达到贫化炉渣、加快铜渣分离、降低渣中铜的质量分数的目的。

E　真空处理工艺

采用真空法处理渣，可以为反应提供良好的真空条件，形成压差，有效促使冰铜与炉渣分离。常压熔炼改变渣温度，熔渣经 40min 熔炼，然后再采用真空法处理，能使渣中铜的质量分数有较为明显的下降。

4.4.2.4　我国物理工艺处理铜熔炼渣现状

A　应用于水泥制造工业

铜熔炼渣可以代替铁粉作矿化剂，作铁质校正剂生产硅酸盐水泥熟料，生产铜渣水泥。它是以炼铜水淬渣为主要原料，掺入少量激发剂（石膏和水泥熟料）和其他材料细磨而成。与其他品种水泥相比，它具有后期强度高、水化热低、收缩率小、抗冻性能好、耐腐蚀和耐磨损等特点。生产工艺简单，投资可节省 50%，铜渣用量多（用渣量约占水泥的 60% ~ 70%），能耗可降低 50%。产品适用于抹灰砂浆、低标号混凝土及空心小型砌块等制品。

B　应用于工业及民用建筑业

铜熔炼渣可应用于工业及民用建筑业，具体为：

（1）制砖及各种砌块。以炼铜水淬渣为骨料，与水泥按照一定配比压制成渣砖和隔热板等建筑材料。在这类产品中，铜渣的加入量高达 90%。产品具有密度小、保温隔热、抗渗性好的优点；生产过程中能耗比较低，工艺和操作也较简单，投资少，如建一座年产 $10000m^2$（约 134 万块）的空心小砌块厂，约需要投资 18 万元，每年可获利 30 万元，铜渣的消耗量可超过 $2 \times 10^4 t$。

（2）代替沙石用于配制混凝土和砌筑砂浆。炼铜炉渣代替沙石配制混凝土和砌筑砂浆，其力学性能、耐久性能等都良好，而且强度优于普通沙石配制的混凝土和砌筑砂浆。

C　在采矿业中作充填料

在采矿胶结充填中，铜渣既可以代替黄砂作骨料，也可以经过细磨后代替硅酸盐水泥作为活性材料。在大冶的铜绿山矿和铜陵的金口岭等矿山均有这类应用。

D　应用于铸石生产

铸石一般是以玄武岩、辉绿岩等作原料熔化成玻璃体后，浇铸成制品，经结晶退火等工序制成。铸石具有耐磨、耐腐蚀、绝缘、高硬度、高抗压等性能，可代替金属、合金及橡胶制品使用。铜渣的化学成分与铸石相近，如果铜渣中铁的质量分数高，可先经磁选分离铁，然后对非磁性部分加入相应的附加剂即可作为生产铸石的原料。近年来不少国家都以炉渣为原料生产铸石制品，包括板材、管材及其他形状的制品。我国的白银公司、黄石石灰石厂和大理石厂等厂家也利用铜渣生产铸石。

E　作为防腐除锈剂应用于建筑业

炼铜水淬渣是在 1250 ~ 1300℃ 的高温下，经过复杂的造渣反应，结合成十分稳定的 $2FeO \cdot SiO_2$、$CaO \cdot FeO \cdot SiO_2$、$2CaO \cdot SiO_2$ 盐的共熔体，没有游离的 SiO_2，冷却后硬度高，灰含量低，性能比常用作防腐除锈的黄砂好。只要进行干燥和粉碎筛分加工即为成品，是船舷、桥梁、石油化工、水电等部门使用的很好的除锈材料。铜陵公司、富春江冶炼厂的这类产品已销往渤海湾、青岛、上海、香港等地。

F　应用于筑路路基和道砟

依据铜渣自身的理化特性的优势，其现在广泛应用于道路修筑路基，还必须掺配一定量的胶结材料。这种路基具有较强的力学强度，较好的水稳定性，而且施工操作方便，受雨水浸蚀不会翻浆，板体性强，特别适用于多雨潮湿的南方地区，如上海至宜兴、常州至漕桥的公路用鼓风炉水淬渣作基层比原来的泥结碎石结构好。从1959年开始，沈阳冶炼厂把钢鼓风炉渣提供给沈阳铁路工程处用作铁路道铺设混合道床。由于水淬渣的松散密度为$1.82g/m^3$，相对密度为3.69，吸水率为0.2%，因此，用其铺设的道床具有渗水快、不腐蚀枕木、道床不长草、成本低等优点。

G　应用于生产矿渣棉

熔融状态的铜渣可用吸收法或离心法制成絮状渣棉。它具有绝热、吸声、耐腐蚀、不燃以及价廉等优点。沈阳矿渣棉厂用3份铜渣与1份电厂液态渣混合，在池窑内熔化，熔体通过四辊离心机甩成渣棉。它比一般的矿渣棉细，纤维长，且柔软，富有弹性。容积密度为$100kg/m^3$，导热系数为$0.067W/(m·K)$，耐火温度为1050℃。

4.4.2.5　铜渣综合利用存在的问题

通过对以上铜渣处理的国内外研究现状的分析可知：铜渣资源在循环利用方面存在着自身很难克服的问题，但其也有着广泛的应用前景。其存在的最大难点是：

（1）渣的结构和组成不利于选矿和浸出等处理过程。例如，大冶诺兰达炉渣中铜锍颗粒的尺寸差异很大，需要分段磨矿，分段选出；质量分数高达46%的铁分布在橄榄石和磁性氧化铁两相中，可选的磁性氧化铁矿物少，且两者互相嵌布，粒度都较小，使磁选过程很难进行，所得铁精矿产率低，硅的质量分数严重偏高，成本高，质量差，无法使用，同样的问题也存在于转炉渣的选矿过程中。

（2）炉渣的理论研究工作不够深入。铜渣利用的经济、社会和环境效益都非常显著。目前，炼铜炉渣的综合利用虽然得到了较广泛的研究，但形成工业化生产规模的工艺还有待进一步开发研究。本文对铜渣处理利用的系统阐述表明：铜渣循环利用的经济效益和社会效益都很可观，其具有良好的工业应用前景，非常值得对其作深入研究，以达到对其产业化利用的要求。

4.4.3　铅锌渣的处理与利用

铅锌渣是提炼金属铅、锌过程中排出的固体废物，其中含有多种有价值的金属元素，值得回收利用。另外，火法冶炼过程排出的铅锌渣还含有SiO_2、CaO等成分，可作为水泥等建筑材料的生产原料使用。

4.4.3.1　铅渣的资源化

铅渣是铅冶金及铅产品生产、使用过程中排出的废渣。铅渣中回收铅的方法有火法和湿法两种。

A　氯化铅渣中铅、铋的回收

氯化铅渣是火法冶炼铋时产生的固体废物，其中含有铅、铋等多种金属，具有回收多种金属的价值。氯化铅渣的化学成分见表4-5。

表4-5　氯化铅渣的化学成分（质量分数）　　　　　　　　　　（%）

Pb	Bi	Cu	Fe	Ni	Ag	H_2O
65~75	1~2	0.3~0.4	0.2~0.3	0.03~0.04	0.02~0.03	1~2

用氯化钠溶液浸出氯化铅渣，是基于氯化铅易溶于碱金属和碱土金属的氯化物溶液中。氯化铅在氯化钠溶液中的溶解度可以达到0.68mol/L，而在25℃的水中溶解度仅为0.04mol/L。

氯化铅渣在氯化钠酸性溶液中浸出时，除浸出铅外，也同时浸出铜、铁、铋等杂质。其中，铁、铋在较低的酸度下易水解除去，铜可通过加入硫化钠生成硫化铜沉淀除去，工艺过程中的主要化学反应有：

$$PbCl_2 + 2NaCl =\!=\!= Na_2PbCl_4$$

$$BiCl_3 + H_2O =\!=\!= BiOCl\downarrow + 2HCl$$

$$Cu^{2+} + Na_2S =\!=\!= CuS\downarrow + 2Na^+$$

$$Na_2PbCl_4 + NaOH =\!=\!= Pb(OH)Cl\downarrow + 3NaCl$$

$$3Pb(OH)Cl + 2(NH_4)_2CO_3 =\!=\!= 2PbCO_3 \cdot Pb(OH)_2\downarrow + 3NH_4Cl + NH_4OH$$

$$PbCO_3 \cdot Pb(OH)_2 =\!=\!= 3PbO(黄丹) + H_2O + 2CO_2\uparrow$$

$$Pb(OH)Cl + H_2SO_4 =\!=\!= PbSO_4\downarrow + HCl + H_2O$$

粗碱式碳酸铅经过洗涤至中性，过滤、烘干，并在 600~650℃煅烧 1h，可得到黄丹产品。

B　铅渣生产化工产品

铅渣中的铅主要以硫酸铅、氧化铅、二氧化铅等形式存在。以铅渣为原料，可生产三盐基硫酸铅、二盐基亚磷酸铅、硬脂酸铅等化工产品。

粗渣中的铅在碳酸氢铵溶液中转化为碳酸铅，加稀硝酸溶解碳酸铅；过滤后滤液中加入硫酸使铅生成纯净的硫酸铅；硫酸铅再与氢氧化钠反应，得到三盐基硫酸铅产品。

C　铅渣中铅的电解回收

利用铅渣中各种铅化合物的电还原性质，将铅渣作为阴极，电解时得到电子而被还原成金属铅的工艺，称为铅渣的固相电解工艺。

电解前，将铅渣涂在阴极板上，阴极板和阳极板均为不锈钢。电解时，阴极上的铅渣得到电子，还原成金属铅，阳极放出氧气。电解结束后，取下阴极上的物料，放在铁锅中熔铸成铅。

D　铅渣生产建筑材料

熔融鼓风炉渣和回收铅锌后的水淬渣可作为生产建筑材料的原料使用。

(1) 代替骨料生产灰渣瓦。铅水淬渣的物理力学性能接近甚至优于河砂，可代替河砂作为骨料使用。铅水淬渣的非晶体结构具有一定的活性，在石灰、石膏、水泥熟料等激发剂的激发下，可表现出相当程度的水硬性。在同样条件下，铅渣作为骨料的水淬渣瓦（掺量为 30%左右）的抗折强度比河沙作为骨料的水泥瓦高 15%左右。

(2) 作为水泥的辅助原料。将石灰、铅水淬渣、黏土、萤石、白煤等按比例配制，即可生产出合格的水泥。将配料在 300℃干燥，再球磨至粒度为 0.125mm（120 目）左右，制成 5~20mm 的球粒，并在 1200~1300℃煅烧。冷却后掺入一定量的钢渣和生石膏，研磨成细粉即可得水泥成品。

4.4.3.2　锌渣的资源化

硫化锌矿一般伴生有许多有价元素，除铜、铅外，还常伴生有金、银、砷、锑、镓等。在湿法炼锌工艺中，这些伴生元素常残留在浸锌渣中，有必要对其进行回收。

A　浸锌渣中有价元素的综合回收

某厂浸锌渣的化学成分见表 4-6，除含有锌、铅、铜、铁等常见金属元素外，还含有一定量的稀有金属和贵金属，具有极大的综合利用价值。

表 4-6 某厂浸锌渣的化学成分

$w(Zn)$ /%	$w(Pb)$ /%	$w(Fe)$ /%	$w(SiO_2)$ /%	$w(Al_2O_3)$ /%	$w(Ga)$ /g·t^{-1}	$w(Ge)$ /g·t^{-1}	$w(In)$ /g·t^{-1}	$w(Ag)$ /g·t^{-1}
18.6	4.62	21.18	8.64	2.25	527	305	113	508

在浸锌渣中添加一定量的添加剂后进行成形，将浸锌渣成形后在1100℃用回转窑进行还原焙烧，使渣中锌、铅、铟等被还原并挥发进入烟气而富集回收，而铁、银、镓、锗等进入还原焙烧渣中。还原焙烧完成后，将料卸出并间接冷却。还原焙烧渣经过破碎、磨矿使焙烧渣粒度达到小于0.074mm(－200目)的占90%，再磁选。磁选后，铁、镓、锗富集于磁性物中，银富集于非磁性物中。对烟尘、磁性物和非磁性物分别进行处理，即可回收上述金属。

B 含锗氧化锌烟尘提锗

一般烟化炉挥发出的氧化锌烟尘中锗的质量分数为0.018%～0.042%，可用于提取金属锗。用氧化铅锌矿生产1t电解锌，可从烟化炉烟尘中回收0.3～0.5kg的金属锗。用电解锌的废电解液作为溶剂浸出烟尘，在浸出过程中锗和锌溶解进入溶液，与不溶的硫酸铅和其他不溶杂质分离。然后将浸出液进行丹宁沉淀，使锗从硫酸锌溶液中分离出来，硫酸锌溶液提锌。产出的单宁酸锗渣饼进行浆化洗涤、压滤后烘干，再将其加入回转窑灼烧，最后产出锗精矿。在处理含锗氧化锌烟尘提锗的过程中，浸出和丹宁沉淀是两个主要的分离过程。

4.4.4 有色冶金固体废物的最终处理

在目前的技术条件下，有色冶金固体废物中的有价金属能提取的都已提取；然后再作为其他行业的原料，使之再资源化；最后必须丢弃的废物，应该进行科学的最终处置。

冶金企业排放的大量固体废物，无论是暂时堆存的，还是永久堆存的，都不能任意排放，否则将对环境造成严重的污染。由于废渣堆放不合理，堆放前不考虑环境地质条件，堆放后又不作环境评价，因而造成地下水源的严重污染，或造成大气污染的事例举不胜举。

废渣应堆放在使污染物不被吹扬、不会流失、不渗入地下水、工程投资及经济价值最低的地方。只有综合考虑以上条件选择渣场，才能减少对大气、河流、水源和土壤等环境的污染。因而要求在选择渣场时，要充分考虑环境气象、环境水文、环境地质等不同的影响因素。对环境地质条件，应考虑以下几个方面：

(1) 地形地貌条件。不让废渣吹走及流失，主要决定于气象及水文条件，但是地形地貌又是控制吹走及流失的影响因素。

渣场要求的地形以簸箕形为好，即三面高起、一面低平。高起的三面长，低平的一面为出口面，出口面要短。地形要平缓且向出口面微倾，出口方向应与主风向一致。

地貌条件考虑的内容较多。要从成因类型及废物堆放场地的微地貌等，再根据该厂的地形地貌综合考虑。

(2) 地层岩性条件。对坚硬和半坚硬岩石来说，所选择的岩层应该是成因类型单一，结构致密，分布稳定，产状平缓，厚度稍大，不与其他岩层接触等条件为宜。还应选择有一定抗压、抗剪强度的岩层，在巨大的几十万吨至几百万吨载荷作用下，不致引起较大的形变与破坏。而且岩石与废渣不易起有害的化学反应，不易透水，不易被水溶解。

对松散的岩石要选择生成时代老一些、结构致密、分布稳定、厚度较大的岩层，并且要选择抗剪强度大、压缩系数小、内摩擦系数大、渗透系数小、膨胀收缩等性能很小、孔隙率小、天然含水量低的岩石。矿物成分以黏土类矿物及石英为主，少含有机质及可溶盐。这些性质对不同的松软和松散岩石来说，其各影响因素的作用也是不同的，其中渗透性小是主要的。

（3）地质构造条件。从渣场修建后的稳定要求与渗流要求来看，起码要求在构造简单、构造断裂不发展、裂隙稀少的地方，尤其是不应有新断裂存在及老断裂复活的迹象。

（4）工程地质条件。渣场的载荷大，且不均匀，所以渣场所在的岩层必须有足够的抗压强度，以确保渣场建成后的稳定与安全。渣场对所在地层要求是：弱风化，剥蚀作用不强，不会崩塌，不产生滑坡，没有喀斯特地形存在。

（5）水文地质条件。渣场的污染物能否对地下水产生污染，在很大程度上取决于渣场的水文地质条件，这可以说是起决定作用的。对此的要求：一是要废渣堆中的污染物能沿渣场底面渗出，导入污水处理池；二是污染物不因雨淋雪融向下渗透；三是没有地下水，以断其迁移介质。

要满足以上所有条件，在自然界中找到理想的渣场是十分困难的。所以，在选择渣场时，只可能尽量满足以上各条要求。在天然条件下，不具备渣场最优的环境地质条件时，可以通过人工施工的办法，在不具备或不完全具备渣场环境地质条件的情况下，修建符合堆放废渣条件的渣场。

4.5　金属矿山固体废物处理

4.5.1　尾矿的处理利用

矿产资源是人类赖以生存的重要生产资料之一，其主要特点是不可再生和短期内的不可替代性。矿产资源是我国工业发展的基础原料，目前我国90%以上的能源和约80%的工业原料来自矿产资源，每年投入国民经济运转的矿物原料超过$50 \times 10^8 t$。随着我国工业化的迅速发展，矿产资源的需求将日益增加，但在矿产资源开发生产过程中，资源损失和浪费非常严重。因此，有效、合理利用矿产资源是矿山可持续发展的必然趋势。

矿产资源的开采必须经过破碎、磨矿、分选等多道工序才能选出精矿，在此过程中必然会排出大量尾矿。世界各国每年采出的金属矿、非金属矿、煤、黏土等高达$100 \times 10^8 t$以上，排出的尾矿量约为$50 \times 10^8 t$。目前，我国发现的矿产有150多种，开发了8000多座矿山，累计生产尾矿$59.7 \times 10^8 t$，占地$8 \times 10^4 hm^2$以上，而且每年仍以$3.0 \times 10^8 t$的速度在增长。尾矿不仅占用大量土地，而且给人类生产、生活带来严重污染和危害，现已受到全社会的广泛关注。随着矿产资源的大量开发和利用，矿石日益贫乏，尾矿作为二次资源再利用备受关注。我国共生、伴生的综合矿较多，以前开发利用率不高。目前，我国尾矿的综合利用率约为7%。因此，从我国尾矿资源的实际出发，大力开展尾矿资源综合利用，对保护和改善生态环境、提高资源利用效率具有十分重要的意义。

尾矿的处理方法有：

（1）尾矿再选。回收尾矿中最具经济价值的是其所含的各种有价金属和矿物，这是尾矿利用时必须考虑的。研究和采用先进生产工艺及设备尽可能将尾矿中的有用资源回收利用，以获得最佳经济利益。矿产资源日益贫乏，现在许多开采中的原矿的品位比老尾矿还低，尾矿已经磨细，可节省开采和破碎、磨矿成本。20世纪60年代以来，各国都非常重视尾矿的再选。如泰国的钨、锡尾矿再选出钨、锡、钽、铌等精矿。我国云南、广西等地的锡矿也进行尾矿再选，如云锡公司已建成2个处理老尾矿的选矿工段，处理尾矿$1.12 \times 10^6 t$，回收了锡。江西铜业公司从尾矿中回收铜和硫等均取得了良好的效益。

（2）尾矿生产建筑材料。尾矿生产建筑材料是尾矿利用量最大、最容易利用、环境保护效益最显著的利用途径。许多尾矿中含有多种非金属矿物，如硅石或石英、长石及各类黏土或高岭土、白云石或石灰石、蛇纹石等，这些都是较有价值的非金属矿物资源，可代替天然原料作为生产建筑材料的原料。

4.5.2 矿山废石的处理

废石的组成最接近原岩，具有很多非金属矿产的性质，可代替非金属矿产资源使用。但矿山废石目前利用得很少，大部分堆弃在矿区附近。目前所见的资源化利用途径，主要局限于矿山采空区的充填及堆浸废石中的有价成分两方面。

4.5.3 废石与尾矿的综合利用

废石与尾矿中含有相当数量的氧化钙、氧化镁、二氧化硅和三氧化二铝等，可用来生产建筑材料，制造玻璃等。综合利用途径有以下几种：

（1）制作尾矿砖。用重金属尾矿粉为主要原料，加入适量粉煤灰、石灰粉、石膏粉可制造尾矿砖。

（2）制造加气混凝土。二氧化硅的质量分数大于70%的尾矿粉配以水泥、水淬钢渣、加气剂等，可制造质轻多孔的加气混凝土。这种混凝土具有密度小、保温性能好的优点。

（3）制造玻璃。江西、广西和湖南某些金属矿山现存的尾矿，其中二氧化硅的质量分数为70%~80%，还含有钾、钠、铝的氧化物，只需简单加工就可用来制造玻璃。

（4）作井下填充料。将尾矿和废石用水泥胶结可充填到井下采空区作为充填料，用于矿坑回填。

（5）制造水泥。含石灰石多的废石和尾矿可与其他物料配合生产水泥，用于建筑业。此外，凡质地坚硬、无毒无害的废石均可用来代替砂石作建筑骨料配制混凝土，还可用来铺设道路、填坑造地等。

（6）对废石与尾矿进行无害化处理。为了防止废石风化和尾矿被水冲刷或被大风吹起污染大气或水体，往往要对废石和尾矿进行稳定处理，避免其危害环境。常用的处理方法有以下几种：

1）物理法。向废石和尾矿上覆盖石灰、泥土、草根、树皮等物，防止固体废物直接日晒、雨淋和风吹。

2）化学法。用某化学反应剂与尾矿反应，生成一层硬结物质以抵抗水和空气的侵蚀。

3）植物法。在废物堆场上种植适应该固体废物的植物，如牛毛草、莩草、禾草及某些灌木。植物长成后对堆场可起稳定与保护作用。

4）覆土造田法。在废石场、露天坑、废弃尾矿库等场地，待其沉降稳定后，对场地进行平整并覆盖土壤层，种植农作物或牧草，用这种方法稳定废物场地。

5 噪声及其他污染控制

5.1 噪声污染的基本概念

噪声就是人们不需要的声音。它不仅包括杂乱无章不协调的声音，而且包括干扰人们休息、学习和工作的声音。因噪声而对周围环境产生的污染称为噪声污染。其中有由自然现象引起的，如火山爆发、地震、雪崩和滑坡等自然现象所产生的空气声、地声、水声，以及潮汐声、雷声乃至动物发出的声音等，这些称为自然界噪声；有人为造成的，如交通噪声、工业噪声、生活噪声等。通常所说的噪声污染是指人为造成的。

在一般人听来悦耳的音乐，对心绪烦躁和正欲入睡的人感觉会截然相反。从这个意义上讲，环境噪声是感觉公害，因此，噪声评价的显著特点是取决于受害人的生理与心理因素。因而环境噪声的标准应根据不同的时间、不同的地区和人处于不同的行为状态来决定，这是很容易理解的。环境噪声的一个特点是它的局限性和分散性。从影响范围上讲具有局限性，它在环境中不积累、不持久，也不能远距离传送；它没有后效，当声源停止发声时，噪声立即消失。只有当声源及其传送的途径和听者都同时存在时，才对听者产生噪声干扰。此外，环境噪声源的分布具有分散性。因而，声音是充满自然界的一种物理现象。人类生存的社会环境中需要的声音，往往是人群活动所依赖的声信息，靠它人们之间交换感情、传递消息等。

随着人群生活与生产活动的频繁和多样化，人们生存的环境中出现了一些过响的、妨碍休息与思考的、令人们感到不愉快的声音，包括杂乱无章不协调的声音，这些不需要的声音被称为环境噪声。环境噪声是干扰人们正常生活与工作，污染声学环境的社会公害。消除与控制环境噪声已成为保护人类生存的声学环境的一项任务。

5.1.1 噪声源及其分类

声是由物体振动而产生的，所以把振动的固体、液体和气体通常称为声源。

产生噪声的声源很多，若按产生机理来划分，有机械噪声、空气动力性噪声和电磁性噪声三大类。

如果把噪声源再按其随时间的变化来划分，又可分成稳态噪声和非稳态噪声两大类。非稳态噪声中又有瞬态的、周期性起伏的、脉冲的和无规的噪声之分。

环境噪声来源按污染源种类可分为工厂噪声、交通噪声、施工噪声、社会生活噪声以及自然噪声五类。工厂噪声、施工噪声和社会生活噪声的传播影响范围通常呈面状；交通噪声的传播影响范围通常沿着道路呈线状。工厂噪声中，工厂设备噪声源可按特性大致分为点声源、线声源和面声源三种类型。

对于小型设备，其自身的几何尺寸比噪声影响预测距离小得多，在噪声评价中常把这种设备的辐射噪声视为点声源。

对于体积较大的设备，噪声往往是从一个面或几个面均匀地向外辐射，在近距离范围内，对于其各个方面来说，实际上是按面声源噪声的传播规律向外传播，所以这类设备的噪声辐射应视为面声源。

对于成线性排列的水泵、矿山和选煤厂的输送系统等，其噪声传播是以近似线状形式向外传播，所以此类声源在近距离范围总体上可以视为线声源。

5.1.2 噪声的度量

噪声强弱的客观度量用声压、声强和声功率等物理量表示。声压、声强反映声场中声的强弱，声功率反映声源辐射噪声本领的大小。

声压是指媒质密集处压力超过静压的那部分增量（常用 p 表示）。声压的单位为 Pa。声波通过媒质中某点时，在该点空气时而密集，时而稀疏，密集时压力超过静压（即大气压），稀疏时压力小于静压。

声强是指在单位时间内通过垂直于声波传播方向的单位面积的声能量（常用 I 表示），单位为 W/m^2。

声功率是声源在单位时间内通过垂直于声波传播方向的单位面积的声能（常用 W 表示），单位为 W。

声压、声强和声功率等物理量的变化范围很广，在实际应用中一般采用对数标度，以分贝为单位，符号是 dB。采用对数标度可以使数值相差悬殊的变化缩小到适当范围。级就是指某一物理量 A 与该物理量的某一基准 A_0 之比的常用对数值，声强、声压、声功率的级可以用式 5-1 ~ 式 5-4 表示。

声强级 $L_I(B)$ 的表达式为：

$$L_I = \lg \frac{I}{I_0} \tag{5-1}$$

式中　I——被测声强，W/m^2；

I_0——频率为 1000Hz 的基准声强，取 $10^{-12}W/m^2$；

声强的单位为 B，称为"贝尔"，实用时常用其值的 1/10 来表示声强的大小，以符号 dB 来表示，称为"分贝"。

因此，声强级 $L_I(dB)$ 也可表示为：

$$L_I = 10\lg \frac{I}{I_0} \tag{5-2}$$

声压级 $L_p(dB)$ 的表达式为：

$$L_p = 10\lg \frac{p^2}{p_0^2} = 20\lg \frac{p}{p_0} \tag{5-3}$$

式中　p——被测声压，Pa；

p_0——基准声压，取 $2 \times 10^{-5}Pa$，是 1000Hz 的听阈声压。

由式 5-3 可以看出，分贝是对数单位，所以 2 个声压级的计算必须符合对数运算法则。

声功率级 $L_W(dB)$ 的表达式为：

$$L_W = 10\lg \frac{W}{W_0}$$

式中　W——被测声功率，W；

W_0——基准声功率，取 $10^{-12}W$。

5.1.3 噪声的危害

噪声的危害是多方面的，随着工业迅速发展，这种危害的影响也日趋严重。

　　噪声对人的影响较复杂，它不仅与噪声的性质有关，也与人的心理状况、生理、健康状况及社会生活等多个方面的因素有关，主要有：

　　（1）对听力的损害。长期在噪声环境下工作和生活，会造成人们的听力损伤。工作 40 年后噪声性耳聋发病率的统计结果见表 5-1。

表 5-1　工作 40 年后噪声性耳聋发病率的统计结果

噪声/dB	国际统计（ISO）的发病率/%	美国统计的发病率/%	噪声/dB	国际统计（ISO）的发病率/%	美国统计的发病率/%
80	0	0	95	29	28
85	10	8	100	41	40
90	21	18			

　　从表 5-1 可以看出，在 80dB 以下工作不致耳聋，80dB 以上时，每增加 5dB 噪声性发病率增加 8% ～ 10%。

　　（2）对睡眠干扰。睡眠对人是极端重要的，它能够使人的新陈代谢得到调节，使人的大脑得到休息，从而使人恢复体力和消除疲劳，保证睡眠是人体健康的重要因素。噪声会影响人的睡眠质量和数量。连续噪声可以加快熟睡到轻睡的回转，使人熟睡时间缩短；突然的噪声可使人惊醒。一般 40dB 的连续噪声可使 10% 的人受影响，70dB 时可使 50% 的人受影响；突然噪声达 40dB 时，可使 10% 的人惊醒，达 60dB 时，可使 70% 的人惊醒。

　　（3）对交谈、工作思考的干扰。噪声对交谈的影响见表 5-2。

表 5-2　噪声对交谈的影响

噪声/dB	主观反映	保证正常讲话距离/m	噪声/dB	主观反映	保证正常讲话距离/m
45	安　静	10	75	很　吵	0.3
55	稍　吵	3.5	85	太　吵	0.1
65	吵	1.2			

　　此外，噪声还将对人的心理和儿童的智力发育产生影响。噪声对心理的影响主要表现在令人烦恼、易激动、易怒，甚至失去理智，因噪声干扰引发民间纠纷等事件是常见的。吵闹环境中儿童智力发育比安静环境中低 20%。另有噪声导致胎儿畸形、鸟类不产卵的事例发生。

5.2　噪声污染的控制方法

　　声音能通过固体、液体和气体介质向外界传播，并且被感受目标所接收。人耳则是人体的声音感受器官，所以在声学中把声源、传播途径、接受者称为声的三要素。

5.2.1　噪声源的控制

　　控制噪声的最根本的办法就是从声源上控制它。对噪声源的控制一般有以下几种方法：

　　（1）提高机器的加工精度，注意维修，可以避免或减少由于过大的摩擦和振动激发噪声。

　　（2）改革工艺，用低噪声的焊接代替高噪声的铆接，用无声的液压或摩擦压力代替高噪声的锤打。

　　用无声的或低噪声的工艺和设备代替高噪声的工艺和设备，就从根本上解决了噪声问题，但是，在许多情况下，由于技术或经济上的原因，直接从声源上治理噪声往往是不可能的。房建好了，再改建和搬迁就不太容易；提高机器精度和周围绿化对于噪声降低也有一定限度。这就需要在噪声传播途径上采取吸声、消声、隔声、隔振、阻尼等几种常用的噪声控制技术。另外，也可以在噪声接收点进行防护，从而减少噪声的危害。

5.2.2 噪声传播途径的控制

噪声在传播过程中，其强度是随距离的增加而逐渐减弱的，因此，在城市、工厂的设计时进行合理布局，做到闹静分开，把高噪声的设备同低噪声的设备分开，利用噪声在传播途径上的自然衰减，可以减少噪声的污染。

5.2.2.1 噪声的吸收

由于室内声源发出的声波将被墙面、顶棚、地面及其他物体表面多次反射，因此室内声源的噪声级比同样声源在露天的噪声级高。如果用吸声材料装饰在房间的内表面，或在室内悬挂空间吸声体，房间内的反射声就会被吸掉，房间内的噪声级就会降低。这种控制噪声的方法就称为吸声。

吸声材料用的是一些多孔、透气的材料，如玻璃棉、矿渣棉、泡沫塑料、毛毡、吸声砖、木丝板、甘蔗板等。吸声材料之所以能吸声，是由于声波进入多孔材料后，引起材料的细孔和狭缝中的空气振动，使一部分声能由于小孔中的摩擦和黏滞阻力转化为热能被吸收掉。吸声材料对于高频噪声有很好的效果，对于低频噪声，吸声材料不是很有效。为了增加低频噪声的吸收，就得大大增加材料厚度，这在经济上是不合适的。因此，对于低频噪声，往往采用共振吸声的方法加以控制。

最常见的共振吸声结构是穿孔板共振吸声结构。在金属板、薄木板上穿一些孔，并在它后面设置空腔，这就是最简单的吸声结构。穿孔板吸声结构既省钱又简便，但有一个缺点，就是它有较强的频率选择性，吸声频带比较窄。为了克服这个缺点，近年来研究出一种微穿孔板吸声结构，它能在较宽的频率范围内有较好的吸声效果。

吸声结构多用在室内墙壁、天花板是光滑坚硬材料、室内混响声较强的场合，一般可以降低噪声 5 ~ 10dB。

5.2.2.2 噪声的消声

通常将高速气流、不稳定气流，以及由于气流与物体相互作用产生的噪声称为空气动力性噪声。消声是消除空气动力性噪声的方法。消声器则是一种既能让气流通过，又能消除空气动力性噪声的设备。一般安装在进气口、排气口或气流管道上，消声量可达 10 ~ 40dB。由于工业噪声中有相当部分是空气动力性噪声，因此，消声器在噪声控制中得到广泛的应用。好的消声器应当是消声量大，空气动力性能好（即阻力损失小），结构性能好（坚固耐用、体积小），这三者是缺一不可的。

消声器结构形式很多，按消声原理可分为阻性消声器、抗性消声器和阻抗复合式消声器，以及我国近年研制成功的微穿孔板消声器、小孔消声器和多孔扩散消声器。

A 阻性消声器

阻性消声器是利用吸声材料消声的。把吸声材料固定在气流流动的管道内壁，或者把它按一定方式在管道内排列组合，就构成阻性消声器。当声波进入阻性消声器，一部分声能被吸声材料吸收，就起到消声作用。

图 5-1 所示为直管式阻性消声器示意图，其结构简单，阻损小，对小流量的空气动力设备消声特别适用。大流量的空气动力设备，管道截面很大，如果还用管式消声器，波长很短的高频声波以窄声束传播，很少或根本不与吸声材料接触，消声效果就会大大下降。为了解决这一

矛盾，常常把消声器做成蜂窝式、片式、折板式和声流式。图 5-2 所示为折板式消声器示意图。

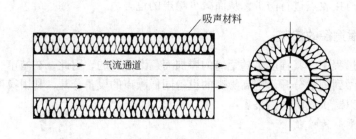

图 5-1　直管式阻性消声器示意图

图 5-2　折板式消声器示意图

　　阻性消声器的优点是能在较宽的中高频范围内消声，特别是对刺耳的高频噪声有显著的消声作用；缺点是在高温、水蒸气，以及对吸声材料有侵蚀作用的气体中使用寿命短，对低频噪声消声效果较差。

　　B　抗性消声器

　　抗性消声器是根据声学滤波原理设计出来的。抗性消声器是依靠气流通道截面的改变和在气流通道旁边加支管等引起声能的消耗，从而取得消声效果的。常用抗性消声器的类型有膨胀室式、插入管式、共振腔式与干涉式等。这类消声器的阻力与其结构有很大关系，其中，插入管式与共振腔式阻力相对较小。抗性消声器主要用来消除低、中频噪声。汽车、摩托车、内燃机的消声器就是抗性消声器。图 5-3 所示为用于汽车消声的抗性汽车消声器的示意图。

　　抗性消声器的优点是结构简单、耐高温、耐气体侵蚀；缺点是消声频带窄，对高频消声效果差。

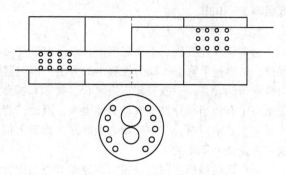

图 5-3　抗性汽车消声器示意图

　　C　阻抗复合式消声器

　　阻性消声器对中、高频噪声的消声效果较好，而抗性消声器对低频噪声的消声效果较好，因此，在很多需要宽频带消声的情况下，可将这两种消声器组合起来使用，这种组合的消声器称为阻抗复合式消声器。这类消声器的消声效果并不是阻性消声器和抗性消声器这两种消声器消声量的简单总和。它是既有吸声材料又有共振腔、扩张室一类滤波元件的消声器，这种消声器消声量大，消声频率范围宽，因此得到广泛应用。

　　D　微穿孔板消声器

阻抗复合消声器也有不耐高温、怕水蒸气的缺点。为了在一个较宽的频率范围内消除空气动力性噪声，同时又使消声器具有耐高温、耐潮湿和防止气体侵蚀的性能，近年来，出现了微穿孔板消声器。微穿孔板消声器可以在一个较宽的频率范围内具有良好的消声效果，同时，它的阻损小，耐高温和气流冲击，不怕油雾和水蒸气，施工、维修都很方便。

将金属微穿孔板以适当方式布置在气流管道中便制成了微穿孔板消声器。这种消声器消声频带宽，可用于消除高、中、低频不同的噪声，并且阻力小，能耐高温与气流冲击，只是不宜用于粉尘多的地方。

E 小孔消声器和多孔扩散消声器

将一根直径与排气管直径相等的管子末端封闭，四壁钻上许多小孔（孔径一般为 1 ~ 3mm），便构成了一个小孔消声器。将不同直径的小孔消声器套合使用，便可达到 30 ~ 40dB 的消声量。因此，它适用于各种排气、放空的高强噪声（又称为喷注噪声）源，如火电厂的锅炉排气、炼铁厂的高炉放风、化工厂各种工艺气体的排放以及各种风动工具的排气等。小孔消声器与多孔扩散消声器均有结构简单、体积小、质量轻、造价低、消声量大的特点。这两种消声器和微穿孔板消声器都是我国研制的新型消声器。

5.2.2.3 噪声的阻隔

控制噪声的另一个办法是隔声。在许多情况下，可以把发声的物体或需要安静的场所封闭在一个小的空间中，使它与周围环境隔绝，这种方法称为隔声。典型的隔声措施是使用隔声罩、隔声间、隔声屏。

隔声罩由隔声材料、阻尼涂料和吸声层构成。隔声材料可以用 1 ~ 3mm 的钢板，也可以用较硬的木板。钢板上要涂一定厚度的阻尼层，防止钢板产生共振。吸声层可用玻璃棉或泡沫塑料。

北京耐火材料厂球磨机在工作过程中产生强烈的机械噪声，单机运转时噪声为 112dB，噪声尖锐刺耳。当采用了隔声罩后，车间噪声由 112dB 降低到 86dB（每降低 10dB，人感觉响度降为原来的 1/2），大大改善了工作环境。

在高噪声车间（如空压机站、柴油机试车间鼓风机旁），需要一个比较安静的环境供职工谈话、打电话或休息，常采用建立隔声室的办法。

隔声室要采取隔声结构，并强调密封。此外，室内还要做吸声处理，为了换气还有必要加设通风设备，并在通风的进出管道上加装消声器。对于土木结构的隔声室，隔声效果主要取决于门和窗的处理。在设计门窗结构时，要特别注意门与门框、窗与窗框的结合要密封。一般隔声窗多采用 3mm 或 5mm 厚双层玻璃固定窗，门多采用双层木门。

隔声屏主要用在大车间或露天场合下隔离声源与人集中的地方。如在居民稠密的公路、铁路两侧设置隔声堤、隔声墙等。在大型车间设置活动隔声屏可以有效地降低机器的高、中频噪声。

5.2.2.4 其他控制噪声的方法

A 隔振与阻尼

a 隔振

机械设备运转时，机体会产生振动。这种振动能够通过机座传递到基础，由基础再传递到与其接触的地面或楼板，再由地面或楼板传递到墙壁及相邻或更远的房间，引起那里的地面或楼板及墙壁的振动，从而发出声音。这种通过固体传播的声音称为固体声。

一般情况下，固体声比空气声（在空气中传播的声音）危害范围大且严重。例如，一重物突然掉在楼板上的声音，房间里的人听着不怎么响，楼下人却感到很响。造成这种现象的主要原因是固体声的传输损失很小，而空气声传输损失则较大。特别是在连续结构中，如钢筋混凝土、金属等密实材料，振动的能量可以几乎不减弱地传到很远的地方，结果使得噪声影响的范围广，危害严重。

阻断或减弱固体声传播的措施称为隔振或减振。隔振的具体办法通常是在设备与基础之间安置由弹簧或弹性衬垫材料（如橡胶、软木等）组成的弹性支座，减弱设备对基础的冲击力，从而减弱设备传递给基础的振动，使辐射的噪声减低。这种弹性支座就称为隔振器或减振器。常用的隔振器有钢弹簧减振器和橡胶、软木、毡板类减振垫层等。安装隔振器后，固体声的降低是明显的。

此外，还可以用在机器底座上附加质量块、在机器周围挖一定深度的沟（称为隔振沟）来进行隔振。质量块又称为惰性块，常用型钢或混凝土构成。在风机、泵与管道之间，可采用金属或橡胶软管等弹性联结的办法来减弱风机、泵沿管道传递的振动，从而减小固体声。

为了减少机器振动通过基础传给其他建筑物，通常的办法就是防止机械基础与其他结构的刚性连接，这种方法就称为基础隔振。主要措施有 3 种：

（1）在机器基础与其他结构之间铺设具有一定弹性的软材料，如橡胶板、软木、毛毡、纤维板等。当振动由基础传至隔振垫层时，这些柔韧材料中的分子或纤维之间产生摩擦，从而将部分振动能量转换成热能耗散掉，因而降低了振动的传递，起到隔振的作用。选用隔振材料时，应注意材料的耐压性能，以免材料过分密实或被压碎而失效；也要考虑使用环境的不同而选择相适应的隔振垫层，如耐高温、防火、防潮、防腐蚀的材料等。

（2）在机器上安装设计合理的减振器。它不仅安装方便、经济，隔振效果也好。减振器主要分 3 类：橡胶减振器、弹簧减振器和空气减振器。这三种可以组合使用。弹簧减振器必须根据机器的振动性质及所需的减振量具体设计才可使用，否则一旦发生共振，可导致机器损坏。

（3）在机器周围挖一定深度的沟也能起到隔振作用。这种沟称为隔振沟。隔振沟越深，效果越好。一般挖 1 ~ 2m 为宜。沟的宽度对隔振效果影响不大，可在 10cm 以上。中间以不填材料为最好，也可以填些松散的锯末、膨胀珍珠岩（可耐火）或浇灌沥青。

为了提高隔振效果，可将三种措施综合利用。

b　阻尼减振

输气管道、机器的防护壁、车体等，一般均由薄金属板制成，容易受激发而产生振动，从而辐射噪声。若在薄的金属板壳上紧贴或喷涂一层内摩擦力大的材料，则可有效地抑制振动，降低噪声的辐射。这种降低噪声的措施习惯上称为阻尼减振，简称阻尼。内摩擦力大的材料通常称为高阻尼材料，如橡胶、沥青、石棉漆、软木纸等。

阻尼减振的原理是当金属板壳被涂上高阻尼材料后受激产生振动时，阻尼层也随着振动，一弯一折使得阻尼层时而被压缩、时而被拉伸，阻尼材料内部的分子不断发生相对位移，由于内摩擦阻力，便使振动能量大大损耗，不断转化为热能，从而降低了噪声的辐射。

对于一定厚度的金属板，阻尼层的减振性能与涂层的厚度有关。涂层越厚，减振性能越好。但过厚时，既不能显著增加降低噪声效果，又加重了板的质量。实际上一般采用的是阻尼涂层为金属板厚的 2 ~ 3 倍。

常用的阻尼材料有沥青、软橡胶及用多种高分子材料配合制成的高阻尼材料，如软木防热隔振阻尼浆、石棉漆、硅石阻尼浆、丁腈胶系列阻尼浆等。

B　有源减噪技术

利用电子线路和扩声设备产生与噪声的相位相反的声音——反声，来抵消原有的噪声而达到减噪目的的技术。早期，相应的仪器设备称为电子吸声器，与利用吸声材料将声能转变为热能的减噪技术相比，其原理截然不同。

有源减噪的仪器系统主要包括传声器、放大器、反相装置、功率放大器和扬声器。它是一种能够减少传声器邻区声压的电声反馈系统。传声器将所接收到的声压转变为相应的电压，通过放大器把电压放大到反相装置所要求的输入电压，经反相装置将这个电压的相位改变180°，送给功率放大器，功率放大后推动扬声器使其产生与原来的声压大小相等而相位相反的声压，这两个声压彼此相互抵消，达到降低噪声的目的。为了有效地实现反声作用，使用的设备应分别满足以下各项要求。

（1）传声器：在使用频率范围内，作用声压和输出电压的相位改变应很小；有恒定的比例关系，即有平直的频响特性，灵敏度要高。

（2）扬声器：放大器的输出变压器和扬声器耦合时，电压常产生相当大的相位变化，为避免这种现象，反声技术所用的扬声器最好采用阻抗较高且用无变压器的直接耦合式的联结；为保证反声系统所用的扬声器为简单辐射器，应将其安装在内壁有高效率吸声处理的扬声匣内；为使扬声器在规定的频率范围内基本上保持平直的频响特性，可在其磁场结构的后部加一层绸缎类的多孔性声阻。

（3）放大线路：要求频率响应平直，各级的相位变化不大；各级间不出现再生和正反馈。为了避免高频啸叫，可用使输出信号随频率增加而下降的办法。

因环境中的噪声频率的成分很复杂且强度随时间起伏，反声系统难以达到理想的减噪效果。

有源减噪技术自1947年 H. F. 奥尔逊首次提出后，引起很多人的兴趣。但到目前为止，除在较小范围内用于降低低频噪声（如机床旁工人耳边、飞机座舱驾驶员头部附近等），或在较大范围内用于降低简单声源（如大变压器站、大加压站等）噪声以外，并未普遍应用。把反声技术应用到较大范围内的问题尚在探讨。例如，有人利用惠更斯原理，在噪声源的近场区产生惠更斯子波，以期在远场区达到减噪的目的。

5.2.3　接受点噪声控制

因为技术或经济上的原因，当在声源和传播途径上控制噪声比较困难时，在强噪声区域工作的人员可以佩戴个人防护用品，以降低对人体健康的危害。

常用个人防护用品有防声耳塞、耳罩及防噪声头盔3种。

防声耳塞用软橡胶、软塑料或经特殊软化处理的超细玻璃棉做成，对中、高频声隔声量一般可达 25～40dB，对低频声则约为 13～15dB。适用于铆接、金属冷加工、高速机组运行车间的操作人员使用。

防护耳罩是一种把耳郭密封起来的护耳器，外壳由硬质隔声材料制成，内衬吸声材料，在罩壳与颅面接触处用柔软材料做垫圈。防护耳罩的平均高频隔声量可达30dB，低频隔声量也可达15dB。它适用于凿岩机、通风机、压缩机、内燃机与各种风动工具，铆焊、冲压、冷作钣金工等操作人员使用。

防噪声头盔分软式和硬式两种。软式由人造革帽和耳罩组成，硬式外壳用玻璃钢制成，内装耳罩。头盔的优点是隔声量大，能防冲击波，保护头部。缺点是不透热、不方便，尤其是硬式头盔很重，除非是特殊作业，人们一般不愿使用。防噪声头盔适用于高强噪声场所，既隔声，又防振、防寒、防外伤等。

5.3　冶金企业的噪声控制

冶金企业按照生产过程大致可分为矿山、焙烧（或烧结）、冶炼、铸造、轧制、耐火材料、金属制品、焦化与辅助生产等部门，各部门的生产所采用的主要机械设备不同，因此噪声治理的方法也有所区别。

5.3.1　矿山噪声的控制

在矿山中，井下开采作业的主要噪声源是凿岩机、局扇风机和主扇风机。露天开采作业的主要噪声源是自卸汽车、选矿用的球磨机、破碎机和筛分机等。这些主要设备的声功率级一般都在 105～120dB，属于强噪声源。

凿岩机的噪声主要包括排气噪声和钎杆振动噪声。排气噪声主要是中、低频噪声，也有部分高频噪声，所以可采用衬贴部分吸声材料的抗性消声器消声，设计得好时，可以降低噪声 13～30dB。

降低钎杆振动噪声可以采用增加撞针与钎杆的撞击时间、增大钎杆直径、对钎杆进行减振等办法降低噪声。例如，钎杆直径增大 0.5 倍，则高频噪声可以减小 8dB 左右。

对于局扇风机和主扇风机，主要采用消声器来降噪。主扇风机的消声器还可用混凝土吸声材料砌成。

球磨机噪声主要是由于钢球、衬板以及矿石之间的相互撞击与研磨产生的，噪声由筒体向外辐射。球磨机的传动装置及电动机等辅助设备产生的噪声居次要地位。一般球磨机噪声在 100～120dB，高、中、低频成分都有。球磨机筒体直径越大，噪声低频成分越强。

控制球磨机噪声的方法一般有三种。第一种方法是用特制的耐磨、耐一定温度的橡胶衬板代替锰钢衬板，减小钢球与物料对衬板的撞击声，如此可使球磨机噪声减小 15～20dB，或者在锰钢衬板与筒体外壳之间加垫一层工业橡胶衬垫，也可明显降低噪声，这种办法的不足是有时影响生产效率，并且使用温度受限。第二种方法是采用隔振和阻尼，即先在筒体外壁粘贴一层橡胶，外面再裹一层玻璃棉或工业毛毡，最外面再加套金属外皮，并用卡箍紧紧地把这几层夹压在球磨机筒体上，这样可以使球磨机噪声降低 10～15dB。第三种方法是装隔声罩，将球磨机筒体或整个机组罩起来，这样可使噪声降低 20dB 以上，但需注意，球磨机的隔声罩应做成拼装结构，罩内留一定的空间，罩上开有门和一些必要的孔，以备工人检修等。若降低球磨机传动装置噪声，则可以根据具体情况采用皮带传动代替齿轮传动，或者采用人字形齿轮，这样也可使噪声降低 10dB 左右。

实测表明，各种尺寸的磨矿机和清砂滚筒的噪声成分类似，不同形式的磨矿机和清砂滚筒的噪声级也大致相同，因此，皆可根据具体情况选用以上方法。

5.3.2　焙烧及烧结工序噪声控制

焙烧或烧结工序的主要噪声源有破碎机、筛分机、鼓风机或压缩机等强噪声源，考虑工人在设备附近进行操作或检查的时间有限，可不必花费大量资金对这些声源进行降噪处理，因此，宜为工人建立隔声室或控制室，进行远距离操作。此外，也可采用以下方法进行治理。

破碎机的噪声主要是由高速运动的齿盘和固定齿盘、被粉碎材料之间的撞击、摩擦产生的噪声，声音非常刺耳。传播则主要是通过进料口、出料口辐射出来。为此，在进料口、出料口分别安装消声器，则可收到良好的降噪效果。此外，在破碎机和支撑结构之间安装弹性衬垫，在机架外壳、机座和进料漏斗的振动表面敷加阻尼材料，调好旋转零件的动平衡等，也可使噪声有一定程度的降低。

筛分机噪声主要包括箱体与流嘴侧壁振动时产生的低、中频噪声，以及金属筛振动时产生的高频噪声。减小振动器的转速，减小机箱振幅，在振动器外壳与筛分机机架之间加装减振器都可以明显降低噪声。如转速降低50%，中低频与高频噪声可分别降低9dB和11dB；机箱振幅减少50%，中低频与高频噪声则分别降8dB和4dB。此外，在筛箱壁上用加筋等方法增加其刚性时，也可使噪声明显降低。对于温度低于100℃的较冷料，可以采用橡胶筛、在筛上和流嘴内表面衬贴耐磨橡胶层的办法降低噪声。

鼓风机噪声主要包括进气口和出气口噪声、机壳等机械部件振动噪声以及电机噪声，其中以进气口噪声最强，所以应按照进排气口的噪声成分安装恰当的消声器。现在多采用阻性或阻抗复合式消声器，可降噪25dB左右。其次，宜给风机机组加装隔声罩，以更有效地降低现场噪声。隔声罩上需开进气口，必要时安装进气口消声器，开出气口、装出气口消声器与低噪声通风风扇等，以保证通风与散热。采取以上两项措施后，噪声可降30~40dB。

通常，风机多时可根据现场条件采取改造风机房为隔声间的噪声综合治理措施。对密封风机房需安装进气消声器，鼓风机出口也宜安装排气消声器。若要降低隔声间内噪声，可按照一般隔声间的结构进行施工，并进行风机机座减振、机壳敷贴阻尼等办法进一步降低噪声。

压缩机噪声成分与鼓风机噪声成分相似，但低频成分特别突出，尤其达到100dB左右时，可使人感到胸腔、腹腔受压，心慌头晕，对人危害大。并且与高频声相比，传播距离远，对周围环境影响大，需要好好治理。

压缩机噪声以进气口噪声最强，所以需安装进气消声器。对于噪声强的风机电机，可采用加装消声器或单独设立隔声罩的办法降噪，但均需注意其通风散热问题。

5.3.3 冶炼噪声的控制

在冶炼工序中，各种冶炼炉是主要噪声源，产生的主要是低、中频噪声。电炉噪声声功率级一般都为110~126dB。

冶炼炉噪声高，并且冶炼炉是高温，难以用一般方法治理，所以常采用为操作人员建立隔声控制室的办法使其免受噪声的危害。

控制室墙壁通常由砖砌成，房顶可采用8cm厚钢筋混凝土板、5cm厚矿棉板和2cm厚水泥做成隔热隔声层，室内顶棚与部分墙壁需装饰矿棉或玻璃棉等吸声材料，以进一步降低控制室噪声。门可采用多层结构，窗户则需做成双层隔声窗，方可有效隔声。室内换气可采用空调器或带消声装置的低噪声轴流风机等。在工人必须接近冶炼炉时，由于噪声很强，因此应佩戴耳塞或耳罩等个人防护用品。

对于风机类和泵的噪声，可以采用与前述风机、压缩机噪声相类似的办法来达到减噪的目的。放风阀产生的噪声往往很高，可达120dB。它主要是由于压缩空气经放风阀向大气高速排放造成的，因此可采用多级扩容减压消声器降低噪声。这种消声器是用几个不同管径的穿孔钢管套合组成，气流通过时，逐级增大体积，减少压力，从而收到良好的降低噪声的效果，降噪量可达数十分贝。或采用金属毛毡（杂乱的金属丝构成）作为吸声材料的管式消声器，也能使放风阀噪声大为下降。对于大的送风管道，应采用阻尼、隔声包扎的办法降低噪声，以消除对厂区环境的污染。

热风炉煤气燃烧器的噪声主要有排气口产生的中高频噪声、风机传动装置的低频噪声及燃烧噪声等。因此，可设置由金属毛毡贴饰内表面的隔声罩，将煤气燃烧器与鼓风机罩起来，并在鼓风机进气口安装阻性消声器，机座下安装减振器等来降低噪声。

5.3.4　轧制噪声的控制

在初轧车间中，工作机座、修整机、剪断机是主要的噪声源；在型材轧制车间中，工作机座、摆动式锯、圆盘锯、鼓风机、冷切剪断机、修整机、矫正机、接受料箱、卷取机、移送机、辊道是主要噪声源。以上声源的声功率级大都在 105～120dB。除工作机座噪声属中、低频噪声外，其他大都具有突出的中、高频成分。因此，轧制车间的声源多、噪声强，对人危害大，是冶金企业中高噪声车间之一。

轧制机工作机座的噪声主要是轧辊在旋转过程中梅花轴套和轴承部件相互撞击而引起的。因此，可用在梅花轴套中安装塑料部件以代替金属部件，用滚动轴承代替滑动轴承或用带塑料的轴衬等办法降低机座噪声。此外，采用衬橡胶的磁性辊子，或在辊子上套橡胶减振圈也可减噪 10dB 以上。若安装与轧件同时移动的运输带，则可降噪 10dB。对移送机也可采用以上类似的措施减小噪声。

圆盘锯产生噪声的原因主要是锯片的振动。因此，可采用在锯片上敷贴阻尼材料、增大压垫直径、采用压紧夹板限制被切割金属的振动等办法降噪。此外，采用在锯片上打扎，填入铝、铜等韧性金属及对锯片进行局部隔声的办法都能取得较好效果。

接受料箱和垛板机主要都是撞击噪声，在料箱导板上衬贴耐磨橡胶，在垛板机中用减振钢板代替金属挡板都可控制噪声。

对于剪断机、修整机，可采用活动式或半敞开式隔声罩，既有效地降低噪声，又便于更换剪刀等操作。

5.4　冶金企业热污染防治

5.4.1　热污染的概念

热污染是一种能量污染，是指人类活动危害热环境的现象。随着人口和耗能量的增长，城市排入大气的热量日益增多。按照热力学定律，人类使用的全部能量终将转化为热，传入大气，逸向太空。这样，就使地面反射太阳热能的反射率增高，吸收太阳辐射热减少，沿地面空气的热减少，上升气流减弱，阻碍云雨形成，造成局部地区干旱，影响农作物生长。近 100 年以来，地球大气中的二氧化碳含量不断增加，气候变暖，冰川积雪融化，使海水水位上升，一些原本十分炎热的城市变得更热。据预测，如按现在的能源消耗的速度计算，每 10 年全球温度会升高 0.1～0.26℃；100 年后即升高 1.0～2.6℃，而两极温度将上升 3～7℃，对全球气候会有重大影响。

热污染作为一种物理污染，曾一度被忽视，随着国民经济的发展，此项污染的危害正日趋加重，造成的损失也正在加大，应引起足够重视。热污染主要包括大气热污染、水体热污染和全球影响三个方面。

5.4.2　热污染的危害

5.4.2.1　大气热污染

按照大气热力学原理，现代社会生产、生活中的一切能量都可转化为热能扩散到大气中，大气温度升高到一定程度，引起大气环境发生变化，形成大气热污染。

根据能量守恒定律，人类利用的全部能量最终将转化为热能进入大气，逸向宇宙空间。在此过程中，废热直接使大气升温。建筑物的增多不仅导致绿地减少，还使风力减弱，阻碍了热量的扩散，同时，建筑物白天吸收太阳光能，晚上放出热量，特别是冬季取暖期，本身也成为较强热污染源。造成的影响是一方面夜晚温度升高，减小了昼夜温差，人的生理代谢发生紊乱；另一方面是暖冬现象，使冬季气温持续偏高，病毒和细菌滋生，疾病流行。

城市中企事业、饭店、汽车、电气化设施及居民住宅区等无时无刻不在排放着热量，在近地面气温分布图上表现为以城市为中心形成一个封闭的高温区，犹如一个温暖而孤立的岛屿，这种气候特征称为"热岛效应"。由于热岛中心区域近地面气温高，大气做上升运动，与周围地区形成气压差异，周围地区近地面大气向中心区辐射，从而形成一个以城区为中心的低压旋涡，结果就造成人们生活、工业生产、交通工具运转等产生的大量大气污染物（硫氧化物、氮氧化物、碳氧化物、碳氢化合物等）聚集在热岛中心，危害人们的身体健康，甚至危害生命。长期生活在"热岛"中心，会表现为情绪烦躁不安、精神萎靡、忧郁压抑、胃肠疾病多发等。因城区和郊区之间存在大气差异，便形成"城市风"，它可干扰自然界季风，使城区的云量和降水量增多。大气中的酸性物质易形成酸雨、酸雾，诱发更加严重的环境问题。

5.4.2.2 水体热污染

由于向水体排放温水，水体温度升高到有害程度，引起水质发生物理、化学和生物变化，称为水体热污染。

水生生物对温度变化敏感性较一般陆地生物高，温度的骤变会导致水生生物的病变及死亡，温度再高则难以生存。水的各种性质受温度影响，水温升高，使水中溶解氧逸出而减少，而且还使水中生物代谢增强，需要更多的溶解氧。当溶解氧不能满足需要时，鱼类便会力图逃离那个水域，当溶解氧降到 1mg/L 时，大部分鱼类会发生窒息而死亡；水温升高，使水体中物理化学和生物反应速度加快，导致有毒物质毒性加强，需氧有机物氧化分解速度加快，耗氧量增加，水体缺氧加剧，引起部分生物缺氧窒息，抵抗力降低，易产生病变乃至死亡。此外，由于水体温度的异常升高，会直接影响水生生物繁殖行为以及生物种群发生变化，寄生生物及捕食者相互关系混乱，影响生物的生存及繁衍。

温度升高，水的黏度降低，密度减小，水中沉积物的空间位置和数量会发生变化，导致污泥沉积量增多，甚至由于水质改变而引发一系列问题。水体的富营养化是以水体有机物和营养盐（氮和磷）含量的增加为标志，引起水生生物的大量繁殖，藻类和浮游生物的爆发性生长，这不仅破坏了水域的景色，而且影响了水质，并给航运带来不利影响。

水温的升高为水中含有的病毒、细菌提供了一个人工温床，使其得以滋生泛滥，造成疫病流行。水中含有的污染物，如毒性比较大的汞、铬、砷、酚和氰化物等，其化学活性和毒性都因水温的升高而加剧。

水温的升高使水分子热运动加剧，也使水面上的大气受热膨胀上升，加强了水汽在垂直方向上的对流运动，从而导致液体蒸发加快，陆地上的液态水转化为大气水，使陆地上失水增多，这对缺水地区尤其不利。

5.4.2.3 热污染对全球的影响

整个地球的热污染可能破坏大片海洋从大气层中吸收二氧化碳的能力，热污染使得吸收二氧化碳能力较强的单细胞水藻死亡，而使得吸收二氧化碳能力较弱的硅藻数量增加，如此引起恶性循环，会使地球变得更热。热污染使海水温度略微升高，已使海藻、浮游生物和甲壳纲动物等物种栖息的珊瑚礁和极地海岸周围的冰架遭到破坏；同时滋生了人类从前不知道的细菌和病毒，威胁着人类的健康，破坏生态平衡，加快生物物种灭绝。热污染引起的南极冰原的持续融化，造成海平面的上升可能要远远超出人类的想象。

5.4.3　热污染的防治

热污染防治的措施有：

（1）提高热能利用效率。改变燃料的构成，如将城市家用燃料由煤改为煤气，城市的集中供热或发电厂改为热电厂等，这样都可以提高热能利用效率。这不但节约能源，而且还减少了热污染的可能性。

（2）废热利用。将冶金企业冷却水的热量作为余热供给城市取暖，既节约了燃料，又减少了城市热污染。加强各类工业窑炉的废热的利用，可以减少工业窑炉的排热量。

（3）降温冷却。冶金企业的冷却水都必须通过再冷却设施，将外排水温冷却到不高于地面水温4℃，然后外排。

5.5　冶金企业放射性污染的防治

冶金企业炼钢用的矿石或多或少都含有放射性元素。绝大多数矿石中放射性元素含量极少，不会造成危害。但某些铁矿石或某些有色金属矿石中含有较高的放射性元素，对这些矿石的加工利用和废弃物的处理就要考虑放射性对环境的污染问题。

5.5.1　放射性污染的概念

某些同位素的原子核是不稳定的，它们能自发改变本身的结构而成为另一种新的原子核，这一现象称为核衰变。在核衰变过程中，伴随着带电粒子（如 α 粒子、β 粒子）或非带电粒子（γ 射线、X 射线）的辐射产生，所以，可以把核衰变称为核放射性衰变，简称放射性或核辐射。

放射性的产生主要来自两个方面：一是天然放射性，如宇宙射线、存在于地球环境中的天然放射性核素；二是人类环境中的人工放射线。放射性污染主要是指后者。

5.5.2　放射性污染的防治

5.5.2.1　放射性对人体的作用方式

放射性对人体的作用方式有：

（1）外照射。人体接近放射源，人体的外表面皮肤和外露的器官受到射线的照射，这种作用方式称为外照射。

（2）内照射。放射性物质通过空气、水、食物等进入人体内，体内的一些器官受到射线的照射，这种作用方式称为内照射。

5.5.2.2　放射性的预防措施

外照射的预防措施有：

（1）减少接触放射源的时间。人体受射线危害的程度和累积接受的剂量有关，因此，应尽量缩短人们与放射源接触的时间。

（2）增大与放射源的距离。离放射源越远，人体所受的照射就越少。

（3）设置屏蔽。在人体与放射源之间设置屏蔽，可以减少或避免照射。对于暂时不用的放射源，应及时储存或屏蔽起来。

内照射的预防措施有：

（1）防止放射性物质经呼吸道进入体内。经呼吸道进入体内是造成内照射的主要途径。为防止放射性物质进入呼吸道，应使操作环境的空气免受放射性物质的污染。在实际工作中，应加强通风，减少空气中的粉尘含量，必要时还应佩戴防尘口罩等防护用品。

（2）防止放射性物质经口腔进入体内。在有放射性物质的操作现场不进食、不饮水、不烘烤或放置食物。

（3）防止放射性物质经体表进入体内。放射性物质污染体表后，有可能经皮肤或伤口进入体内，还可能在体表直接造成皮肤损伤。为防止人体表面受到污染，在工作时必须穿戴必要的防护用品。

5.5.2.3　放射性"三废"的处理

冶金企业所排的放射性废物大都剂量很低，如果符合排放标准，则不必处理。目前，对放射性物质的处理，仅限于将放射性物质的存在形态加以改变，最终以固态物放在安全地方保护起来。

A　放射性废气的处理

放射性物质在废气中的存在形态有两类：一类是以放射性气体形式存在；另一类是以放射性气溶胶形式存在。这两类放射性废气的处理方法是不一样的。

放射性气体可用吸附法处理，也可以用扩散稀释的方法处理。由于排放的放射性气体浓度较低，所以一般通过高烟囱排放，使其在大气中扩散稀释。

放射性气溶胶可用除尘器来处理净化，捕集下来的放射性颗粒物按放射性固体废物加以处理，液态物按放射性废水的处理方法进行处理。

B　放射性废水的处理

放射性废水的浓度不同，性质不同，处理的方法也不同。

废水中放射性浓度不超过地面水限制浓度的100倍时，可用稀释法，保证排放口的放射性浓度不超过限制浓度。如超过100倍时，可用化学沉降法、离子交换法或蒸发法处理，将废水中放射性物质转变为固体物从废水中分离出来，然后按放射性固体废物处理。

C　放射性固体废物的处理

通常是将放射性固体废物埋在指定的废坑或专用废物库内，保证这些固体废物不污染露天水源和地下水，也可装在特制容器内沉入海底。

5.6　金属矿山土地复垦

5.6.1　金属矿山复垦

5.6.1.1　矿山开发对环境的影响

工业的发展需要大量工业原料，煤炭、金属矿、硫铁矿和各种非金属矿的开发为工业生产提供了重要的原料。但在矿山开发过程中，不仅要将矿石从地下挖掘出来，而且还要排出大量废石，剥离很多表土和石层，在选矿过程中又要排出大量尾矿。造成的破坏主要有：

（1）景观破坏。矿山开采包括露天开采和井工开采两种方式，露天开采以剥离、挖掘和损坏土地为主，显著改变了地表景观。井工开采将矿物从地下采出后，其上覆岩层失去支撑，岩体内部应力平衡受到破坏，从而导致采空区上覆岩层发生位移、变形直至破坏，伴随着塌陷、裂缝、坡地等新地貌形态的出现。此外，矿山开采前一般多为森林、草地等自然植被覆盖的山体，开采后砍伐森林、压覆、毁坏土地、山体遭到破坏。废石与垃圾堆置，严重破坏地表自然景观。

（2）干扰与水质污染。矿区塌陷、裂缝与矿井疏干排水，使矿山开采地段的储水构造发生变化，水文的自然平衡被破坏，导致地表径流变更，使水源枯竭。

（3）污染与微气候扰动。矿业开发造成的大气环境影响主要包括两种类型：一是采矿、爆破、运输、冶炼等过程中造成的烟尘、粉尘等物理污染，据测定，一个大型尾矿场扬出的粉尘可以飘浮到 $10 \sim 12km$ 之外；二是矿山植被破坏，导致地表热容量降低和热反射率增加，形成热导等危害，导致矿区微气候变化。

（4）资源破坏与占用。开采矿物、堆存废石和尾矿都要占用大片土地。历年来，我国矿山开发占用和破坏的土地将近 $2 \times 10^{10} m^2$（3000 万亩）。现在每年仍以 $2 \times 10^8 m^2$（30 万亩）或更高的速度在继续扩大。矿山开发在占用和破坏大量土地的同时，还破坏了自然景观和生态平衡，造成水土流失、土质恶化、甚至形成泥石流。因而，矿山开发在给我们带来巨大物质财富的同时，也使大面积的土地荒芜。据统计，我国每采 $1 \times 10^4 t$ 铁矿，平均破坏土地 $333.3 m^2$（0.5 亩）。黑色冶金矿山年产矿石 $1.8 \times 10^8 t$，每年要破坏土地 $6 \times 10^6 m^2$（9000 亩）。每生产 1t 钢平均需要开采 5t 铁矿石，而生产 1t 有色金属，平均需要开采 100t 矿石，有的矿种如钼则需要开采 1300t 以上矿石才能炼 1t 钼。这就增大了金属矿山开发对土地的破坏。

据估计，1993 年底我国尾矿累积堆放直接破坏和占用的土地达 $1.7 \times 10^4 \sim 2.3 \times 10^4 km^2$，每年以 $200 \sim 300 km^2$ 的速度增加。1957~1990 年，我国因矿山占地而损失的耕地占到全国总耕地损失的 49%。我国目前已复垦的矿山用地约为 $1.33 \times 10^8 m^2$（20 万亩），还不到全国矿山开发占地的 1%。这说明我国在矿山复垦方面还需加倍努力，才能制止土地被大量占用和破坏的趋势。对于我国这样一个人均耕地面积小、后备土地资源又不足的国家，应该通过对矿山土地的复垦，使矿山占地加以改造和利用，以补偿我国每年因矿山开发而占用和破坏的土地。

5.6.1.2　金属矿山土地复垦的方法

对于被金属矿山占用和破坏了的土地，目前已经进行了一部分复垦工作，主要的做法是：

（1）覆土造田种植农作物；

（2）植树种草恢复自然植被；

（3）平整废石场后进行基础处理，作为建筑和公共设施用地；

（4）对低洼地区修筑人工湖，用于渔业或改造为公园；

（5）作为城市垃圾堆场或废石场，待垫平之后做其他用途。

根据矿山开发占地的不同情况，可采用不同的土地复垦方法。

A　采空区的复垦

露天采场在开采时，由于去掉了表土和底土，从而截断了地下水流，其破坏程度需根据露天坑深度来区分。一般可分为：无覆盖层和有覆盖层的浅采场（30m 以下）、覆盖层薄的或厚的深采场（30m 以上）。

（1）无覆盖层的浅露天采场。由于挖掘的废石很少，能否复垦与该露天坑是否被洪水淹没有关。对于永久性淹没的采空区，一般应在淹没区岸边种植树木，以形成"人工湖"风景区。种植的树种应选择乡土树种，并且是喜水性的乔木或灌木。

（2）不受淹没的浅采空区。由于矿藏覆盖层较薄，可采用交替循环法复垦。即先将开采区的表土剥离堆积起来，然后剥离废石，将废石和表土分别堆放，待将矿石开采后，可将剥离出的废石回填到矿坑中，上部覆以表土。正常开采后，可将矿区依次区分为复垦区、采空区、开采区和剥离区。开采区内的矿石开采后运出，剥离区的上层表土运到复垦区的回填废石上部覆盖废石层，剥离区剥下的废石则进入采空区填坑，这样边开采、边剥离、边填坑、边复垦造田，是一个交替循环的作业过程。采空区回填废石再盖上一定厚度的表土，即可改造为田地，用来种庄稼或植树种草。

（3）厚覆盖层的浅露天采场。由于剥离量比开采量大，在计入破碎膨胀因素后，回填的废石和表土大体可把采空区充满。这样，开采后的采空区基本上可以复原。复原后的土地上可种植作物或植树种草。

（4）厚覆盖层的深采场。有大量的废矿和尾矿需要处理。当矿石层较厚，可将废石和尾矿充填采空区时，也可覆土造田。若矿石层相对较薄，废石与尾矿必须另设废石场堆放，则要按石场和尾矿库的复垦方法处理。深采场的采后边坡可种植适当的树木和花草，以固定边坡。

B 废石场的复垦

废石场的复垦根据复垦的程序有两种处理办法：一种是将废石场简单地进行平整即种草植树恢复植被；另一种是经过平整后，还要覆盖一层腐殖土以符合种植作物所应具备的土壤条件。对于中小型矿山或者可以分段进行复垦工作的矿山，尽量按复田要求进行复垦。

（1）简单平整场地，在原岩上种草植树恢复植被。目前，大部分矿山均按此办法进行，如马鞍山钢铁公司南山铁矿从1981年开始，在100m排土台阶的南端进行植树，主要种的是梧桐和宝塔松，至1985年种植面积已近$6.67 \times 10^4 m^2$（100亩），成活率为50%。鞍山钢铁公司东鞍山铁矿、齐大山铁矿等在排土场边缘和坡面上种草植树，生产情况良好。

（2）覆土造田。首先在矿区范围采集可用作覆盖层的表土，如有可能，则将表土分为肥沃土和一般土，分别堆存以备使用，对于覆盖层厚的表土可用铲运机采集，或用水力采集，表土层薄的地段，可用推土机堆集，然后运到储存场储存，也可用其他方法完成这一过程。

停止使用的废岩土场，首先在其上部覆一层小块岩土，再在其上面继续覆一般表土，最后覆一层肥沃土。各种土层的厚度根据实际情况确定，当然，土层厚度愈厚愈有利于农作物生长。郑州铝厂小关铝土矿做了覆盖厚度与农作物收获量关系的试验，结果是土层厚度在0.3m以下时，有的地块无收成，随着土层厚度的增加，收获量也相应增加。

5.6.2 尾矿库复垦

矿业开发既促进了社会进步和经济发展，同时也给环境造成了日益严重的污染和危害，对此必须有充分认识，并积极寻找妥善的解决办法。尾矿库土地复垦就是诸多解决办法中的一个重要部分，它涉及矿山学、水文地质学、土壤学、环境毒理学、社会学等多学科的理论，作为一项恢复矿山地貌、改善环境、保持生态平衡、恢复土地利用的举措，取得了一定的成果。

从目前开展的矿区尾矿库土地复垦实践来看，尾矿库土地复垦目前尚不存在系统完整的科学体系。目前，我国除了少部分尾矿得到了利用外，相当大数量的尾矿都是堆存，对土地资源、植被与景观环境造成破坏，并影响土地资源的可持续利用。

在气候干旱、风大的季节或地区，尾矿粉尘在风力作用下飞扬至尾矿坝周围地区，造成空气污染、土壤污染、土质退化，甚至使周围居民生病。尾矿成分及残留选矿药剂对生态环境的破坏加剧，尤其是含重金属的尾矿，其中的硫化物产生酸性水进一步淋浸重金属，其流失将对整个生态环境造成危害，而残留于尾矿中的氯化物、氰化物、硫化物、松醇油、絮凝剂、表面活性剂等有毒有害药剂，在尾矿长期堆存时受空气、水分、阳光作用和自身相互作用产生有害气体或酸性水，加剧尾矿中重金属的流失，对库区农作物和生态环境产生污染，使农作物中重金属含量成倍增加，地表水体或地下水源受到污染。如铜陵相思树尾矿库渗漏，导致下游河流与农田水土污染严重。此外，一些尾矿库坝体存在安全隐患，使坝下游的农田、村庄等时刻面临灭顶之灾，尤其在雨季，由于尾矿密度小，表面积大，堆存时易流动和塌漏，极易引起塌陷、滑坡和泥石流。

尾矿库土地复垦实践活动具有重要现实意义。尾矿库停止使用后，能形成一个平坦的场地，有利于复垦、种植作物或种草植树。

6 清洁生产与循环经济

6.1 清洁生产

6.1.1 清洁生产的概念

纵观人类保护环境的历程，大致经历了4个阶段。第一阶段是直接排放阶段，20世纪60年代以前，由于当时的工业尚不十分发达，污染物的排放量相对较少，而环境容量较大，环境污染问题并不突出，人们将生产过程中产生的污染物不加任何处理便直接排入环境；第二阶段是稀释排放阶段，20世纪70年代，人们开始关注工业生产所排放的污染物对环境的危害，为了降低污染物浓度、减少环境影响，采取了将污染物转移到海洋或大气中的方法，认为自然环境将吸收这些污染，但人们意识到自然环境在一定时间内对污染的吸收承受能力是有限的，开始根据环境的承载能力计算一次性污染排放限度和标准，将污染物稀释后排放；第三阶段是末端治理阶段，到了20世纪80年代，特别是进入高度工业化时代以后，科技的飞速发展和生产力的极大提高使人们占有自然、征服自然的欲望日益强烈，人类盲目认为，环境问题是发展中的副产物，只需略加治理，就可以解决，随着时间的推移，污染物排放量超过了自然界的容量和自净能力，从而导致地区性公害乃至全球性环境污染，生态环境也遭到严重破坏，在舆论和法规的压力下，工业界不得不从"稀释排放"转向"治理污染"，即针对生产末端产生的污染物开发行之有效的治理技术，即"末端治理"。随着工业化的加速，显出其局限性：首先，它的处理设施投资大，运行费用高，使企业生产成本上升，经济效益下降；第二，往往不是"彻底的"处理，而是污染物转移，如烟气脱硫、除尘形成大量废水和固体废物，废水集中处理产生大量污泥等，不能根除污染；第三，它基本未涉及资源的有效利用，未能制止自然资源的浪费。

和世界发达国家以前的状况一样，由于环保投入增加的速度不能抵消污染物排放增加的速度，我国的环境质量也出现了持续恶化的趋势。大气污染日益严重，水资源短缺和污染严重的局面仍在加剧，工业废物的排放量迅速增加，土地沙化严重，物种退化、数量锐减，环境状况持续恶化的趋势无法得到有效遏制。采用末端治理不仅使企业不堪重负，而且环境污染问题未能得到根本解决，臭氧层破坏、气候变暖、酸雨、有毒有害废物增加等许多新环境问题的出现使人类的生存环境更加危险。随着"末端治理"措施的广泛应用，人们发现末端治理并不是一个真正的解决方案。因此，从20世纪70年代开始，有些国家的企业开始尝试运用如"环境预防"、"废物最小化"、"减废技术"、"零排放技术"和"环境友好技术"等方法和措施，提高生产过程中的资源综合利用效率、削减污染物的量以减轻对环境的危害，这些实践取得了良好的环境效益和经济效益，使人们认识到革新工艺过程和产品的重要性。在总结工业污染防治理论和实践的基础上，联合国环境规划署提出了清洁生产的战略和推广计划，环境保护进入第四阶段，即清洁生产与可持续发展阶段。

清洁生产在不同的发展阶段或者不同的国家有不同的叫法，例如"废物最小化"、"无废工艺"、"污染预防"等，但其内涵都是对产品和产品的生产过程采用预防污染的策略来减少污染物的产生，这是关于产品生产过程中的一种全新的、创造性的思维方式。清洁生产已成为一种潮流，体现了人们思想和观念的转变，是环境保护战略由被动反应向主动行动的转变，是实现可持续发展战略的必由之路。

1996年，联合国环境规划署对清洁生产的定义是：清洁生产是关于产品的生产过程的一种新的、创造性的思维方式。清洁生产意味着对生产过程、产品和服务持续整体预防的环境战略，以期增加生态效率并降低人类和环境的风险。对于产品，清洁生产意味着减少和降低产品从原材料使用到最终处置的全生命周期的不利影响。对于生产过程，清洁生产意味着节约原材料和能源，取消使用有毒原材料，在生产过程排放废物之前减少废物的数量和毒性。对于服务，要求将环境因素纳入设计和所提供的服务中。

《中华人民共和国清洁生产促进法》中对清洁生产的定义为：清洁生产是指不断采取改进设计、使用清洁的能源和原料、采用先进的工艺技术与设备、改善管理、综合利用等措施，从源头削减污染，提高资源利用效率，减少或者避免生产、服务和产品使用过程中污染物的产生和排放，以减少或者消除对人类健康和环境的危害。

清洁生产是通过产品设计、能源和原料选择、工艺改革、生产过程管理和物料内部循环利用等环节，实现源头控制，使企业生产最终产生的污染物最少的一种工业生产方法。清洁生产既包括生产过程少污染或无污染，也包括产品本身的"绿色"，还包括这种产品报废之后的可回收和处理过程的无污染。应当承认，在目前科技水平和管理水平下，清洁生产还是个相对概念，所谓清洁生产技术、清洁产品、清洁能源和清洁原料都是相对于传统的和常规的技术、产品、能源和原料而言的。

清洁生产包括清洁的产品、清洁的生产过程和清洁的服务三个方面，主要内容有：

（1）它是从资源节约和环境保护两个方面对工业产品生产从设计开始，到产品使用过程直至最终处理，给予全过程的考虑和要求；

（2）它不仅对生产，而且对服务也要求考虑对环境的影响；

（3）它对工业废物实行源削减，一改传统的末端治理方法；

（4）它可提高企业的生产效率和经济效益，与末端治理相比，更能受到企业的欢迎；

（5）它着眼于全球环境的彻底保护，为全人类共建一个洁净的地球带来希望。

清洁生产是从全方位、多角度的途径去实现"清洁的生产"的。与末端治理相比，它具有十分丰富的内容，主要表现在：

（1）用无污染、少污染的产品替代毒性大、污染重的产品；

（2）用无污染、少污染的能源和原材料替代毒性大、污染重的能源和原材料；

（3）用消耗少、效率高、无污染、少污染的工艺、设备替代消耗高、效率低、产污量大、污染重的工艺、设备；

（4）最大限度地利用能源和原材料，实现物料最大限度的厂内循环；

（5）强化企业管理，减少跑、冒、滴、漏和物料流失；

（6）对必须排放的污染物，采用低费用、高效能的净化处理设备和"三废"综合利用的措施进行最终的处理和处置。

清洁生产除强调"预防"外，还体现了以下两层含义：

（1）可持续性。清洁生产是一个相对的、不断持续进行的过程。

（2）防止污染物转移。将气、水、土地等环境介质作为一个整体，避免末端治理中污染物在不同介质之间进行转移。

清洁生产一经提出后，在世界范围内得到许多国家和组织的积极推进和实践。其最大的生命力在于可取得环境效益和经济效益的"双赢"，它是实现经济与环境协调发展的重要途径。

综上所述，清洁生产概念中包含了以下四层含义：

（1）清洁生产的目标是节省能源、降低原材料消耗、减少污染物的产生量和排放量，包括清洁的、高效的能源和原材料利用；清洁利用矿物燃料，加速以节能为重点的技术进步和技术改造，提高能源和原材料的利用效率。

（2）清洁生产的基本手段是改进工艺技术、强化企业管理，最大限度地提高资源、能源的利用水平和改变产品体系，更新设计观念，争取废物最少排放及将环境因素纳入服务中去，包括采用少废、无废的生产工艺技术和高效生产设备；尽量少用、不用有毒有害的原料；减少生产过程中的各种危险因素和有毒有害的中间产品；组织物料的再循环；优化生产组织和实施科学的生产管理；进行必要的污染治理，实现清洁、高效的利用和生产。另外，还要保证产品应具有合理的使用功能和使用寿命；产品本身及在使用过程中，对人体健康和生态环境不产生或少产生不良影响和危害；产品失去使用功能后，应易于回收、再生和复用等。

（3）清洁生产的方法是排污审核，即通过审核发现排污部位、排污原因，并筛选消除或减少污染物的措施及产品生命周期分析。清洁生产要求两个"全过程"控制：一个是产品的生命周期全过程控制，即从原材料加工、提炼到产品产出、产品使用直到报废处置的各个环节采取必要的措施，实现产品整个生命周期资源和能源消耗的最小化；另一个是生产的全过程控制，即从产品开发、规划、设计、建设、生产到运营管理的全过程，采取措施，提高效率，防止生态破坏和污染的发生。

（4）清洁生产的最终目标是保护人类与环境，提高企业自身的经济效益。清洁生产的最大特点是持续不断地改进。清洁生产是一个相对的、动态的概念。所谓清洁的工艺技术、生产过程和清洁产品是和现有的工艺和产品相比较而言的。推行清洁生产，本身是一个不断完善的过程，随着社会经济发展和科学技术的进步，需要适时地提出新的目标，争取达到更高的水平。

冶金行业是资源、能源密集型产业，其特点是产业规模庞大，生产工艺流程长，资源能源消耗高，各类废气、废水、固体废物等产生量大，对环境污染和破坏影响较大。因此，在冶金行业中推行清洁生产，改变单一的末端污染治理，合理利用自然资源，实行工业污染的全过程控制，走可持续发展的道路，是冶金行业促进经济与环境协调发展、开创冶金企业污染防治新局面的一项重要的战略措施。

6.1.2　实施清洁生产的途径和方法

清洁生产是一个系统工程，是对生产全过程以及产品的整个生命周期采取污染预防的综合措施。清洁生产的实施涉及产品的研究开发、设计、生产、使用和最终处置全过程。工业生产过程千差万别，生产工艺繁简不一。因此，推行清洁生产应该从各行业或企业的特点出发，在产品设计、原料选择、工艺流程、工艺参数、生产设备、操作规程等方面分析生产过程中减少污染物产生的可能性，寻找清洁生产的机会和潜力，促进清洁生产的实施。根据清洁生产的概念和近年来各国的成功实践，实施清洁生产的有效途径主要包括合理布局、产品设计、原料选择、工艺改革、节约能源与原材料、资源综合利用、技术进步、加强管理、实施生命周期评估等许多方面。实施清洁生产的途径和方法有：

（1）调整和优化经济结构和产业产品结构。合理布局，调整和优化经济结构和产业产品结构，以解决影响环境的"结构型"污染和资源、能源的浪费。同时，在科学规划和地区合理布局方面，进行生产力的科学配置，组织合理的工业生态链，建立优化的产业结构体系，以实现资源、能源和物料的闭合循环，并在区域内削减和消除废物。

通过产业结构调整，开展清洁生产和资源循环，把污染消灭在源头。产业结构调整要立足于实际，以提高经济整体素质为目标，以市场为导向，以体制创新和科技带动为动力，以增强经济的国际竞争力为重点，通过政策引导、示范带动和规划建立产业结构协调科学、产业布局合理、产品链条完整、生产效率高、经济效益好的生态产业体系，确保生态产业在国民经济中占主导地位，逐步形成合理的产业体系，消除结构性污染。

（2）原材料选择。选择对环境最为友好的原材料是实施清洁生产的重要方面，主要包括：选择清洁的原料，避免使用在生产过程或产品报废后的处置过程中能产生有害物质排放的原材料；选择可再生的原料，尽量避免使用不可再生或需要很长时间才能再生的原料；选择可循环利用原料；对原料进行适当预处理，例如，含砷矿石的预处理可以防止砷进入熔炼主工艺。

（3）改革工艺，开发新技术。科学技术的发展为推行清洁生产提供了无限的可能性。改革生产工艺，开发新的工艺技术，采用能够使资源和能源利用率高、原材料转化率高、污染物产生量少的新工艺，代替那些资源浪费大、污染严重的落后工艺。优化生产程序，减少生产过程中资源浪费和污染物的产生，尽最大努力实现少废或无废生产。适当改变工艺条件，采用必要的预处理或适当工序调整，往往也能收到减废的效果。如简化流程可减少工序，有效削减污染排放；变间歇操作为连续操作，保持生产过程的稳定状态，可以提高成品率，减少废料量。

在工业生产工艺过程中最大限度地减少废物的产生量和毒性是清洁生产的主要目的。要调整生产计划，优化生产程序，合理安排生产进度，改进、完善、规范操作程序，采用先进的技术，改进生产工艺和流程，淘汰落后的生产工艺，合理循环利用能源、原材料、水资源，提高生产自动化的管理水平，提高原材料和能源的利用率，以减少废物的产生。

（4）采用和更新生产设备。采用和更新生产设备，淘汰陈旧设备，换用高效设备，改善设备布局和管线。例如，顺流设备改为逆流设备；优选设备材料，提高可靠性、耐用性；提高设备的密闭性，减少泄漏；设备的结构、安装和布置更便于维修；采用节能的泵、风机、搅拌装置。

设备大型化。提高单套设备的生产能力，不但可强化生产过程，还可降低物耗和能耗。设备技术发展的趋势是随着技术的进步，设备规模越来越大。如炼铁高炉、炼钢转炉、化工装置、发电机组等都日益向大型化方向发展。设备大型化可以进行大批量生产，劳动生产率高，产品成本低；大型设备还可采用先进技术，提高产品质量；同时制造设备时使用的材料相对地也少，制造成本也相对降低，有利于节约投资。

（5）节约能源和原材料。尽量提高资源和能源的利用水平，做到物尽其用。通过资源、原材料的节约和合理利用，使原材料中的所有组分通过生产过程尽可能地转化为产品，消除废物的产生，实现清洁生产。减少原材料的使用量，在不影响产品技术性能和寿命的前提下，使用的原材料越少，说明产生的废物越少，同时运输过程的环境影响也越少；保证原料质量，采用精料；利用废料作为原料，如利用铝含量高的燃煤飞灰作为生产氧化铝的原料。

（6）开展资源综合利用。资源综合利用是实施清洁生产的重要内容。资源综合利用就是尽可能多地采用物料循环利用系统，如水的循环利用及重复利用，以达到节约资源、减少排污的目的，使废物资源化、减量化和无害化，减少污染物排放。资源综合利用是推行清洁生产的首要方向。如果原料中的所有组分通过工业加工过程的转化都能变成产品，这就实现了清洁生产的主要目标。资源综合利用有别于所谓的"三废的综合利用"，这里是指并未转化为废料的物料通过综合利用就可以消除废料的产生。资源综合利用，不但可增加产品的生产，同时也可减少原料费用，降低工业污染及其处置费用，提高工业生产的经济效益，是生产全过程控制的关键。

实现资源的综合利用，需要实行跨部门、跨行业的协作开发，一种可取的形式是建立原料开发区，组织以原料为中心的利用体系，按生态学原理规划各种配套的工业，形成生产链，在区域范围内实现资源的综合利用。

（7）改进产品的设计，开发、生产对环境无害、低害的清洁产品。改进产品设计旨在将环境因素纳入产品开发的所有阶段，使其在使用过程中效率高、污染少，同时使用后便于回收，即使废弃，对环境产生的危害也相对较少。近来出现的"生态设计"、"绿色设计"等术语，即指将环境因素纳入设计之中，从产品的整个生命周期减少对环境的影响，最终导致产生一个更具有可持续性的生产和消费体系。

开发、生产对环境无害、低害的清洁产品，应从产品的设计开始抓起，将环保因素预防性地注入产品设计之中，并考虑其整个生命周期对环境的影响。

在当前科学技术迅猛发展的形势下，产品的更新换代速度越来越快，新产品不断问世。人们开始认识到，工业污染不但发生在生产产品的过程中，也会发生在产品的使用过程中，有些产品使用后废弃，分散在环境之中，也会造成始料未及的危害。例如，低效率的工业锅炉，在使用过程中不但浪费燃料，还排出大量的烟尘，本身就是一个污染源。不少电器产品上用作绝缘材料的多氯联苯，虽然具有优良的电器性能，但是属于强致癌物质，对人体健康会造成严重的威胁。

清洁产品则是从产品的可回收利用性、可处置性或可重新加工性等方面考虑，要求产品的设计人员本着预防污染的宗旨设计产品。

（8）强化科学管理，改进操作。国内外的实践表明，工业污染有相当一部分是由于生产过程管理不善造成的，只要改进操作，改善管理，不需花费很大的经济代价，便可获得明显的削减废物和减少污染的效果。其主要方法是：落实岗位和目标责任制，杜绝跑冒滴漏，防止生产事故发生，使人为的资源浪费和污染排放减至最小；加强设备管理，提高设备完好率和运行率；开展物料、能量流程审核；科学安排生产进度，改进操作程序；组织安全文明生产，把绿色文明渗透到企业文化之中等。推行清洁生产的过程也是加强生产管理的过程，它在很大程度上丰富和完善了工业生产管理的内涵。

强化管理能削减近40%污染物的产生，而实行清洁生产是一场革命，要转变传统的旧式生产观念，在企业管理中要突出清洁生产的目标，从着重于末端处理向全过程控制倾斜，建立一套健全的环境管理体系，使环境管理落实到企业中的各个层次，分解到生产过程的各个环节，贯穿于企业的全部经济活动之中，与企业的计划管理、生产管理、财务管理、建设管理等专业管理紧密结合起来，使人为的资源浪费和污染排放减至最小。

（9）提高企业技术创新能力。依靠科技进步，提高企业技术创新能力，开发、示范和推广无废、少废的清洁生产技术装备。企业要做到持续有效地实施清洁生产，达到"节能、降耗、减污、增效"的目的，必须依靠科技进步，开发、示范和推广无废、少废的清洁生产技术、装备和工艺，加快自身的技术改造步伐，提高整个工艺的技术装备和工艺水平，积极引进、吸收国内外相关行业的先进技术，通过技术进步重点项目（工程），实施清洁生产方案，取得清洁生产效果。

以上这些途径可单独实施，也可互相组合起来综合实施。应采用系统工程的思想和方法，以资源利用率高、污染物产生量小为目标，综合推进这些工作，并使推行清洁生产与企业开展的其他工作相互促进，相得益彰。

6.1.3 冶金行业清洁生产

改革开放以来，冶金工业取得了很大的发展。通过强化环境管理，冶金行业实现了增产减污，为国民经济建设做出了应有的贡献。但是冶金工业是资源型工业，能耗物耗大，环境污染比较严重。中国冶金工业环境保护与国外先进水平存在较大差距，整个行业仍然处于高投入、低产出、重污染、低效益的粗放型生产状况，国内企业之间也很不平衡。冶金工业结构不合理，工艺技术水平和经济效益不高，不适应于市场竞争的需要，结构性矛盾突出，市场竞争日益激烈，集中体现在品种质量、产品成本和劳动生产率和环境污染问题所构成的综合竞争力的压力。近年来，随着冶金工业的高速发展，冶金行业正面临着市场与环境的双重严峻挑战。为使冶金工业健康持续的发展，积极贯彻国家提出的可持续发展战略目标，必须大力推行清洁生产，这是实现我国由钢铁大国成为钢铁强国、改粗放经营为集约型经营、改善环境面貌的根本途径。

6.1.3.1 冶金行业技术的发展和现状

中国钢铁工业经过了50多年的发展，特别是近10余年的快速发展，已成为世界第一产钢大国。进入20世纪90年代以后，钢铁工业坚持以老企业改造为重点，加快行业结构调整和总体装备水平的提高。以宝钢和天津钢管公司为代表，国内新建了一批技术装备达到国际先进水平的钢铁企业，采用了先进的生产技术，推动了钢铁生产的结构优化，至今开发研究、推广应用了一批先进清洁生产工艺技术。

（1）烧结技术。我国自主开发的小球烧结工艺技术，提高了烧结机的生产效率和产品质量，降低能耗20%，提高烧结机生产效率15%～20%。

（2）炼铁技术。20世纪90年代以来，我国高炉装备水平提高较快。宝钢、武钢、首钢、马钢、鞍钢等大型高炉的装备达到了国际水平。高炉喷煤、高炉长寿、高风温、无钟炉顶等技术有了较大发展。

（3）转炉溅渣护炉技术。溅渣护炉是国外20世纪90年代后期开发成功的先进技术。1996年该项技术介绍到国内，在国家大力支持下，结合国内的资源、环境及装备条件，开发了适用于大、中小型转炉的溅渣工艺、复吹转炉溅渣工艺以及中磷铁水、钒钛铁水半钢冶炼等复杂条件下的溅渣技术。

（4）电炉炼钢技术。电炉炼钢在减排环保方面具有明显的优势，生产1t电炉钢比生产1t转炉钢减少CO_2排放量1589kg，减少废渣排放量600kg。多年来，我国电炉钢产量比偏低，到2008年才达到12.6%，美国、韩国、德国电炉钢比都在30%以上。发展电炉钢，是钢铁业节能减排、发展循环经济、实现可持续发展的重要途径。

（5）提高连铸比，开发推广高效连铸技术。采用全连铸技术取代模铸，可提高轧钢综合成材率16%，环境经济效益十分显著。在大力发展连铸的同时，高效连铸技术攻关开发取得显著进展，连铸机作业率从70%提高到80%～85%。

（6）轧钢技术。推广采用连轧技术、加热炉节能技术和热送热装技术，淘汰落后的多火成材工艺。装备水平不断提高，引进一批热连轧机、冷连轧机、连轧管机、小型连轧机、高速线材轧机，使我国钢材的连轧比大幅度提高。

（7）冶金环保技术。20世纪90年代以来，一批企业通过节能降耗、资源回收利用、控制污染，在工艺废水处理和循环利用、废气净化、可燃气体回收利用和含铁尘泥、钢铁渣综合利用等方面取得进展。如焦化酚氰废水脱酚技术、转炉煤气净化回收技术、电炉烟尘治理技术、钢渣烧结配料技术、焦炉装煤、推焦消烟除尘技术、冶炼车间电除尘、混铁炉除尘等烟尘治理技术，以及焦炉煤气脱硫技术和矿山复垦生态技术等。

由于环保科技进步和环保工程的有效实施，在钢产量大幅度增长的同时，烟（粉）尘和废水污染物石油类、COD 等的排放总量相对减少，大部分环保指标有所改善。

6.1.3.2　冶金行业清洁生产的发展趋势

清洁生产是一个相对的概念，所谓"清洁的生产工艺"和"清洁的产品"是与现行的生产工艺和产品相比较而言的。进入 21 世纪，我国钢铁企业除继续努力实现上述清洁生产技术、提高整体工艺技术水平外，还要引入更高、更新的清洁生产技术，不断地实现技术创新。

A　高炉生产过程技术进步

在 21 世纪前 10 年内，传统的高炉生产方法仍将是我国生产液态铁水的最有效途径。针对高炉炼铁，其技术进步的趋势为：

（1）利用系数提高，高炉座数减少。在过去的 10 年里，高炉的利用系数（$t/(m^3 \cdot d)$）提高很快。首先在我国的 $300m^3$ 高炉上取得突破，利用系数从 2.0 提高到 3.0 左右。最近，国外大高炉的利用系数也提高到 2.4～3.0 的程度。1999 年，我国重点企业高炉利用系数为 1.993，地方企业高炉利用系数高达 2.242。将高炉利用系数提高到 3.0 左右时，在总产量保持不变的情况下，可停产近 1/3 的高炉，有计划地将环保设施落后、能耗较高的高炉停产，不仅可降低成本，提高经济效益，而且能够减少资源消耗，减少污染物的排放，符合钢铁企业的清洁生产思想。

（2）喷煤量加大，焦比降低。富氧鼓风、大喷煤量可降低高炉的焦比，降低焦比又能显著降低炼铁成本；同时，焦炭使用量减少相应可减少炼焦过程中排放的污染物量，对保护环境、清洁生产起到有益的作用。

（3）高炉长寿化。目前国外大型高炉寿命有达到 20 年以上的，高炉平均寿命超过 15 年，我国个别高炉寿命也有达到 15 年以上水平的，平均寿命只有 10 年。若要高炉在高冶炼强度运行时增加高炉的炉龄，就需在炉体冷却方式、耐火材料选择、喷补技术，以及自动监控等方面进行开发和研究。

B　以连铸为中心实现钢液凝固和轧制的局域重合

"以连铸为中心"的方针已在我国钢铁行业中提出多年，面向新时代，"以连铸为中心"的方针蕴涵着新的发展，即把钢液凝固和塑性变形过程进行糅合，实现由"连铸—连轧"向"带液芯压下"的过渡。"带液芯压下"技术的典型运用有：薄板坯连铸—连轧。薄板坯连铸连轧技术的突出特点是连铸和连轧紧密结合。

薄板坯连铸连轧工艺的优点：缩短了生产时间，占地面积少，投资较常规流程省，金属收得率高，加热炉能耗较常规流程低，水处理能力仅需常规流程的 50% 左右。由此看出，"带液芯压下"技术的发展符合清洁生产思想。

C　轧钢方面轧制温度概念的更新和变化

近年来，传统的轧制温度控制范围正在发生一些变化，产生了一些异于常规轧制温度条件的新工艺，如低温轧制技术、临界点温度轧制技术、铁素体轧制技术。

降低轧制温度是轧钢技术发展的总趋势，这不仅能显著降低能耗，在一定条件下还对产品的组织性能产生一些独特的有利作用，从炼钢、轧钢整体优化上考虑也是有利的。

6.1.4　清洁生产与环境保护

自 1989 年联合国环境署首次规范提出清洁生产的概念以后，这个概念作为鼓励各国政府和工业界采取预防战略控制污染的新定义，写入了 1992 年联合国环境与发展大会通过的重要文件——《21 世纪议程》。目前，越来越多的国家接受了这一概念。

清洁生产是环境保护新的研究和发展方向，它可以实施污染预防，减少污染的产生，实现环境和经济的可持续发展。经济的持续发展首先是工业的持续发展，资源和环境的永续利用是工业持续发展的保障。实践证明，沿用以大量消耗资源和粗放经营为特征的传统模式，经济发展正愈来愈深地陷入资源短缺和环境污染的两大困境：一是传统的发展模式不仅造成了环境的极大破坏，而且浪费了大量的资源，加速了自然资源的耗竭，使发展难以持久；二是以末端治理为主的工业污染控制政策忽视了全过程污染控制，不能从根本上消除污染。而清洁生产恰能较好地解决这两个方面的问题。

6.1.4.1 清洁生产是解决环境污染问题的最有效途径

改革开放以来，我国经济一直呈快速增长趋势，综合国力也不断增长，人民的生活水平不断提高。但同时，我国的环境状况和资源状况出现了持续恶化的趋势，如世界 10 大大气环境污染城市中有 4 个在中国，国内多数水系都受到了严重的污染。另外，我国工业整体技术比较落后，除少数新建、扩建企业达到国际 20 世纪 80～90 年代水平外，大部分企业生产技术落后，设备陈旧，以致能源资源消耗较多、污染较重。特别是近年来从事资源加工的中小企业迅速增多，导致了能源与资源的巨大浪费。

长期以来，受计划经济的影响，我国的产业结构不合理，在很大程度上加剧了环境污染和生态破坏。同时，我国的工业布局也不甚合理，资源配置不佳，环境容量未能最佳利用。因此，我国在经济发展的同时，环境问题也越来越突出，已成为经济持续发展的严重障碍。目前我国所面临的环境问题是严峻的，主要有：

（1）能源、原辅材料的单耗过高，利用率低，浪费严重；

（2）工艺技术落后，生产过程控制不严，缺乏最优参数；

（3）设备陈旧，维护欠佳；

（4）废物的回用率低，跑冒滴漏现象严重，这不仅使大量的产品或原料白白流失，导致较大的经济损失，而且造成环境污染；

（5）管理不规范，缺乏科学性；

（6）生产的集约化程度不高，经济的发展多为粗放型；

（7）员工素质和技能不高，培训制度不健全。

造成我国环境污染的因素很多，除上述问题外，在技术路线和治理理念上的关键问题是十几年来将污染控制的重点放在末端治理上。多年来，国内外的实践证明，这种环境保护的做法存在许多不足之处，主要表现在：

（1）治理投资和运行费用高，只有环境效益，没有经济效益，并且随着生产规模的扩大和效率的提高，污染物产生量越来越大。传统的末端治理与生产过程脱节，无论是治理技术还是治理的设施设备，均不能实现有效的处理和处置。这种污染控制的不经济性给企业带来了沉重的负担，使企业失去了治理污染的积极性。

（2）以大量消耗资源能源、粗放型的增长方式为基础，资源能源浪费严重，污染物的排放实际就是资源未能得到充分利用所致，一些原本可以回收的原辅材料，一般在末端治理中被填埋或排入环境，造成浪费和污染。

（3）从总体上看，末端治理大多都不能从根本上清除污染，而只是污染物在不同介质中的转移，尤其是有毒有害废物，往往会在新的介质中转化为新污染物，形成了"治而未治"的恶性循环。

因此，尽管环保投资不断加大，但环境质量却明显恶化，这是因为末端治理一般都是生产过程中的额外负担，从经济上讲，仅有投入，没有产出。而企业的目标是追求最大的经济效益。因此，末端治理与企业的目标有抵触，从而造成了环保、生产两张皮，这也是为什么许多污染治理设施难以正常运转的主要原因之一。这充分证明仅靠末端治理不能有效地解决环境污染问题，要彻底解决经济发展和环境保护之间的矛盾必须依靠清洁生产。

自联合国环境规划署正式提出清洁生产以来，我国政府积极响应。随着经济的转型和公众资源环境意识的日益加强，污染预防已成为国际上的环保主潮流。我国作为世界上最大的发展中国家，在迅速工业化过程中，面临人口增加、资源短缺和环境质量日益恶化的种种矛盾，通过近年来的实践，发现清洁生产作为实现社会经济可持续发展的优先行动领域，是解决这些矛盾的有效手段和必由之路。

6.1.4.2　清洁生产是防治工业污染的必然选择和最佳模式

中国作为世界上最大的发展中国家，在总结了国内外环境保护的经验教训后，认识到污染预防的重要性，发展中十分重视环境保护，明确提出"预防为主，防治结合"的方针，强调通过调整产业布局，优化产品、原材料、能源结构和通过技术改造、废物的综合利用以及强化环境管理手段来防治工业污染。但由于认识和预防重点的偏差，人们把预防核心置于污染物的环境效应削减上，片面追求污染物达标排放，加上该方针未得到有效的法规、制度支持，缺少可行的操作细则，缺乏市场的激励机制，使其精髓未能得到有效贯彻。这一时期制定的许多末端治理的措施，如"三同时"、"限期治理"、"污染集中控制"等制度，由于责任明确，具有较强的可操作性，基本都得到有效执行。而"源削减"方面的法规和制度措施很少，这也是我国环境质量在投资连续增长的情况下出现持续恶化的原因之一。

6.1.4.3　清洁生产能有效地协调经济发展与环境保护之间的矛盾

清洁生产对世界各国经济发展和环境保护的影响是广泛而深远的，将最终改变各国的工业结构，直接影响到各国经济总体发展方向和水平，以及各国技术和产品的国际竞争力。这一改变在一些国家已经开始。发达国家在把改善工业结构纳入污染预防和控制方面已经作出努力，这大大巩固了它们在国际竞争中的地位。这些国家对清洁生产技术的研究与开发日益重视。

目前中国的二氧化碳排放量位于世界第二位，氯氟烃类物质的使用量也很大。在发达国家对控制全球环境问题采取积极态度的今天，中国应尽快采取有效措施控制环境状况的恶化。

这些问题是环境问题，也是经济问题。是走传统末端治理的道路，还是及时用清洁生产思路调整工业及能源结构，将污染消除在生产过程中，这一问题已经十分实际地摆在了人们面前。一方面清洁生产正在改善发达国家的工业结构，进一步增强其贸易出口能力；另一方面中国在未来一段时期将面临上述种种环境问题，加上正在兴起的绿色标签对国际贸易的影响，以及国外对华投资者对环境要求的进一步提高，环境因素对中国发展外向型经济构成严峻的挑战，出路就是积极推行清洁生产。

6.1.4.4　实施清洁生产有利于消除国际环境壁垒

近年来，在国际贸易中，环境壁垒日益成为发达国家手中的一个贸易工具。经济全球化在进一步推动中国与国际市场接轨的同时，要求中国企业不断扩大对环境技术的需求，提高企业的环境保护水平，改善环境质量。由于我国产业结构不尽合理，高污染行业较多，面对日益严峻的资源和环境形势，面对国际市场激烈的竞争，面对"绿色壁垒"的压力，加快推行清洁生产势在必行。

实现经济、社会和环境效益的统一，提高企业的市场竞争力，是企业的根本要求和最终归宿。开展清洁生产的本质在于实行污染预防和全过程控制，它将给企业带来不可估量的经济、社会和环境效益。清洁生产是一个系统工程：一方面提倡通过工艺改造、设备更新、废物回收利用等途径，实现"节能、降耗、减污、增效"，从而降低生产成本，提高企业的综合效益；另一方面它强调提高企业的管理水平；同时，清洁生产还可有效改善工人的劳动环境和操作条件，为企业树立良好的社会形象，促使公众对其产品支持，提高企业的市场竞争力。在发达国家，清洁生产产品被等同于环境标志产品，在国际市场上颇具竞争力。开展清洁生产，不仅可改善环境质量和产品性能，增加国际市场准入的可能性，减少贸易壁垒的影响，还可帮助企业赢得更多的用户，提高产品的竞争力。

6.1.4.5 推行清洁生产是实现工业污染源稳定达标和总量控制的重要手段，是提高全民族的环境意识的重要途径

众所周知，单靠末端治理，无论从资金上还是时间上都难以达到彻底治理污染的目的。因此，国家环保部提出通过实施清洁生产巩固"一控双达标"的成果，确保污染源稳定达标，实现总量削减的目的。清洁生产是对生产的全过程进行科学合理管理，要求人类的生产行为都要以确保资源的持续利用和区域环境质量的持续改善为前提条件，使生产过程中排放的废物不仅要达到国家规定的污染物排放标准，同时还要满足区域环境容量的要求。

推行清洁生产的一个重要方面就是通过广泛的宣传教育，提高劳动者的环境意识，使清洁生产的思想转化为一种自觉行为，从根本上贯彻清洁生产思想。同时，清洁产品的大量出现，也会带动消费者选择和消费有利于环境的清洁产品，促进消费观念的根本转变。

清洁生产是人类总结工业发展历史经验教训的产物，20多年来全球的研究和实践充分证明了清洁生产是有效利用资源、减少工业污染、保护环境的根本措施。

清洁生产是要引起全社会对于产品生产及使用全过程对环境影响的关注，使污染物产生量、流失量和处置量达到最小，资源得以充分利用，是一种积极、主动的态度，是关于产品和产品生产过程的一种新的、持续的、创造性的思维，它是对产品和生产过程持续运用整体性的预防战略。

6.2 循环经济

6.2.1 循环经济的概念

"循环经济"一词是美国经济学家波尔丁在20世纪60年代提出生态经济时谈到的。波尔丁受当时发射的宇宙飞船的启发来分析地球经济的发展，他认为飞船是一个孤立无援、与世隔绝的独立系统，靠不断消耗自身资源存在，最终它将因资源耗尽而毁灭，唯一使之延长寿命的方法就是实现飞船内的资源循环，尽可能少地排出废物。同理，地球经济系统如同一艘宇宙飞船。尽管地球资源系统大得多，地球寿命也长得多，但是也只有实现对资源循环利用的循环经济，地球才能得以长存。

循环经济思想萌芽可以追溯到环境保护思潮兴起的时代，首先是在国外出现，经历了20多年的发展。在20世纪70年代，循环经济的思想只是一种理念，当时人们关心的主要是对污染物的无害化处理。20世纪80年代，人们认识到应采用资源化的方式处理废弃物。20世纪90年代，特别是可持续发展战略成为世界潮流的近些年，环境保护、清洁生产、绿色消费和废弃物的再生利用等才整合为一套系统地以资源循环利用、避免废物产生为特征的循环经济战略。循环经济是与线性经济相对的，是以物质资源的循环使用为特征的。

循环经济本质上是一种生态经济，它要求运用生态学规律而不是机械论规律来指导人类社会的经济活动。与传统经济相比，循环经济的不同之处在于：传统经济是一种"资源—产品—

污染达标排放"单向流动的线性经济，其特征是高开采、低利用、高排放；循环经济要求把经济活动组织成一个"资源—产品—废弃物—再生资源"的反馈式流程，其特征是低开采、高利用、低排放。所有的物质和能源要能在这个不断进行的经济循环中得到合理和持久的利用，以把经济活动对自然环境的影响降低到尽可能小的程度。

循环经济是集经济、技术和社会于一体的系统工程。其主要特征是：

（1）尊重生态规律。发展循环经济不仅要求经济活动遵循一般自然规律、经济规律和社会规律，而且要求按照生态规律组织整个生产、消费和废物处理过程，力图把经济活动纳入生态系统的运行轨道。要想使人类社会经济发展完全不改变自然是不可能的。但人类必须尊重生态规律，尽量减少资源消耗和保护生态环境。作为生产要素，自然生态环境不能再免费使用，而应当作为社会共有财产进行定价，使生产者按照费用最小化的原则节约使用它们。

（2）最大限度地节约资源。发展循环经济要求建设"节约型社会"。能源和资源的节约不仅包括少用资源，降低消耗，而且包括资源的综合使用，多次使用，循环使用，提高资源的利用效率和再生化率。因此，与高消耗、低效益、高排放的粗放经济相反，循环经济以低消耗、高效率、低排放为基本特征，以资源的高效利用和循环利用为核心，是对"大量生产、大量消费、大量废弃"的传统增长模式的根本变革。传统经济是"资源—产品—污染达标排放"单向性生产流程的线性经济，循环经济则实行"资源—产品—废弃物—再生资源"的反馈式生产流程，通过开采资源，生产产品，回收废旧物品，重新利用，实现资源循环利用和综合利用。循环经济理念改变了重开发、轻节约，重速度、轻效益，重外延发展、轻内涵发展，片面追求 GDP 增长、忽视资源和环境的倾向，符合可持续发展的理念。

（3）形成相对封闭的循环产业链条，以实现可持续发展。循环经济依据生态规律，通过工业或产业之间的代谢和共生关系，依靠技术系统，在相关企业间构建资源共享、副产品互用的循环圈，大幅度降低输入和输出经济系统的物质流，形成相对封闭的循环产业链条，使尽可能多的物质和能源在不断进行的经济循环中得到合理和持久的利用，尽可能实现物尽其用，达到资源节约和保护环境的目的。

由于循环经济力求在经济系统和生态系统之间建立一种协调、和谐的关系，所以也被称为"绿色"经济或生态经济。循环经济模式适用于工、农、商业等生产和消费领域，包括生态农业、生态工业、生态服务业和生态城市等。它不光适合经济领域，还可以在更加广泛的社会领域，给人口控制、疾病防治、城市建设、交通控制、防灾抗灾等社会管理活动带来启示。因此，循环经济理念将会引起一场走向可持续发展的社会革命。

循环经济作为一种科学的发展观、一种全新的经济发展模式，具有自身的独立特征，需要从全新的角度去认识它。其特征主要体现在以下几个方面：

（1）新的系统观。循环是指在一定系统内的运动过程，循环经济的系统是由人、自然资源和科学技术等要素构成的大系统。循环经济观要求人在考虑生产和消费时不再置身于这一大系统之外，而是将自己作为这个大系统的一部分来研究符合客观规律的经济原则，将"退田还湖"、"退耕还林"、"退牧还草"等生态系统建设作为维持大系统可持续发展的基础性工作来抓。

（2）新的经济观。在传统工业经济的各要素中，资本在循环，劳动力在循环，唯独自然资源没有形成循环。循环经济观要求运用生态学规律，而不是仅仅沿用 19 世纪以来机械工程学的规律来指导经济活动。不仅要考虑工程承载能力，还要考虑生态承载能力。在生态系统中，经济活动超过资源承载能力的循环是恶性循环，会造成生态系统退化。只有在资源承载能力之内的良性循环，才能使生态系统平衡地发展。

（3）新的价值观。循环经济观在考虑自然时，不再像传统工业经济那样将其作为"取料场"和"垃圾场"，也不仅仅视其为可利用的资源，而是将其作为人类赖以生存的基础，是需要维持良性循环的生态系统；在考虑科学技术时，不仅考虑其对自然的开发能力，而且要充分考虑到它对生态系统的修复能力，使之成为有益于环境的技术；在考虑人自身的发展时，不仅考虑人对自然的征服能力，而且更重视人与自然和谐相处的能力，促进人的全面发展。

（4）新的生产观。传统工业经济的生产观念是最大限度地开发利用自然资源，最大限度地创造社会财富，最大限度地获取利润。而循环经济的生产观念是要充分考虑自然生态系统的承载能力，尽可能地节约自然资源，不断提高自然资源的利用效率，循环使用资源，创造良性的社会财富。在生产过程中，循环经济观要求遵循"3R"原则：资源利用的减量化（Reduce）原则，即在生产的投入端尽可能少地输入自然资源；产品的再使用（Reuse）原则，即尽可能延长产品的使用周期，并在多种场合使用；废弃物的再循环（Recycle）原则，即最大限度地减少废弃物排放，力争做到排放的无害化，实现资源再循环。同时，在生产中还要求尽可能地利用可循环再生的资源替代不可再生资源，如利用太阳能、风能和农家肥等，使生产合理地依托在自然生态循环之上；尽可能地利用高科技，尽可能地以知识投入来替代物质投入，以达到经济、社会与生态的和谐统一，使人类在良好的环境中生产生活，真正全面提高人民生活质量。

（5）新的消费观。循环经济观要求走出传统工业经济"拼命生产、拼命消费"的误区，提倡物质的适度消费、层次消费，在消费的同时就考虑到废弃物的资源化，建立循环生产和消费的观念。同时，循环经济观要求通过税收和行政等手段，限制以不可再生资源为原料的一次性产品的生产与消费，如限制宾馆的一次性用品、餐馆的一次性餐具和豪华包装的生产与消费等。

6.2.2 循环经济的实施方式和类型

20世纪90年代以来，就环境、生态、经济等相互关系，学术界、经济界展开了广泛讨论，相继提出了可持续发展、清洁生产、产品生命周期评价、环境设计等思想，并予以实施。它们之间有一定的联系，并与循环经济理念融合。

一个循环经济的产业体系需要具备以下特征：

（1）在开发新产品时，不仅要注意产品的质量、成本，而且要尽可能地减少原材料的消耗和选用能够回收再利用的材料和结构；

（2）对商品不要过分包装，包装材料和容器应尽可能使用可以回收再利用的包装材料和容器；

（3）生产过程中要尽可能减少废物的排出，同时，对最终所排废物要尽可能予以回收利用，而有毒有害的废物必须及时进行无害化处理；

（4）提倡在产品消费后尽可能进行资源化回收再利用，使得最终对废物的填埋和焚烧处理量降低到最小；

（5）要尽可能使用可再生资源和能源，如太阳能和风能、潮汐、地热等绿色能源，减少使用污染环境的能源、不可再生资源和能源。

6.2.2.1 循环经济的产业类型

目前已实施循环经济的产业体系有以下三种：

（1）单个企业内的循环经济模式，以杜邦化学公司为代表。厂内物料循环是循环经济在微观层次的形式。以生态经济效益为目标的企业必然重视企业内部的物料循环。杜邦化学公司是世界化学制造业的巨型公司。早在 20 世纪 80 年代末，杜邦公司的研究人员就把工厂作为试验新的循环经济理念的实验室，创造性地把 3R 原则发展成为与化学工业实际相结合的"3R 制造法"，达到少排放甚至零排放的环境保护目标：他们通过停止使用某些对环境有害的化学物质，减少某些化学物质的使用量以及开发回收本公司产品的新工艺，到 1994 年已经使生产造成的塑料废物减少了 25%，空气污染物排放量减少了 70%，并在废塑料（如废弃的牛奶盒和一次性塑料容器）中回收化学物质，开发出了耐用的乙烯材料"维克"等新产品。"零排放"是一项奋斗目标，但这个目标可以促使人们不断提高工作的创造性。人们越着眼于这个目标，就越认识到消灭垃圾实际上意味着发掘对人们通常扔掉的东西的全新的利用方法。

（2）若干企业组成生态工业园区。单个企业的清洁生产和企业内循环最终具有局限性，因为肯定会有企业内无法消解的一部分废料和副产品，生态工业园区就是要在多个厂范围内实施循环经济的法则，把不同的企业连接起来形成共享资源和互换副产品的产业共生组织，使得某一企业的废气、废热、废水、废物成为另一企业的原料和能源。丹麦卡伦堡是目前世界上工业生态系统运行的典型的代表。这个生态工业园区的主体企业是发电厂、炼油厂、制药厂、石膏板生产厂。以这 4 个企业为核心，通过贸易方式利用对方生产过程中产生的废物和副产品，不仅减少了废物产生量和处理的费用，还产生了较好的经济效益，形成了经济发展与环境保护的良性循环。

（3）在全社会建立物资循环，针对消费后排放的循环经济。从社会整体循环的角度，发展旧物资调剂和资源回收产业（中国称为废旧物资业，日本称为社会静脉产业），这样能在整个社会范围内形成"自然资源—产品—再生资源"的循环经济环路。在这个方面，德国的双轨制回收系统（DSD）起了很好的示范作用。DSD 是一个专门组织对包装废物进行回收利用的非政府组织。它接收企业的委托，组织收运者对他们的包装废物进行回收和分类，然后送至相应的资源再利用厂家进行循环利用，能直接回用的包装废物则送返制造商。DSD 系统的建立大大促进了德国包装废物的回收利用。

6.2.2.2　循环经济的技术类型

实施循环经济需要有技术保障，循环经济的技术载体是环境无害化技术或环境友好技术。环境无害化技术的特征是合理利用资源和能源，实施清洁生产，减少污染排放，尽可能地回收废物和产品，并以环境可接受的方式处置残余的废物。环境无害化技术主要包括预防污染的少废或无废的工艺技术和产品技术，但同时也包括治理污染的末端技术。

A　清洁生产技术

清洁生产技术是一种无废、少废生产的技术，通过这些技术实现产品的绿色化和生产过程向零排放迈进。它是环境无害化技术体系的核心。清洁生产技术包括清洁的原料、清洁的生产工艺和清洁的产品 3 个方面的内容，即不仅要实现生产过程的无污染或少污染，而且生产的产品在使用和最终处置过程中也不会对环境造成损害。当然，清洁生产技术不但要有技术上的可行性，还需要经济上的可盈利性，这样才有可能实施。它应该体现发展循环经济和环境与发展问题的双重意义。

B　废物利用技术

废物利用技术是对废物进行再利用的技术，通过这些技术实现废物的资源化处理，并且实现产业化。目前比较成熟的废物利用技术有废纸加工再生技术、废玻璃加工再生技术、废塑料转化为汽油和柴油技术、有机垃圾制成复合肥料技术、废电池等有害废物回收利用技术等。德国是全球再生资源利用率最高的国家，由此节约了大量的原材料和能源。在德国流行这样一句话："今天的垃圾是明天的矿山。"德国通过立法、政策推动、财政补贴、税收优惠和规模经营等方式，推动再生资源产业的发展，得以成功构建现代化循环经济体系，有效地保护了各类资源、气候、土地、水源和民众健康。再生资源的回收利用不仅节约了资源，而且由于生产流程的减少，使生产过程的能耗和污染排放大大降低，达到节能和环保双赢的目的。在中国应大力发展这方面的技术。

C　污染治理技术

污染治理技术即环境治理技术。生产及消费过程中产生的污染物质通过废物净化装置来实现有毒、有害废物的净化处理。其特点是不改变生产系统或工艺程序，只是在生产过程的末端（或者社会上收集后）通过净化废物实现污染控制。废物净化处理的环保产业正成为一个新兴的产业部门迅速发展。主要包括：水污染控制技术；大气污染控制技术；固体废物处理技术；噪声污染防治技术；交通工具（飞机、汽车、船舶等）运行过程中废物治理技术。

6.2.3　循环经济与环境保护

环境保护是我国的一项基本国策。循环经济则是用绿色经济运行模式来指导人类的经济活动，使整个生产、经济和消费过程不产生或少产生废物，在物质不断循环的基础上发展经济，从而使经济活动对环境的影响降低到最低程度。发展循环经济是我国环境保护的根本手段和根本方向。

6.2.3.1　循环经济是我国环境保护发展的根本方向

A　循环经济对传统环保概念的冲击

传统工业经济模式可以概括为：自然资源、粗放生产、过度消费、大量废弃。与此相应的传统污染治理思路没有从工业经济系统的整体考虑，只是从环境的角度思考问题，没有与经济相联系，仅仅从末端进行一些被动的消极处理，虽然可以减轻一些对环境的破坏和污染，但是不能从根本上解决环境问题。"资源—产品—污染达标排放"是环境保护沿袭了几十年的传统做法。表现在经济行为上就是资源的简单模式、一次性和粗放消耗型经营方式，表现在环保行为上则是采取"先污染，后治理"，实行被动的末端治理，这是治理污染随意性大的主要原因。循环经济从经济增长和环境保护相结合的角度考虑问题，变消极的产品污染治理为积极的产品全过程管理。循环经济模式可以概括为：自然资源、清洁生产、绿色消费、再生资源。"资源—产品—再生资源"是将环境与经济行为科学地构建为一个严密的、封闭的循环体系。在这一体系中，资源与产品之间是一种平等的相互派生、相互依存、相互支撑的关系。在这种完全符合大自然可持续发展规律的关系支配下，实现着生产废物的最大减量化、最大利用化和最大资源化，从而大大提升了环境保护的高度、深度和广度。

B　循环经济的思想品质丰富着环境保护的内涵

几十年来，我国环境保护经历了一个由污染物达标排放、废物综合利用、清洁生产全过程控制到推行实施 ISO 14000 质量管理体系的持续改进、逐步深入的过程。这些环保措施在不同社会经济发展时期都发挥了重要作用。然而，在不同程度上也存有某些明显的不足和缺陷。循环经济在思想上首先强调的是思维的严密逻辑性和事物的彼此相关性，不仅在其体系内部形成了完整的结构形式，而且将环境与经济紧密和巧妙地结合起来。循环经济在品质方面，无论在环境技术还是在经济技术上，都明显优于任何一种单一环保措施。

6.2.3.2　发展循环经济是促进工业污染防治从单纯的末端治理向污染预防转变的必由之路

早期工业化国家走的就是一条先发展经济后治理环境的恶性循环道路，我国绝不能再走这样的弯路。传统治污采取的"末端控制"方式，不仅需要投入大量的人员、技术和资金，给政府和企业带来沉重的经济负担，"末端控制"治污方法实质是少、慢、差、费，严重拖经济发展的后腿，企业普遍缺乏治污积极性。末端治理明显与生产过程脱节，实行的是"先污染，后治理"，立足点在于"治"。而循环经济则不同，它是从源头抓起，实行生产全过程控制，减少乃至消除污染物的产生，立足点是"防"。它能最大限度地利用资源，将污染物消除在生产过程之中，不仅能从根本上改善环境状况，而且能够减少能源、原材料消耗，降低生产成本，提高经济效益，实现经济与环境的"双赢"。循环经济与传统末端治理的最大不同是找到了环境效益与经济效益相统一的结合点，能够调动起企业防治污染的积极性。

6.2.3.3　发展循环经济是建设资源节约型、环境友好型社会的必然选择

目前，我国人均资源短缺，特别是水资源、耕地资源和矿产资源短缺，以及利用效率低的问题，已经成为制约我国经济安全和长远发展的关键问题。一些重要资源长期依赖进口，特别是石油资源严重不足，对国家经济安全极为不利。我国生态环境恶化的趋势也尚未得到有效遏制，环境形势依然严峻。因此，要充分考虑我国资源短缺、环境脆弱的基本特点，不断提高工业化工厂科技含量、降低资源消耗和环境污染，建立起适合我国国情的资源节约、环境友好型的工业化工厂发展道路，实现新型工业化与可持续发展战略的良性互动。党的"十六大"报告中也提出，要"坚持以信息化带动工业化，以工业化促进信息化，走出一条科技含量高、经济效益好、资源消耗低、环境污染少，人力资源优势得到充分发挥的新型工业化路子"。这是党中央在我国进入新的发展阶段作出的重大战略决策。党的十七大报告再次强调要加强能源资源节约和生态环境保护，并指出必须把建设资源节约型、环境友好型社会放在工业化、现代化发展战略的突出位置。

据分析，造成我国资源短缺、浪费严重、生态破坏加剧的根本原因在于我国还没有从根本上摆脱粗放型的经济增长方式，结构不合理，技术装备落后，能源原材料消耗高、利用率低。解决这一问题的根本途径之一就是要大力推行和实施循环经济，提高资源利用效率，预防污染的产生和排放。多年的实践也表明，如果我们继续走传统经济发展之路，沿用"三高"（高消耗、高能耗、高污染）粗放型模式，结果只能延缓我国现代化进程。从战略角度来看，走循环经济之路，已成为我国社会经济发展模式的必然选择。

6.2.3.4　实现循环经济必须理性经营环保

理性经营就是以市场经济的经营理念为指导，用市场交易的运作方式使环境保护主体的经济活动更加合理化、规范化，也就是说，在环境保护与经济主体之间建立一种相互影响的制约关系。要做到理性经营，首先必须处理好以下几方面的关系：

（1）正确处理理性经营和依靠政府的关系。在环境保护和市场经济的初级阶段，环境保护在政府的宏观调控下，从组织建立制度法规到执法管理都发挥了重要作用。然而，随着市场经济发展的深入，单靠政府的行政职能不可能解决好现实中不断出现的新情况、新问题，尤其是复杂的环境问题。因此，环境保护仅靠政府支撑的状况亟须得到改观。环境保护是一个庞大的专业，是一个与社会政治、经济、文化及各个领域都密不可分的专业。用环境保护的手段来实现循环经济，必须在政府宏观指导下，对环保实行理性化经营。

（2）正确处理理性经营和市场经济的关系。从环境保护靠政府部门转到理性经营环保，环境保护便登上了市场经济的大舞台。而环境保护在其中究竟扮演什么角色，这就关系到与市场经济的关系问题。以环保设施市场化经营机制为例，从社会化投资、专业化建设、市场化经营、规范化管理到规模化发展，无论哪项内容、哪个环节、哪个运行程序，如果离开了市场的支持，都难以有所作为。从另一方面看，如果离开了政府的支持和帮助，也无法获得成功。可

以说，环境保护在政府和市场之间，既要全面接受政府的领导和监督，又要在市场经济中按照市场法则和客观规律办事。

（3）正确处理理性经营和继承与发展的关系。理性经营环保是在新的历史条件下市场经济赋予环境保护的新的革命。欲真正实现环境保护的理性经营，既要秉承和发扬现实条件下符合我国国情的思想，即强调一切从实际出发的辩证唯物主义原则，又要将新思维、新观念和新方略引入到环境保护工作中来，充实、丰富和完善新时期环境保护的经营内容。

实现循环经济是由传统环境保护计划管理型向环境保护市场经营型的转变。在这一转变过程中，政府的角色主要是制定和提供标准、规划、政策和法律法规。而环境保护自身则要努力向社会化、产业化、专业化和企业化经营的方向发展。同时，整体环境保护规划和某个环境保护计划，也包括环境工程筹划与设计，如污染治理、废物利用、清洁生产等，都应以循环经济为指导思想，实现"减量—再利用—循环"的最大效益目标。一个新型的现代企业不仅要为企业和国家创造财富，更要最大限度地减少环境成本，努力实现绿色产品战略，树立绿色经营思想，进而构筑起完整系统的"绿色通道"，确保资源利用效率和整体环境的优化。循环经济模式不仅仅是一种新的经济发展模式，更是一种新型的物质变换方式。它是物质资料生产活动的革命，它必将引起产业升级、产业结构的大调整和经济增长方式的根本性改变。

综上所述，循环经济是人类面临环境的制约为可持续发展而提出的理念。它作为一种新的经济发展模式，是解决环境问题、促进经济改革、稳定持续发展的唯一途径。因而必须对其深刻的内涵和外延加以深入的理解。循环经济是一种含义深刻的理论框架，在实施过程中，应根据不同地区的特点、经济发展水平、目前和未来经济发展总体规划、城市或区域定位等因素，确定合适的循环经济的可操作规划，并在合适的区域内开展试点，逐步推广。实施循环经济并非一朝一夕，需要长期不懈的努力方可见成效。应加强循环经济的宣传，加快相关立法并制定相应的鼓励政策和措施，积极支持在不同层次开展循环经济的实施；结合实际情况和要求，用其理论来指导经济发展的实践，并使环境效益、经济效益和社会效益相统一，真正实现可持续发展。

参 考 文 献

[1] 杨婧中. 冶金环保知识问答[M]. 北京：冶金工业出版社, 1988, 12.

[2] 林肇信, 刘天齐. 环境保护概论[M]. 北京：高等教育出版社, 1999, 6.

[3] 钱小青, 葛丽英, 赵由才. 冶金过程废水处理与利用[M]. 北京：冶金工业出版社, 2008, 1.

[4] 刘纲, 朱荣. 当前我国铜渣资源利用研究现状[J]. 矿冶, 2008, 17(3): 59～63.

[5] 余启名, 周美华, 李茂康, 等. 赤泥的综合利用及其环保功能[J]. 江西化工, 2007(4): 125～127.

[6] 张秦岭, 金奇庭. 冶金环保基本知识[M]. 北京：冶金工业出版社, 1988, 11.

[7] 李家瑞, 李文林, 朱宝珂. 钢铁工业环境保护[M]. 北京：科学出版社, 1990, 1.

[8] 陈佛顺. 有色冶金环境保护[M]. 北京：冶金工业出版社, 1984, 11.

[9] 任效乾, 王荣祥. 环境保护及其法规[M]. 北京：冶金工业出版社, 2005, 5.

[10] 宁平, 易红宏, 周连碧. 有色金属工业大气污染控制[M]. 北京：中国环境科学出版社, 2007, 3.

[11] 威廉·L·休曼. 工业气体污染控制工程[M]. 华译网翻译公司译. 北京：化学工业出版社, 2007, 8.

[12] 赵玲, 王荣锌, 李官, 等. 矿山酸性废水处理及源头控制技术展望[J]. 金属矿山, 2009(7): 131～135.

[13] 杨群, 宁平, 陈芳媛, 等. 矿山酸性废水治理技术现状及进展[J]. 金属矿山, 2009(1): 131～134.

[14] 叶新才, 王占岐. 尾矿库土地复垦的效益分析[J]. 采矿技术, 2004(1): 26～28.

[15] 孔令彬, 丁清华, 林冬梅. 焦炉烟尘污染及综合治理技术与装备[J]. 节能与环保, 2005(6): 34～35.

[16] 宋书巧, 周永章. 矿业废弃地及其生态恢复与重建[J]. 矿产保护与利用, 2001(5): 43～49.

[17] 胡学毅, 寇彦德, 薄以匀. 我国焦炉烟尘的污染及其控制[J]. 中国环保产业, 2007 (12): 30～33.

[18] 魏先勋. 环境工程设计手册[M]. 长沙：湖南科学技术出版社, 2002, 7.

[19] 朱也仁. 环境污染治理技术[M]. 北京：中国环境科学出版社, 2008, 8.

[20] 奚旦立. 清洁生产与循环经济[M]. 北京：化学工业出版社, 2005, 4.

[21] 杨慧芬, 张强. 固体废物资源化[M]. 北京：化学工业出版社, 2004, 4.

[22] 殷文宇. 赤泥的综合利用现状[J]. 山东化工, 2008(10): 19～21.

[23] 司秀芬, 邓佐国, 徐廷华. 赤泥提钪综述[J]. 江西有色金属, 2003, 17(2): 28～31.

[24] 朱强, 齐波. 国内赤泥综合利用技术发展及现状[J]. 轻金属, 2009(8): 7～10.

[25] 赖兰萍, 周李蕾, 韩磊, 等. 赤泥综合回收与利用现状及进展[J]. 四川有色金属, 2008(1): 43～47.

[26] 李军旗, 张志刚, 徐本军, 等. 赤泥综合回收利用工艺[J]. 轻金属, 2009(2): 23～26.

[27] 李莉, 陈焕平. 浅谈氧化铝废料赤泥的综合利用[J]. 中州煤炭, 2009 (2): 37～38.

[28] 曲永新, 关文章, 张永双, 等. 炼铝工业固体废料（赤泥）的物质组成与工程特性及其防治利用研究[J]. 工程地质学报, 2000(3): 296～305.

[29] 赵建新, 王林江, 谢襄漓. 利用拜耳法赤泥制备烧胀陶粒的研究[J]. 矿产综合利用, 2009(4): 41～49.

[30] 任根宽. 开法利用再生资源赤泥保护生态环境[J]. 宜宾学院学报, 2007(12): 78～81.

[31] 金士荣. 铅锌产业链的现状与协调发展[J]. 中国金属通报, 2008(10): 5～10.

[32] 赵丽红, 李素霞, 柯滨, 等. 铅污染现状及其修复机理研究进展[J]. 武汉生物工程学院学报, 2006, 2 (1): 43～45.

[33] 王琳, 孙本良, 李成威. 钢渣处理与综合利用[J]. 冶金能源, 2007(4): 54~57.

[34] 钱强. 废弃钢渣资源新型利用研究进展[J]. 中国资源综合利用, 2009(4): 22~23.

[35] 杨钊. 转炉钢渣资源综合利用的可行性研究[J]. 有色金属设计, 2007, 34(4): 9~18.

[36] 黄志芳, 周永强, 杨钊. 谈谈钢渣综合利用的有效途径[J]. 有色金属设计, 2005, 32(2): 51~60.

[37] 吕林女, 刘秀梅, 何永佳, 等. 利用钢渣粉制备干粉砂浆的研究[J]. 新型建筑材料, 2008(9): 12~15.

[38] 郭家林, 赵俊学, 黄敏. 钢渣综合利用技术综述及建议[J]. 中国冶金, 2009, 19 (2): 35~38.

[39] 沈建中. 钢渣综合利用和处理方法的述评与探索[J]. 中国冶金, 2008, 18 (5): 12~15.

[40] 舒型武. 钢渣特性及其综合利用技术[J]. 钢铁技术, 2007(6): 48~50.

[41] 李超广, 傅梅绮. 大气污染控制工程[M]. 北京: 化学工业出版社, 2004.

[42] 李培彦, 陈贯卓, 张旺和. 冶金高炉矿渣综合利用[J]. 山东科学, 2007, 20(6): 79~82.

[43] 李维凯, 翁大汉, 张勋利. 我国高炉矿渣资源化利用进展[J]. 中国废钢铁, 2007(3): 34~36.

[44] 朱晓丽, 周美茹. 水淬高炉矿渣综合利用途径[J]. 中国资源综合利用, 2005(7): 8~10.

[45] 张宝杰, 乔英杰, 赵志伟. 环境物理性污染控制[M]. 北京: 化学工业出版社, 2003.

[46] 郝吉明, 马广大. 大气污染控制工程 (第 2 版)[M]. 北京: 高等教育出版社, 2002.

[47] 成海芳, 文书明, 殷志勇. 高炉渣综合利用的研究进展[J]. 矿业快报, 2006 (9): 21~23.

[48] 刘智伟, 孙业新, 种振宇, 等. 利用高炉矿渣生产微晶玻璃的可行性分析[J]. 山东冶金, 2006, 28 (6): 49~51.

[49] 印杰, 谢吉星, 陈俊静, 等. 利用粉煤灰和高炉渣制备地聚合材料的研究[J]. 中国资源综合利用, 2009, 27(1): 6~8.

[50] 孙鹏, 车玉满, 郭天永, 等. 高炉渣综合利用现状与展望[J]. 鞍钢技术, 2008 (3): 6~8.

冶金工业出版社部分图书推荐

书　名	作　者				定价（元）
安全生产与环境保护	张丽颖	等主编			24.00
大气环境容量核定方法与案例	王罗春	周振	赵由才	主编	29.00
氮氧化物减排技术与烟气脱硝工程	杨飏	编著			29.00
地下水保护与合理利用	龚斌	编著			32.00
废水是如何变清的	顾莹莹	李鸿江	赵由才	主编	32.00
分析化学	张跃春	主编			39.00
氟利昂的燃烧水解技术	宁平	高红	刘天成	著	35.00
复合散体边坡稳定及环境重建	李示波	李占金	张艳博	著	38.00
复杂地形条件下重气扩散数值模拟	宁平	孙昻	侯明明	著	29.00
高硫煤还原分解磷石膏的技术基础	马林转	等编著			25.00
海洋与环境	孙英杰	黄尧	赵由才	主编	42.00
合成氨弛放气变压吸附提浓技术	宁平	陈玉保	陈云华	杨皓　著	22.00
化工行业大气污染控制	李凯	宁平	梅毅	王驰　著	36.00
环境补偿制度	李利军	等著			29.00
环境材料	张震斌	杜慧玲	唐立丹	编著	30.00
环境地质学（第2版）	陈余道	蒋亚萍	朱银红	主编	29.00
环境工程微生物学（第2版）	林海	主编			49.00
环境工程微生物学实验指导	姜彬慧	李亮	方萍	编著	20.00
环境工程学	罗琳	颜智勇	主编		39.00
环境规划与管理实务	李天昕	主编			45.00
环境监测与分析	黄兰粉	主编			32.00
环境污染物毒害及防护	李广科	云洋	赵由才	主编	36.00
环境影响评价	王罗春	主编			49.00
环境与可持续发展	马林转	等编著			29.00
黄磷尾气催化氧化净化技术	王学谦	宁平	著		287.00
可持续发展	崔亚伟	梁启斌	赵由才	主编	39.00
可持续发展概论	陈明	等编著			25.00
矿山环境工程（第2版）	蒋仲安	主编			39.00
能源利用与环境保护	刘涛	顾莹莹	赵由才	主编	33.00
能源与环境	冯俊小	李君慧	主编		35.00
日常生活中的环境保护	孙晓杰	赵由才	主编		28.00
生活垃圾处理与资源化技术手册	赵由才	宋玉	主编		180.00
水污染控制工程（第3版）	彭党聪	主编			49.00
西南地区砷富集植物筛选及应用	宁平	王海娟	著		25.00
亚/超临界水技术与原理	关清卿	宁平	谷俊杰	著	49.00
冶金过程废水处理与利用	钱小青	葛丽英	赵由才	主编	30.00
冶金企业安全生产与环境保护	贾继华	白珊	张丽颖	主编	29.00
有机化学（第2版）	聂麦茜	主编			36.00
噪声与电磁辐射	王罗春	周振	赵由才	主编	29.00